Linux

系统入门与实战

（Ubuntu版）

达内教育集团 ◎ 编著

清华大学出版社

北京

内 容 简 介

本书是达内教育集团旗下高端品牌"英才添翼"面向全国高校推出的嵌入式系列应用型教材。书中简要阐述了 Linux 操作系统的发行版本、特点及基本命令的使用。本书内容由浅入深、循序渐进，涵盖了基本命令的使用、文件系统的概念与文件的操作、用户与权限的管理、程序与进程的管理、软件包的管理、Shell 编程等内容，能够帮助初学者更好地实现 Linux 操作系统的入门，零基础者也能够熟练掌握如何使用和管理 Linux 操作系统。

本书可以作为高等院校嵌入式专业以及相关专业 Linux 操作系统课程的教学用书，也可供嵌入式开发人员、其他有意向从事该行业的人员在职学习或参考。

图书在版编目（CIP）数据

Linux 系统入门与实战：Ubuntu 版/达内教育集团编著.—北京：清华大学出版社，2020.8（2023.1 重印）
高等院校应用型人才培养规划教材
ISBN 978-7-302-54861-4

Ⅰ．①L… Ⅱ．①达… Ⅲ．①Linux 操作系统－高等学校－教材 Ⅳ．①TP316.85

中国版本图书馆 CIP 数据核字（2020）第 023005 号

责任编辑：付弘宇 薛 阳
封面设计：刘 健
责任校对：焦丽丽
责任印制：宋 林

出版发行：清华大学出版社
　　　　网　　址：http://www.tup.com.cn，http://www.wqbook.com
　　　　地　　址：北京清华大学学研大厦 A 座　　　　邮　　编：100084
　　　　社 总 机：010-83470000　　　　邮　　购：010-62786544
　　　　投稿与读者服务：010-62776969，c-service@tup.tsinghua.edu.cn
　　　　质量反馈：010-62772015，zhiliang@tup.tsinghua.edu.cn
　　　　课件下载：http://www.tup.com.cn，010-83470236
印 装 者：三河市龙大印装有限公司
经　　销：全国新华书店
开　　本：185mm×260mm　　印　　张：17.25　　　　字　　数：416 千字
版　　次：2020 年 9 月第 1 版　　　　　　　　　　印　　次：2023 年 1 月第 4 次印刷
印　　数：4501～6000
定　　价：49.00 元

产品编号：083257-01

编　委　会

（排序不分先后）

序言
preface

在科技飞速发展的今天,面对一个信息爆炸、时间被切割为碎片的时代,渴求知识的学习者很容易无所适从,产生知识焦虑。在这种大背景下,如何节省时间、少走弯路、快速地掌握一门技术并能够做到学以致用,是很多人关心的问题。这也是我们一直以来都在探索信息技术(IT)教学方法的原因。良好的教育是以人为本,从认知需求出发,以人的认知曲线为依据,根据人们发现知识的过程进行精心设计。

达内教育集团(简称达内)成立于 2002 年,2014 年成功在美国纳斯达克上市(美股交易代码:TEDU)。目前,达内教育集团在全国 60 个大中城市成立了 200 家学习中心,拥有员工近一万人,累计培训量达 60 万人次。达内教育集团从创建之初就致力于打造成一个教育生态链,业务来源于产业,服务于产业发展。业务领域覆盖职业教育全产业链,包括高端职业教育、企业人才推荐及相关服务、Jobshow 招聘网站、达内精品在线 TMOOC、软件外包和少儿培训六大板块;打造覆盖 IT 全产业链的职业课程版图,开设 Java、大数据、云计算、人工智能、移动互联、软件测试、嵌入式、UI 设计、产品经理、Web 前端、VR、网络营销、高级电商等课程体系。为了推动中国校企合作、产融结合,推动高校职业教育改革,更好地为高校服务,达内推出"英才添翼"高端教育品牌,致力于成为中国职业教育改革一站式解决方案提供商,以合作办学、合作育人、合作就业、合作发展为主线,提出了达内高校教学体系解决方案、达内高校全方位实习解决方案、达内高校大学生就业解决方案、企业级师资培训解决方案四大解决方案,实现产教共融协同发展,更好地培养高素质人才。

为了推动校企合作产教融合,培养综合应用型人才,强化学生的动手实践能力,达内教育集团推出"高等院校应用型人才培养规划教材"丛书。该丛书由达内教育集团的教学研发团队联合高等教育专家、IT 企业的行业及技术专家共同编写,不断在产、学、研三个层面创新自己的教育理念和教学方法。

1. "高等院校应用型人才培养规划教材"丛书优势

(1) 每本书以人的认知曲线为依据,采用"语法→示例→实例→案例"的层层递进、阶梯式教学方式,精心设计大量的应用案例,使学生在学习过程中从易到难、深入浅出地对知识点进行全面掌握,同时通过案例驱动强化动手能力。

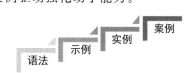

(2) 采用思维导图对课程和章节知识点进行梳理,便于理解和记忆。

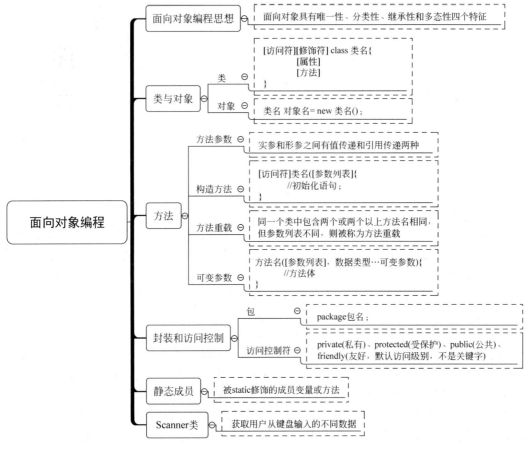

（3）每章配有目标、正文、总结和习题，使教学内容和过程形成闭环。

（4）作者均已从事多年相关专业的一线开发和教学，拥有丰富的教学和实践经验，理论联系实践，紧跟企业需求。每本书都凝聚着研发团队多人的心血，从设计到编写严格按照研发规范、统一标准，每句话、每张图、每行代码、每个案例都经过反复推敲和研究，三审三校保证质量。

2．配套资源及服务

本系列教材提供以下相关配套资源：

- ◆ 教学 PPT 课件
- ◆ 源代码
- ◆ 习题答案
- ◆ 教学大纲
- ◆ 考试大纲

3．致谢

"高等院校应用型人才培养规划教材"系列丛书的编写和整理工作由达内教育集团的教学研发团队完成，团队全体成员在编写过程中付出了辛勤的汗水。在此丛书出版之际，特别感谢给予我们大力支持和帮助的合作伙伴，感谢编委会中的高等教育专家、企业技术专家所给出的建议和指导，以及校企专业共建院校的师生给予的支持和鼓励，更要感谢参与本书编写的专家和老师们付出的辛勤努力。除此之外，还有达内学员也参与了教材的试读工作，并从初学者角度对教材提出了许多宝贵的意见，在此表示衷心感谢。

4．意见反馈

由于时间和水平有限，尽管我们已经付出很大的努力，但书中难免会有不妥或疏漏之处，欢迎各界专家和读者朋友来信提出宝贵意见。我们真诚地希望能与读者共同交流、共同成长，待本书再版时日臻完善，是所至盼。

达内教育集团

2019 年 1 月

Linux 系统入门课程思维导图

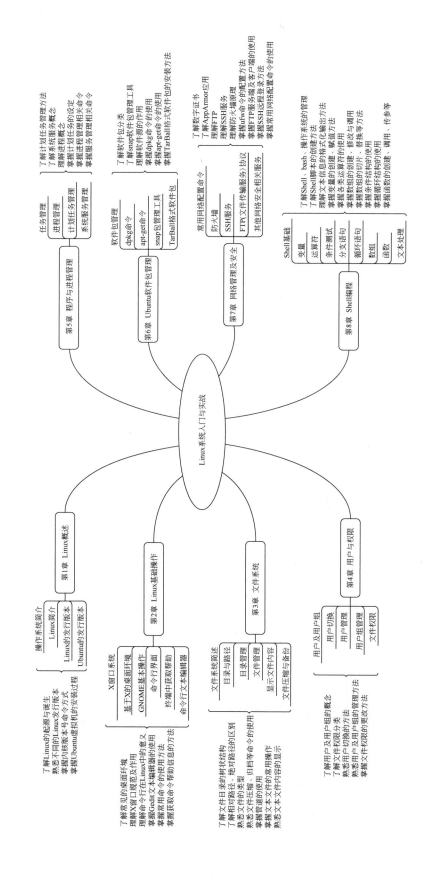

Linux 系统入门与实战

第1章 Linux 概述
- 操作系统简介
  - Linux 简介
  - Linux 的发行版本
  - Ubuntu 的发行版本

了解 Linux 的起源与诞生
熟悉不同的 Linux 发行版本
掌握内核版本号命令方式
掌握 Ubuntu 虚拟机的安装过程

第2章 Linux 基础操作
- X 窗口系统
  - 基于 X 的桌面环境
  - GNOME 基本操作
  - 命令行界面
  - 终端中获取帮助
  - 命令行文本编辑器

了解常见的桌面环境
理解 X 窗口规范及作用
理解命令行在 Linux 中的意义
掌握 Gedit 文本编辑器的使用
掌握常用命令的使用方法
掌握获取命令帮助信息的方法

第3章 文件系统
- 文件系统简述
  - 目录与路径
  - 目录管理
  - 文件管理
  - 显示文件内容
  - 文件压缩与备份

了解文件目录的树状结构
了解相对路径、绝对路径的区别
熟悉文件压缩的类型
熟悉文件压缩、归档等命令的使用
掌握文件管理的常用操作
熟悉文本文件内容的显示

第4章 用户与权限
- 用户及用户组
  - 用户切换
  - 用户管理
  - 用户组管理
  - 文件权限

了解用户及用户组的概念
了解文件权限的分类
熟悉用户切换的方法
熟悉用户及用户组的管理方法
掌握文件权限的更改方法

第5章 程序与进程管理
- 任务管理
  - 进程管理
  - 计划任务管理
  - 系统服务管理

了解计划任务管理方法
了解系统服务概念
理解进程概念
掌握计划任务的设定
掌握进程管理相关命令
掌握服务管理相关命令

第6章 Ubuntu 软件包管理
- 软件包管理
  - dpkg 命令
  - apt-get 命令
  - snap 包管理工具
  - TarBall 格式软件包

了解软件包分类
了解 snap 软件包管理工具
理解软件源的作用
掌握 dpkg 命令的作用
掌握 apt-get 命令的使用
掌握 TarBall 格式软件包的安装方法

第7章 网络管理及安全
- 常用网络配置命令
  - 防火墙
  - SSH 服务
  - FTP 文件传输服务
  - 其他网络安全相关服务

了解数字证书
了解 AppArmor 应用
理解 FTP
理解 SSH 服务
理解防火墙原理
掌握 ufw 命令的配置方法
掌握 FTP 服务端及客户端的使用
掌握 SSH 远程登录方法
掌握常用网络配置命令的使用

第8章 Shell 编程
- Shell 基础
  - 变量
  - 运算符
  - 条件测试
  - 分支语句
  - 循环语句
  - 数组
  - 函数
  - 文本处理

了解 Shell - bash - 操作系统的管理
了解 Shell 脚本的创建方法
理解文本信息的格式化输出方法
掌握变量的创建、赋值
掌握各类运算符的使用
掌握数组的创建、修改等方法
掌握数组的切片、替换等方法
掌握条件结构的创建
掌握循环结构的创建
掌握函数的创建、调用、传参等

前言
foreword

　　一直以来,达内集团都在探索 IT 教学的新方法,探索如何把看似复杂深奥的知识教给完全没有基础的学员。"让编程不再难学,让天下没有难学的技术"是达内集团在过去十几年中一直坚持的目标。为此,达内嵌入式团队尝试了一系列方法去为零基础的学员讲解编程的技术。

　　Linux 操作系统在互联网行业起着举足轻重的作用,是目前应用领域最广泛的操作系统。同时,由于 Linux 操作系统的开放性,使其拥有了众多的发行版本,不同的发行版本都有其自己的特点,能够适应嵌入式、桌面、服务器、大型主机等不同的应用场景。其中,在桌面发行版本中使用比较广泛的是 Ubuntu 操作系统。Ubuntu 操作系统桌面环境友好,安装过程简单,终端功能完善、强大,非常适合新手的入门学习。因此,本书的主要内容都以 Ubuntu 操作系统进行演示。

　　本书采用 Ubuntu 18.04 LTS 版本,该版本是截至本稿完成前最新的长期支持版,能够取得长达 18 个月的更新支持,可以保证读者在后续的学习过程中,能够获得最新的支持、最稳定的更新。同时,该版本采用最新的 Linux 内核,提供了更多新的特性,如增强的安全程序、GNOME 桌面环境、全新的图标集以及彩色 Emojis,这些新的特性使得 Ubuntu 不仅是学习 Linux 基础命令的平台,更是一个好用的、易用的桌面版操作系统,能够完成日常的工作任务。

　　本书主要面向 Linux 新手,内容以常用命令为主,无论是 Ubuntu 还是其他 Linux 的发行版本,基本都可以通用,个别命令的使用方法可能由于版本的不同而略有差异,但是总体来说,学完本书后,切换到其他 Linux 发行版本也是可以直接使用的。同时本书兼顾了最新的一些技术,例如目前 systemd 系统初始化框架已经能够代替大部分 Linux 发行版中的 init 程序,本书便不再针对 init 程序进行讲解,而是讲解 systemd 相关的知识以及基础命令的使用,力求帮助读者获取最新的知识,掌握最新的技术。

　　Linux 操作系统的学习过程往往是枯燥乏味的,尤其是在进行一些命令使用方法的记忆时,常常是记住了就会用了,记不住就不会用。命令的学习与编程语言的学习并不相同,大多数编程语言通常只有有限的关键词,但逻辑关系复杂,而 Linux 操作系统中如果不考虑 Shell 编程的话,则逻辑关系似乎是不复杂的,但是关键词却非常多,这就需要读者进行一遍一遍的练习,经常查看帮助信息,做到常用命令牢记于心,不常用命令可以通过查看帮助信息而学会使用。

　　本书以培养读者能够入门使用 Linux 操作系统为目标,注重 Linux 常用基础命令的使用。全书共分为8章,从Linux操作系统的由来到Linux的Shell脚本编程,由浅入深,循序渐进,读者能够在学习过程中,逐渐掌握Linux常用的命令及使用、文件与目录的管理方法、用户与用户组的管理方法等内容,掌握Ubuntu操作系统的基础知识。最终通过介绍Shell编程,读者能够更好地进行Linux操作系统的使用与维护。

本书的编写和整理工作由达内教育集团有限公司完成,主要编写人员有邵常龙、赵克玲、李华杰,赵克玲担任全书审核及统稿工作。研发小组全体成员在一年多的编写过程中付出了很多辛勤的汗水。除了研发小组成员,参与本书试读工作的还有达内教育集团的多名学员,他们站在初学者的角度对本书提出了许多宝贵的修改意见,在此一并表示衷心的感谢。

尽管我们尽了最大努力,但书中难免有不妥之处,欢迎各界专家和读者朋友们提出宝贵意见,我们将不胜感激。我们为教师提供教学大纲、考试大纲、教学PPT、配套习题参考答案以及源代码,如有需要请通过电子邮箱404905510@qq.com与我们取得联系。

达内教育集团

2020年2月

目录
contents

第**1**章　Linux概述

　本章思维导图

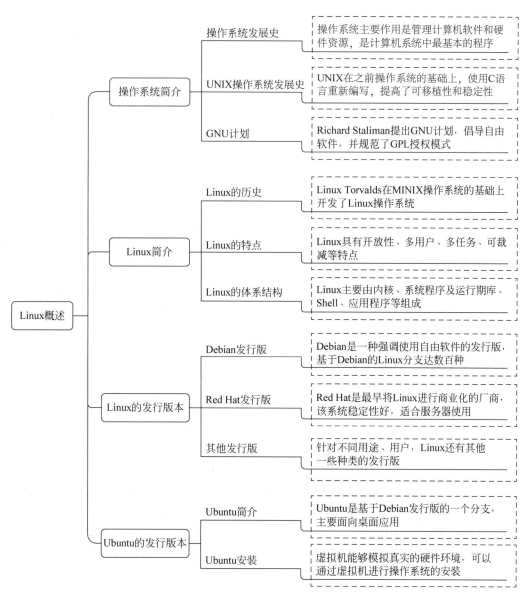

	操作系统发展史	操作系统主要作用是管理计算机软件和硬件资源，是计算机系统中最基本的程序
操作系统简介	UNIX操作系统发展史	UNIX在之前操作系统的基础上，使用C语言重新编写，提高了可移植性和稳定性
	GNU计划	Richard Staliman提出GNU计划，倡导自由软件，并规范了GPL授权模式
	Linux的历史	Linux Torvalds在MINIX操作系统的基础上开发了Linux操作系统
Linux简介	Linux的特点	Linux具有开放性、多用户、多任务、可裁减等特点
	Linux的体系结构	Linux主要由内核、系统程序及运行期库、Shell、应用程序等组成
	Debian发行版	Debian是一种强调使用自由软件的发行版，基于Debian的Linux分支达数百种
Linux的发行版本	Red Hat发行版	Red Hat是最早将Linux进行商业化的厂商，该系统稳定性好，适合服务器使用
	其他发行版	针对不同用途、用户，Linux还有其他一些种类的发行版
	Ubuntu简介	Ubuntu是基于Debian发行版的一个分支，主要面向桌面应用
Ubuntu的发行版本	Ubuntu安装	虚拟机能够模拟真实的硬件环境，可以通过虚拟机进行操作系统的安装

Linux概述

本章目标

- 了解 Linux 的起源、发展历史；
- 了解 GNU 计划；
- 熟悉 Linux 的体系结构；
- 了解不同的 Linux 发行版本；
- 熟悉 Ubuntu 的安装过程。

1.1　操作系统简介

操作系统是计算机系统中最基本的**程序**，负责控制、管理计算机的所有软件、硬件资源，是唯一直接和硬件打交道的程序。操作系统直接驱动计算机的硬盘、内存、CPU 等设备，并提供接口给上层的应用程序，这样在开发应用程序时就可以不用考虑计算机的硬件参数，实现程序的跨平台可移植性。

1.1.1　操作系统发展史

纵观计算机发展历史，操作系统（Operating System，OS）与计算机硬件的发展总是息息相关的。最早的操作系统只是提供简单的工作排序能力，后来慢慢为适应更新更复杂的硬件设施而渐渐演化。从最早的批量模式开始，分时机制也随之出现。在多处理器时代，操作系统也随之添加多处理器协调功能，甚至是分布式系统的协调功能。另外，随着时代的发展，个人计算机（Personal Computer，PC）在人们的生活工作中越来越普及，计算机硬件也越来越复杂，性能越来越强大，因此以往只有大型计算机才有的功能慢慢都融合到了 PC 操作系统中。现在主流操作系统的基本架构如图 1-1 所示。

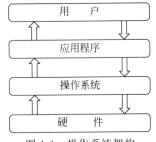

图 1-1　操作系统架构

操作系统的发展大体可以分为以下四个阶段。

1. 第一阶段——1980 年以前

第一台计算机并没有操作系统，甚至只支持特定的程序。直到 20 世纪 60 年代，才出现批处理系统，此系统可将工作的建置、调度以及运行序列化、批量化。此时，厂商需要为每一台不同型号的计算机开发不同的批处理系统，因为为某计算机编写的程序无法移植到其他不同种类的计算机上运行。

直到 1963 年，奇异公司与贝尔实验室合作以 PL/I 语言创建了 Multics 系统，该系统是一套分时多任务操作系统，可以称之为现代操作系统的鼻祖，是 20 世纪 70 年代众多操作系统的灵感来源。之后的 1969 年，AT&T 贝尔实验室的丹尼斯·里奇与肯·汤普逊根据 Multics 系统创建了 UNIX 系统。为了实现平台可移植能力，此操作系统在 1973 年使用 C 语言重写。用 C 语言编写的 UNIX 代码简洁紧凑，易移植，易读，易修改，为此后 UNIX 的发展奠定了坚实基础。

2. 第二阶段——20 世纪 80 年代

20 世纪 80 年代早期微型计算机开始出现，家用计算机得到普及，但是当时的计算机只拥有 8 位 CPU 及 64KB 存储器,并没有安装操作系统的能力及需求。此时的计算机通常是用 BASIC 语言来直接操作 BIOS(Basic Input/Output System,基本输入/输出系统),并依此撰写程序。BASIC 语言的解释器勉强可算是此计算机的操作系统,当然也就没有内核或软硬件的保护机制。此时计算机上的程序大多跳过 BIOS 层次直接控制硬件。该时期较典型的计算机为 Commodore 64,也称为 C64,其抽象架构如图 1-2 所示。

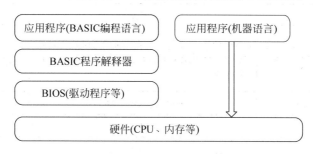

图 1-2　家用计算机 C64 的抽象架构

之后随着计算机硬件的进一步发展,计算能力显著提升,与之配套的操作系统也开始迅速发展。微软通过收购并修改 86-DOS 操作系统源码,发布了第一版 MS-DOS 系统。MS-DOS 的成功使得微软成为最赚钱的公司之一。直到今天,微软的 Windows 系列操作系统依然是应用最广泛的操作系统。MS-DOS 系统架构已经很成熟,具体架构如图 1-3 所示。

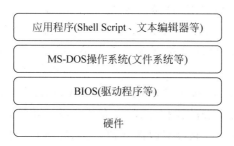

图 1-3　MS-DOS 在个人计算机上的抽象架构

与此同时,和微软一同崛起的操作系统是苹果公司的 Mac OS。苹果公司的创始人——史蒂夫·乔布斯参观施乐公司发明的图形用户界面后,认定未来个人计算机一定是属于图形界面的。在购买该技术失败后,苹果公司开始全力发展图形界面化操作系统。目前,苹果公司是最赚钱的科技公司之一,其 Mac OS 系统凭借美观的界面和与硬件绑定带来的稳定性、流畅性在桌面计算机操作系统中占有相当大的比重。

3. 第三阶段——20 世纪 90 年代

随着计算机硬件的进一步发展,得益于计算机性能的大幅提升以及 20 世纪 80 年代操作系统百花齐放的激烈竞争,20 世纪 90 年代出现了许多影响至今的操作系统。该时期操作系统的发展格局基本延续至今,例如,微软于 1993 年发布了 Windows NT(Windows New Technology)操作系统内核,其后经典的 Windows 2000、Windows XP 甚至最新的 Windows 10 系统都是基于 Windows NT 内核开发而来。Windows NT 架构如图 1-4 所示。

苹果于 1999 年发布新操作系统 Mac OS X,并将该系列沿用至今。

同时期,Linux 诞生,通过搭载 GNU 计划所发展的应用程序,使其取得了相当可观的

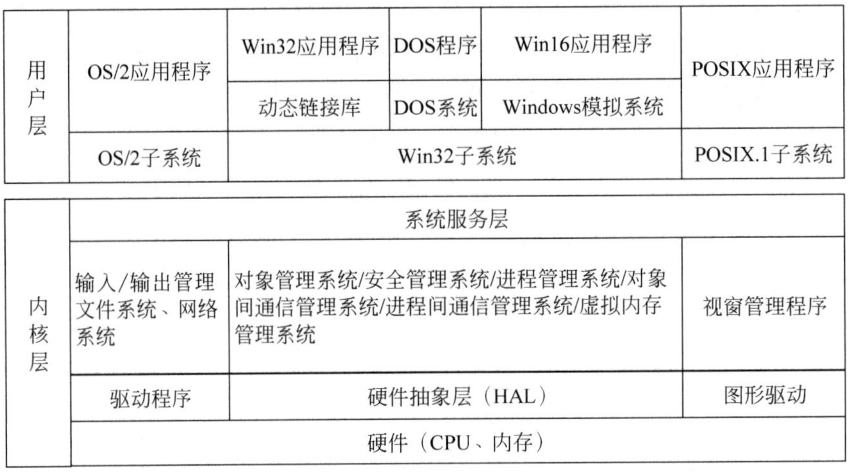

用户层	OS/2应用程序	Win32应用程序	DOS程序	Win16应用程序	POSIX应用程序
		动态链接库	DOS系统	Windows模拟系统	
	OS/2子系统	Win32子系统			POSIX.1子系统
内核层	系统服务层				
	输入/输出管理文件系统、网络系统	对象管理系统/安全管理系统/进程管理系统/对象间通信管理系统/进程间通信管理系统/虚拟内存管理系统			视窗管理程序
	驱动程序	硬件抽象层（HAL）			图形驱动
	硬件（CPU、内存）				

图 1-4　Windows NT 架构

开源系统占有率。时至今日,受益于 Linux 的高可移植性和可裁减性,其在嵌入式领域独占鳌头,几乎处于统治地位。

4. 第四阶段——20 世纪 90 年代末以后

除了大型计算机和 PC 以外,20 世纪 90 年代末期兴起的嵌入式设备越来越复杂,嵌入式操作系统也趋于多样化,常用的操作系统大多数基于 Linux 裁减而来。微软也有 Windows CE(Windows Embedded Compact)这样的嵌入式操作系统。与此同时,随着移动互联网的发展,手机慢慢代替计算机成为重要的联网设备,手机操作系统也得到了长足发展。

2007 年 11 月,谷歌发布基于 Linux 内核的 Android 操作系统。随后,Google 以 Apache 免费开放源代码许可证的授权方式,发布了 Android 的源代码。开放源代码加速了 Android 的普及,让生产商可以通过修改源代码,定制属于自己的操作系统,比如国内比较知名的小米 MIUI、魅族 Flyme、华为 EMUI、阿里 AliOS 等都是基于 Android 深度定制而来。随着 Android 市场占有率越来越高,该操作系统逐渐拓展到平板电脑、智能可穿戴设备等其他领域上。

目前各大主流操作系统 Logo 如图 1-5 所示。

Linux　　　Android　　　Apple　　　Microsoft

图 1-5　各大操作系统 Logo

1.1.2　UNIX 操作系统发展史

UNIX 操作系统是工作站上最常用的操作系统。UNIX 是一个多用户、多任务的实时操作系统,允许多人同时访问计算机,并同时运行多个任务。UNIX 系统具有稳定、高效、安全、方便、功能强大等诸多优点，自 20 世纪 70 年代开始便运行在许多大型和小型计算机上。UNIX 一直是一种大型的而且对运行平台要求很高的操作系统，只能在工作站或小型计算机上才能发挥全部功能，并且价格昂贵，对普通用户来说是可望而不可即的。UNIX 操作系统的发展经历了几个阶段，具体如表 1-1 所示。

表 1-1 UNIX 操作系统历史

时　间	内　容
1969 年	Ken Thompson、Dennis Ritchie 和 Douglas Mcllroy 采用汇编语言开发出第一个版本的 UNIX
1974 年	汤普逊和里奇合作在 ACM 通信上发表了一篇关于 UNIX 的文章，这是 UNIX 第一次出现在贝尔实验室以外，并在研究机构、企业、大学中逐渐流行开来
1979 年	UNIX 发布第 7 版本，该版本成为最后一个广泛发布的研究性 UNIX 版本
1982 年	AT&T 基于第 7 版本开发了 UNIX System Ⅲ 的第一个版本，该版本作为商业版本出售，且不再提供源代码
1987 年	AT&T 将 Xenix(微软开发的一个 x86-PC 上的 UNIX 版本)、B-SD、SunOS 和 System V 融合为 System V Release 4(SVR4)。这个新发布版将多种特性融为一体，结束了混乱的竞争局面。不久之后，AT&T 就将其所有 UNIX 权利出售给了 Novell
1993 年	Novell 将 SVR4 的商标权利出售给了 X/OPEN 公司。之后大多数商业 UNIX 发行商都基于 SVR4 开发了自己的 UNIX 变体
2001 年	UNIX 产品及业务被出售给了 Caldera Systems，交易完成后，Caldera 又被重命名为 SCO Group
2005 年	负责研发 UNIX 与后续维护工作的贝尔实验室 1127 部门正式宣告解散

1.1.3　GNU 计划

GNU 是"GNU is Not UNIX"的递归缩写，GNU 计划由 Richard Stallman 在 1983 年发起，其目标是将 UNIX 加以改进，写出一个新的操作系统，使所有用户都能免费获得该系统的源代码。为保证 GNU 软件可以自由地使用、复制、修改和发布，Richard Stallman 起草并撰写了 GNU 通用公共许可证(General Public License，GPL)，并授予计算机程序的收件人自由软件定义的权利。所有 GNU 软件必须遵守该许可证，GPL 系列一直是免费和开源软件领域最受欢迎的软件许可之一。

到了 1990 年，GNU 计划已经开发出的软件包括一个功能强大的文字编辑器 Emacs，C 语言编译器 GCC，以及大部分 UNIX 系统的程序库和工具。该系统的基本组成包括 GNU 编译器套装(GCC)、GNU 的 C 库(glibc)，以及 GNU 核心工具组(coreutils)、GNU 除错器(GDB)和 GNOME 桌面环境等，比较核心的软件包括但不限于如表 1-2 所示软件。

GNU 开发人员已经完成大多数 GNU 应用程序和工具向 Linux 操作系统的移植，许多 GNU 程序也已经被移植到其他操作系统，包括专有软件，如基于 BSD 变体的 Solaris、Microsoft Windows 和 OS X 等。

令人遗憾的是，GNU 作为操作系统的计划一直没能完成，其中最大的问题是具备完整功能的内核尚未被成功开发出来。然而，GNU 的出现却为 Linux 操作系统的发展奠定了坚实的应用基础。

表 1-2　GNU 计划开发的部分软件包及其作用

名　称	描　述	名　称	描　述
基 本 系 统		基 本 系 统	
Bash	GNU 的 UNIX 兼容 Shell	GNU 构建系统	包含自动打包和编译组件
grep	字符串搜索工具	GNU Classpath	GNU Java 库
GRUB	系统启动引导加载程序	GNU 编译器	支持多种编程语言的编译器
gzip	压缩程序	GDB	GNU 调试工具
screen	终端复用器	DotGNU	微软.NET 的替代
tar	创建和处理存档格式的归档器	GNU cflow	生成 C 语言函数调用图
图 形 桌 面		应 用 程 序	
GIMP	类似 Photoshop	GNU Bazaar	分布式版本控制系统
GTK+	GIMP 工具包	GNU Cash	GNU 财务款及应用程序
GNOME	GNU 官方桌面	GNU Ddrescue	GNU 数据恢复工具
Dia	创建图表的矢量图形程序	GNU fcrypt	实时加密系统
GNUstep	图形应用开发库	Gnumeric	GNU 电子表格程序
Window Maker	GNUstep 环境的窗口管理器	GNU nano	GNU 文本编辑器
科 学 软 件		其 他	
GNU Octave	数值计算程序	GNU Go	围棋游戏
GSL	GNU 科学库	GNU Chess	国际象棋游戏
GMP	任意精度数值计算库	GNU Kart	赛车游戏
GNU Electric	电子电路设计软件	GNU Maverick	虚拟现实的微内核
GNU R	统计计算及图形的编程语言和软件环境	GNU Media-Goblin	分布式媒体共享

1.2　Linux 简介

　　Linux 操作系统是在 MINIX 系统的基础上开发的类 UNIX 操作系统。Linux 是免费的、不受版权制约的、与 UNIX 兼容的操作系统,目前由来自世界各地的爱好者进行开发和维护。

1.2.1　Linux 的历史

　　Linux 自从诞生以来,凭借其稳定、安全、高性能和高扩展性等优点,得到了广大用户的欢迎。Linux 是一种自由和开放源代码的类 UNIX 系统,严格来说,Linux 单指 Linux 内核,操作系统中包含许多用户图形接口和其他实用工具。如今,Linux 常用来代指基于 Linux 内核的完整的操作系统,内核则改称为"Linux 内核"。

　　Linux 的创始人是林纳斯·本纳第克特·托瓦兹(Linus Benedict Torvalds),世界著名的计算机科学家,毕业于赫尔辛基大学计算机系。托瓦兹利用个人时间创造出了这套当今全球最流行的操作系统内核之一。托瓦兹现受聘于开放源代码开发实验室(Open Source Development Labs, OSDL),全力开发 Linux 内核。

Linux 操作系统的发展历史如表 1-3 所示。

表 1-3 Linux 发展史

时 间	事 件
1991 年	Linux 内核在 8 月 25 日由 21 岁的芬兰学生 Linus Benedict Torvalds 公开发布
1992 年	产生第一个"Linux 发行版本"
1993 年	Debian 项目设立
1994 年	Linux 1.0 发布,XFree86 项目组提供了第一个图形化用户界面(GUI),红帽公司发行基于 Linux 1.0 的发行版
1995 年	Linux 被移植到 DEC Alpha 和 Sun 公司的 SPARC 平台上
1996 年	Linux 2.0 版本发布,开始支持多内核处理器
1998 年	IBM、Compaq、Oracle 等企业表示支持 Linux 系统,开始图形用户界面 KDE 的开发
2004 年	X. Org 基金会成立,促使 X Window Server Linux 版本发展
2007 年	Linux 基金会成立
2011 年	Linux 3.0 内核发布
2015 年	Linux 4.0 内核发布

注意 截至本书编写时,最新的 Linux 内核版本是 Linux 4.17.6。最新版本可以在 Linux Kernel 的官方网站(https://www.kernel.org/)找到。

1.2.2 Linux 的特点

托瓦兹非常重视对 Linux 核心的维护以避免产品核心变得混乱,保证 Linux 的内核稳定可靠、高效运行。Linux 具有如下优点。

1. 开放性、完全免费

Linux 内核完全遵循 GPL,任何个人和机构都可以自由地使用 Linux 内核的所有代码,也可以自由地修改和再发布。因此可以方便地移植到各类计算机平台上,快捷地根据业务场景来实现 Linux 操作系统的定制化。

2. 多用户、多任务

现代操作系统都是多任务的,可以同时运行多个程序。多用户是指同时可以有多个用户登录系统,同时使用该系统。多任务、多用户同时运行时按照进程及用户的优先级进行硬件资源分配。

3. 良好的用户界面

Linux 向用户提供了基于命令行的登录界面和风格各异的图形界面,给用户呈现一个直观、易操作、交互性强的友好的图形化界面,且提供了强大的自定义功能。无论是服务器维护人员还是普通用户,都能找到适合自己的用户界面。

4. 设备独立性

Linux 一切皆文件的理念将硬件设备统一抽象成一个文件,任何用户都可以像使用文件一样操纵、使用这些设备,而不必关心其具体存在形式及工作过程。

5. 可靠的系统安全性

Linux 在用户和权限方面采取了许多安全技术措施,包括对读写控制、带保护的子系统、审计跟踪、核心授权等,这为同一网络中多用户、多任务环境中的用户提供了必要的安全保障。

6. 良好的可移植性

Linux 是一种具有高度适应能力的操作系统,通过对内核的裁减、移植,能够在从嵌入式微型计算机到大型计算机的任何环境和任何平台上运行。

1.2.3　Linux 的体系结构

Linux 操作系统由 Linux 内核和 GNU 系统应用层构成,主要由 4 个层级组成,从下向上依次是 Linux 内核、系统程序及运行期库、Shell 和应用程序。Linux 体系结构如图 1-6 所示。

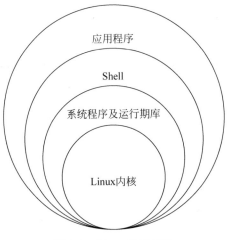

图 1-6　Linux 体系结构

1. 内核

内核是系统的心脏,是运行程序和管理诸如磁盘、打印机等硬件设备的核心程序。主要包括文件管理、设备管理、内存管理、模块管理、网络管理、进程管理等方面的模块,一般接受从运行期库和系统程序中传递过来的用户命令,执行后向用户返回结果。

2. 系统程序及运行期库

在内核之外,是一组运行期库和系统程序。它们封装了内核向外提供的功能接口,将这些功能加入一定的权限检查后,通过自己的应用接口提供给一般用户进程使用。

3. Shell

Shell 是一个系统程序,与后台工作的一般系统程序功能不同,Shell 直接面对用户,提供了用户与内核进行交互操作的界面。Shell 可以接收用户输入的命令,并将该命名送入操作系统的内核去执行。

4. 应用程序

应用程序是用户用来完成其特定工作的应用程序。比如常用的 QQ、微信、Chrome 浏览器等是 MS Windows 上常用的应用程序,而 Gimp、Firefox 等是 Linux 平台上常用的应用程序。

1.3　Linux 的发行版本

Linux 只是一个内核，然而一个完整的操作系统不仅需要内核，还需要包括其他软件。因此，许多个人、组织或企业，在 Linux 内核的基础上开发了面向各种应用场景的 Linux 发行版本，这其中最著名的便是红帽(Red Hat)公司的 Red Hat 系列以及社区组织的 Debian 系列。

目前，Linux 应用场景越来越多，从嵌入式到超级计算机都有应用，并且在服务器领域确定了绝对的地位。在家庭与企业中使用 Linux 发行版本的情况也越来越多，更多的国内商业公司也开始对 Linux 操作系统进行应用程序的适配，如网易云音乐和搜狗输入法。

下面按软件打包方式划分，简单介绍一下目前主流的 Linux 发行版本。

1.3.1　Debian 发行版

Debian 最初由伊恩·默多克(Ian Murdock)于 1993 年发起，是一种强调使用自由软件的发行版，支持多种硬件平台。Debian 及其派生发行版使用 deb 软件包格式，并使用 dpkg (Debian Packager)及其前端软件作为包管理工具。基于 Debian 的分支多达数百种，下面简单介绍几种常见的发行版。

(1) Debian：目前 Debian 由大批社区志愿者维护并收集、制作软件包，拥有超过 29 000 个软件包，支持大量的硬件平台。Debian 每次都会在大量的测试后进行版本更新，以确保更新后系统的稳定性，所以 Debian 在服务器端及其他稳定性要求较高的场合有着大量的应用。

(2) Deepin：一个基于 Debian 的国产操作系统，主要面向桌面用户，使用自行开发的 DDE(Deepin Desktop Environment)桌面环境，启动迅速，简洁美观。Deepin 团队自行开发了深度文件管理器、深度音乐、深度截图等特色软件，同时和软件厂商合作开发了有道词典、网易云音乐等 Linux 原生应用，在基于 Wine 的 Win32 应用程序移植方面贡献颇多。

(3) Ubuntu：Debian 系发行版，也是 Linux 所有发行版中最知名的发行版之一，由 Canonical 有限公司赞助、提供商业支持。Ubuntu 基于 Debian 深度定制，使用自己的软件包库。Ubuntu 旨在开发出更加友好的桌面 Linux 发行版，每半年会有一次更新，一般是每年 4 月和 10 月，力图提供最新的可用的软件包给用户，因此稳定性比 Debian 稍差。基于 Ubuntu 又衍生了其他一些版本，比如使用 KDE 桌面的 Kubuntu、使用 LX-DE 桌面的 Lubuntu，以及人气不亚于 Ubuntu 自身的 Linux Mint 等发行版。

Debian 系常见发行版 Logo 如图 1-7 所示。

图 1-7　Debian 系发行版 Logo

1.3.2 Red Hat 发行版

红帽公司是一家以开发、贩售 Linux 包并提供技术服务为业务内容的企业,也是最早上市的 Linux 提供商。红帽公司是最早将 Linux 进行商业化的厂商,对 Linux 的发展也做出了很大的贡献。目前,红帽主要集中在面向企业的业务,其基于 Linux 内核开发了 Red Hat Enterprise Linux(非官方简称 RHEL)即企业版 Linux。Red Hat 的特点是稳定,适合服务器应用,在服务器和桌面系统中都能很好地工作。Red Hat 通过论坛和邮件列表提供广泛的技术支持,并且有自己公司的电话技术支持。常见的 Red Hat 分支有如下几种。

(1) RHEL——是一个由红帽公司开发的商业市场导向的 Linux 发行版,大约每三年会有一个版本更新。

(2) CentOS——即 Community Enterprise Operating System,该系统来自于 RHEL 依照开放源代码规定发布的源代码编译而成。由于和 RHEL 出自同一源码,因此对于要求高度稳定的服务器,常以 CentOS 来代替 RHEL。两者的不同主要在于 CentOS 不包含封闭源代码软件,只保留了可以自由使用的软件。

(3) Fedora——由 Fedora 项目社群开发、红帽公司赞助,目标是创建一套新颖、多功能并且自由(开放源代码)的操作系统。Fedora 基于 Red Hat Linux,在 Red Hat Linux 终止发行后,红帽公司以 Fedora 操作系统来取代 Red Hat Linux 在个人领域的应用。

常见的红帽系发行版 Logo 如图 1-8 所示。

图 1-8　红帽系发行版 Logo

1.3.3 其他发行版

除了以上提到的两大发行版外,Linux 还有其他一些针对不同用途、用户开发的发行版,比较知名的如下。

(1) Slackware：Slackware Linux Inc 的 Patrick Volkerding 制作的 Linux 发行版本。Slackware 走了一条与其他的发行版本不同的道路,它力图成为"UNIX 风格"的 Linux 发行版本。

(2) Arch Linux：一款基于 x86-64 架构的 Linux 发行版。系统主要由自由和开源软件组成,支持社区参与。系统设计是以 KISS(Keep IT Simple,Stupid,保持简单和愚蠢)为总体指导原则,注重代码正确、优雅和极简主义,期待用户能够愿意去理解系统的操作。

(3) Gentoo Linux：基于 Portage 包管理系统,拥有几乎无限制的适应性特性,被官方称作元发行版(meta-distribution),支持 10 种以上的计算机系统结构平台。Gentoo 包管理系统的设计是模块化、可移植、易维护、灵活以及针对用户机器优化的。软件包从源代码构建,但是为了方便,也提供一些大型软件包在多种架构的预编译二进制文件,用户也可自建或使用第三方二进制包镜像来直接安装二进制包。

其他常见 Linux 发行版 Logo 如图 1-9 所示。

图 1-9　其他发行版 Logo

1.4　Ubuntu 的发行版本

Ubuntu 是基于 Debian 发行版和 GNOME 桌面环境的一款 Linux 发行版,主要面向的是个人用户、桌面级计算机,因此在 Ubuntu 的发展过程中尤其强调易用性和国际化,以便能为尽可能多的人所用。

1.4.1　Ubuntu 简介

Ubuntu 由南非企业家 Mark Shuttleworth 所创立,开发由英国 Canonical 有限公司主导。在 Ubuntu 12.04 的发布页面上使用了"友帮拓"作为中文官方译名。Ubuntu 的目标在于为一般用户提供一个最新同时又相当稳定,主要以自由软件构建而成的操作系统。Ubuntu 目前拥有庞大社群力量的支持。

Ubuntu 每 6 个月会发布一个新版本(即每年的 4 月与 10 月),每两年发布一个 LTS 长期支持版本。早期 Ubuntu 普通桌面版可以在发布后获得 18 个月内的支持,但从 2013 年 Ubuntu 13.04 发布后,非 LTS 版本的支持时间从 18 个月缩短至 9 个月,并采用滚动发布模式,允许开发者在不升级整个发行版的情况下升级单个核心包。而标为 LTS(长期支持)的桌面版可以获得更长时间的支持,自 Ubuntu 12.04 LTS 开始,桌面版和服务器版均可获得为期 5 年的技术支持。目前最新的版本为 18.04 LTS,该版本属于长期支持版。

Ubuntu 版本的命名规则是根据正式版发行的年月命名,Ubuntu 8.10 也就意味着 2008 年 10 月发行的 Ubuntu 版本,这样研发人员与用户可以从版本号码直接看出正式发布的时间。Ubuntu 各版本的代号是形容词加上动物名称,而且这两个词的英文首字母一定是相同的。从 Ubuntu 6.06 开始,两个词的首字母按照英文字母表的排列顺序取用,比如最新的 Ubuntu 18.04 的代号为 Bionic Beaver(仿生海狸)。

1.4.2　Ubuntu 安装

Ubuntu 的安装主要有真机安装、Wubi(Windows Ubuntu-Based Installer)安装、虚拟机安装等安装方式。随着 Ubuntu 越来越成熟,安装过程也越来越简单。现在的安装过程已经大大地减少了需要人参与的工作,基本可以做到像安装 Windows 一样,直接单击"下一步"按钮就可以完成安装。本节内容就以 Ubuntu 18.04 Bionic Beaver 为例,演示 Ubuntu 操作系统在虚拟机中的安装。

本节采用 VirtualBox 虚拟机进行 Ubuntu 安装,Oracle VirtualBox 是由德国 InnoTek 软件公司出品的虚拟机软件,现在由甲骨文公司进行开发,是甲骨文公司 xVM 虚拟化平台技术的一部分。用户可以在 VirtualBox 上安装并且运行 Solaris、Windows、DOS、Linux、OS/2 Warp、OpenBSD 及 FreeBSD 等系统作为客户端操作系统,具体安装步骤如下所示。

(1) 首先从 Ubuntu 的官网 https://www.ubuntu.com 下载 Ubuntu 18.04 LTS 版本的光盘映像安装文件,在下载页面 https://www.ubuntu.com/download/desktop 会显示目前可用的最新的 Ubuntu 桌面发行版,如图 1-10 所示,单击 Download 按钮下载安装文件。

图 1-10 Ubuntu 下载页面

(2) 打开 VirtualBox 管理器,单击"新建"按钮,开始新建虚拟机,如图 1-11 所示。

图 1-11 新建虚拟机

（3）按要求输入虚拟机的名称、类型和版本，输入特定的虚拟机名称（如 Ubuntu 等操作系统名称）后，类型和版本会自动进行选择，其他内容可以按需调整，一般默认即可，之后单击"创建"按钮，如图 1-12 所示。

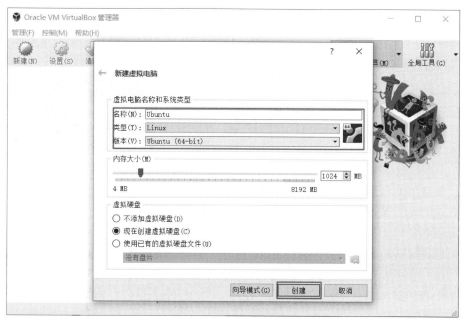

图 1-12　虚拟机命名

（4）选择虚拟机存放位置，Ubuntu 18.04 完整安装后，大约需要 10GB 的硬盘空间。因此选择文件位置时，请保证该位置有超过 10GB 的硬盘空间，最好能有 20GB 以上，其他选项默认即可，再单击"创建"按钮，如图 1-13 所示。

图 1-13　选择虚拟机保存位置

（5）虚拟机创建完毕，选中已创建好的虚拟机，并单击工具栏中的"启动"按钮，如图1-14所示。

图1-14　启动创建好的虚拟机

（6）虚拟机创建完成后，只是完成了硬件参数的仿真，类似于一台新买的没有安装操作系统的计算机裸机。为了能够正常使用，还需要给其安装操作系统。因此，启动虚拟机后选择下载的 Ubuntu 18.014 LTS 光盘映像安装文件，如图1-15所示，然后单击"启动"按钮，开始安装操作系统。

图1-15　选择下载的光盘镜像文件

（7）安装操作系统时，首先会进入到"欢迎"页面，在该页面可以选择语言，选择"试用Ubuntu"或"安装 Ubuntu"。单击"试用 Ubuntu"按钮会立即打开 Ubuntu 操作系统，但是对该系统的所有更改都不会被保存，且功能有限。单击"安装 Ubuntu"按钮即将 Ubuntu 安装到硬盘，功能完善。在这里，安装语言选择"中文"，安装方式选择"安装 Ubuntu"，即可安装中文 Ubuntu 到硬盘，如图 1-16 所示。

图 1-16　安装欢迎界面

（8）键盘布局页面，这里选择"英语（美国）"即可，之后单击"继续"按钮，如图 1-17 所示。

（9）安装页面，该页面选择希望安装的应用和是否安装更新。如果计算机硬盘资源紧张，可以选择"最小安装"，这样大多数 Ubuntu 自带的软件包将不会安装到硬盘上，安装后的体积相对较小。"安装 Ubuntu 时下载更新"适合已经联网的计算机，在虚拟机安装时，要求主机已经联网，此处，选择"正常安装"及"安装 Ubuntu 时下载更新"，之后单击"继续"按钮，如图 1-18 所示。

（10）"安装类型"页面，常用的是"清除整个磁盘并安装 Ubuntu"和"其他选项"。"其他选项"中可以手动创建、调整磁盘分区，要求对 Linux 操作系统的文件结构比较熟悉，有些发行版会称为"专家模式"，对初学者来说不太适合，因此这里选择较为简单的"清除整个磁盘并安装 Ubuntu"选项并单击"现在安装"按钮，如图 1-19 所示。

💡 **注意** 此处的"清除整个磁盘并安装 Ubuntu"并非清除实际的物理磁盘，而是清除第（4）步中创建的虚拟机磁盘，所以放心清除就可以。但是在真机安装的时候就需要特别注意该问题，一定要做好数据备份后再进行清除，或采用其他安装方式。

图 1-17　键盘布局

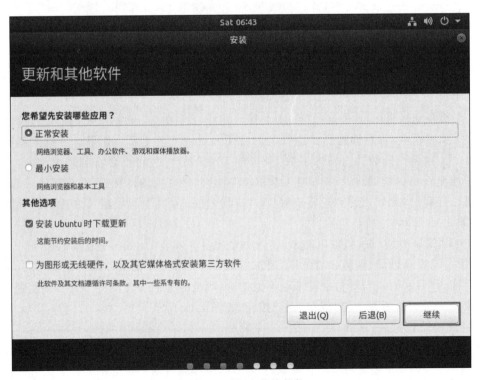

图 1-18　更新和其他软件

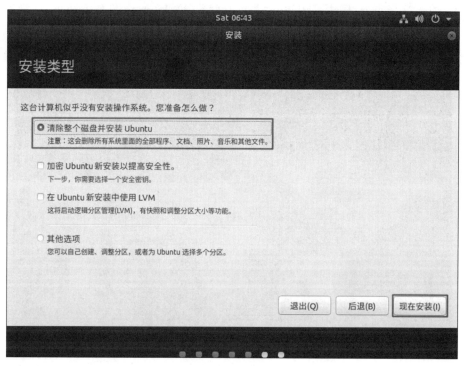

图 1-19　安装类型

（11）上一步单击"现在安装"按钮后会提示"是否将改动写入磁盘"，这时直接单击"继续"按钮即可，如图 1-20 所示。

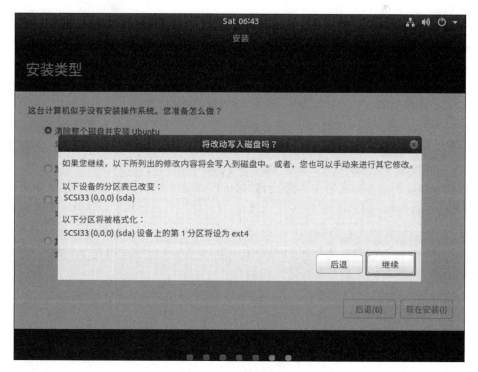

图 1-20　重置磁盘分区

（12）时区选择页面，国内采用的是"北京时间"。在 Ubuntu 操作系统里，并没有"北京时间"这一位置，可以选择"上海时间"替代，选择后会显示采用"Shanghai"的区域，确认是否合适，之后单击"继续"按钮，如图 1-21 所示。

图 1-21　选择时区

（13）用户名、密码设置界面，在该页面输入用户名和密码，密码长度并没有特殊要求，这里输入用户名和密码后单击"继续"按钮即可，如图 1-22 所示。

（14）开始安装，视计算机性能，大约 15～30 分钟即可安装完成，安装过程中会以幻灯片的方式轮播 Ubuntu 的一些优势与特点，如图 1-23 所示。

（15）如图 1-24 所示，安装完成后，单击"现在重启"按钮即可。

（16）重新启动后会看到锁屏界面，鼠标单击任意位置，即可打开登录界面，如图 1-25 所示。

（17）登录界面如图 1-26 所示，在该界面选择第 13 步创建的用户名，输入密码后单击"登录"按钮或按回车键，即可进入系统桌面环境。

（18）登录成功后会进入桌面环境，右侧侧边栏显示常用的应用程序，类似 Windows 的任务栏及快捷启动项，如图 1-27 所示。

（19）Ubuntu 桌面左下角▦图标类似 Windows 的"开始"菜单，打开后可以看到所有的应用程序，Ubuntu 系统的应用程序列表如图 1-28 所示，常用的应用程序如游戏、文件管理器、系统设置、软件更新等都可以在这里找到。

💡 注意　本书后续的操作、案例等都是基于上述安装的 Ubuntu 18.04 Bionic Beaver 版本。如果使用的是稍旧的版本，如 16.04，请不用担心，大多数操作也是可以直接根据本书的提示来进行的。

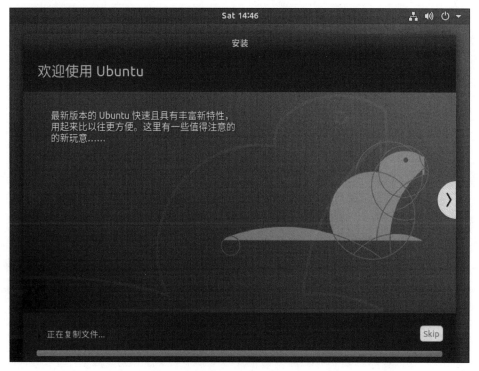

图 1-22　设定用户名

图 1-23　开始安装

图 1-24 安装完成

图 1-25 锁屏界面

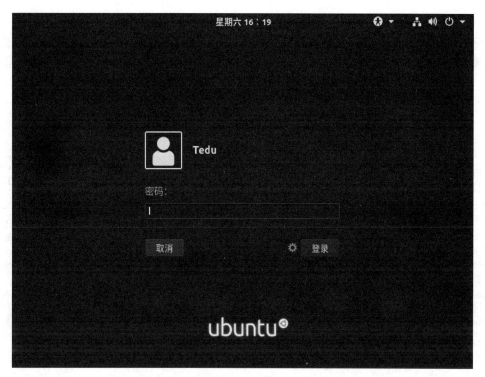

图 1-26　登录界面

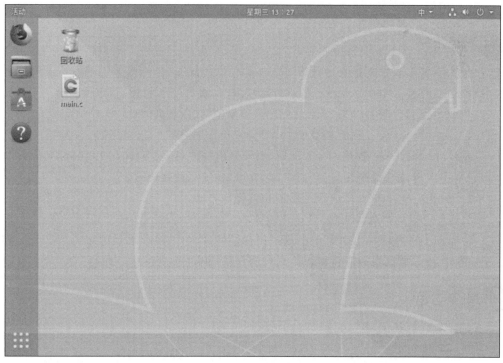

图 1-27　桌面环境

图 1-28　应用程序

 本章小结

- 操作系统主要作用是管理计算机软件和硬件资源,是计算机系统中最基本的程序。
- UNIX 由 Dennis Ritchie 用 C 语言重新编写,提高了移植性、稳定性。
- 加州伯克利大学基于 UNIX 系统源码开发了 BSD 系列,称为类 UNIX。
- Andrew Tanenbaum 教授开发的 MINIX 操作系统,为 Linux 的诞生奠定了基础。
- Richard Stallman 提出 GNU 计划,倡导自由软件(Free Software),强调其软件可以"自由取得、复制、修改与再发布",并规范出 GPL 授权模式。
- 1991 年,Linus Torvalds 开发出 Linux 操作系统。
- Linux 发行版本有很多种,其中比较著名的是 Debian 系统、Red Hat 系统。
- 虚拟机是一种可以在计算机上模拟硬件环境的软件,可以通过虚拟机来安装操作系统,且在虚拟机内的操作系统与真机操作系统几乎一致。

本章习题

1. 以下操作系统属于 Debian 系统的是(　　　)。
   A. Deepin
   B. Centos
   C. Fedora
   D. Gentoo

2. BSD 基于(　　)操作系统开发而来。

  A. Arch Linux   B. Ubuntu

  C. UNIX   D. Linux

3. GNU 通用许可证简称是(　　)。

  A. GCC   B. API

  C. CPL   D. GPL

4. 4.17.6 版本的 Linux 内核主线版本号是_____。

5. Debian 系操作系统包管理器是_____。

6. 下载并安装 VirtualBox 与 Ubuntu 18.04，并在虚拟机中完成系统安装。

第 2 章 Linux基础操作

 本章思维导图

	X窗口系统简介	X窗口系统是一种以位图方式显示界面的窗口系统规范
X窗口系统	X窗口系统发展史	X窗口系统经历了多年的发展，在开源世界中占有举足轻重的位置
	KDE桌面环境	KDE桌面环境是基于Qt框架开发的桌面环境
基于X的桌面环境	GNOME桌面环境	GNOME是完全由自由软件构成的桌面环境
	Xfce桌面环境	Xfce桌面环境目的是创建可以快速加载占用系统资源少的桌面环境，适合硬件设施较老的计算机
	GNOME桌面简介	GNOME桌面环境共分为顶部边栏、左侧边栏和桌面部分，并包含一些快捷方式
GNOME基本操作	安装WPS Office办公套件	安装WPS Office的办公软件
	Gedit文本编辑器使用	Gedit是GNOME桌面环境中自带的文本编辑器
	命令行界面简介	命令行是服务器管理过程中最常用的人机交互方式
命令行界面	Bash命令处理器	命令处理器主要用来解析用户输入的命令，并传递到系统内核执行
	命令的一般语法	命令通常由命令、选项、参数构成，并使用空格隔开
	help命令	通常内部命令可以使用help命令获取帮助信息
终端中获取帮助	帮助选项	通常外部命令自身都会带有帮助信息，可以使用--help选项显示
	man命令	man命令可以查询命令托管在服务器上的信息
命令行文本编辑器	nano编辑器	nano编辑器是命令行中简单好用的文本编辑器

Linux基础操作

本章目标

- 了解 X Window System 规范及作用；
- 了解常见的桌面环境；
- 理解 GNOME 桌面环境的使用方法；
- 理解命令行在 Linux 中的意义；
- 掌握 Ubuntu 平台上二进制软件包的安装；
- 熟悉 Gedit 文本编辑器的使用；
- 掌握获取命令帮助信息的方法；
- 掌握 nano 文本编辑器的使用。

2.1　X 窗口系统

当今计算机,尤其是个人计算机,基本都包含基于"图形用户界面"概念的桌面环境。其中,Linux 操作系统凭借其开放性、包容性发展出了形形色色的桌面环境,而 Linux 操作系统中大多数桌面环境依赖于 X Window System 协议。

2.1.1　X 窗口系统简介

X 窗口系统(X Window System,或称 X)是一种以位图方式显示的软件窗口系统,由麻省理工学院于 1984 年开发研究,之后变成 UNIX、类 UNIX 等操作系统所一致适用的标准化软件工具包及显示架构的运作协议。X 窗口系统通过软件工具及架构协议来创建操作系统所用的图形用户界面,此后则逐渐扩展适用到各种类型的操作系统上。现在几乎所有的操作系统都能支持与使用 X,知名的桌面环境 GNOME 和 KDE 也都是以 X 窗口系统为基础建构。

由于 X 只是工具包及架构规范,所以必须有人依据此标准进行开发才能实现具体的功能,才有真正可用的桌面环境。目前依据 X 的规范架构所开发的桌面环境中,以 X. Org(X. Org Server)最为普遍且最受欢迎,此项目由 X. Org 基金会所主导,且以 MIT 许可协议(The MIT License)授权。

X 窗口系统商标如图 2-1 所示,X. Org 基金会商标如图 2-2 所示。

注意　X 窗口系统并不是唯一的开源窗口系统,除此之外还有 Qtopia、Wayland、Twin、XFast 等。

2.1.2　X 窗口系统发展史

早在 X 出现之前,已经有一些组织或企业开始开发基于位图的软件显示系统,如帕洛阿尔托研究中心(施乐公司)提出的 Alto(1973 年)和 Star(1981 年),苹果电脑提出的 Lisa(1983 年)和麦金塔(1984 年)。然而在开源世界里,却没有一个能够与之匹配的显示系统,直到 1984 年 X 出现,X 发展历史如表 2-1 所示。

图 2-1　X Window System 商标

图 2-2　X. Org 基金会商标

表 2-1　X 窗口系统发展史

时　间	描　述
1984 年 5 月	鲍伯 · 斯凯夫勒(Bob Scheifler 或 Robert William Scheifler)在 W 窗口系统(W Window System)的基础上将同步协议换成异步协议,创造出 X Window System 第 1 版本,即 X 1 版
1985 年 1 月	X 6 版本发布,同时被移植到 MicroVAX 的 DEC QVSS 显示器
1985 年 9 月	X 9 版本发布,开始采用 MIT 授权许可证
1986 年 2 月	X 10R3 版本 10R3 发布,该版本是第一个广泛发行的版本
1987 年 9 月	X 11 版本发布,该版本成为最早的较大规模的开源项目之一
1988 年 1 月	X 协会(X Consortium)作为非盈利厂商团体而成立并发布 X 11R2
1991 年 2 月	基于 X 11R4,托马斯 · 罗尔(Thomas Roell)发布 X Free86 的第一个版本
1993 年	X 协会公司(X Consortium, Inc. ,非盈利性质的公司)作为 X 协会的继任者而成立
1994 年 5 月	X 11R6 版本发布,之后原有的 X 协会解散
1997 年	X 协会公司将 X 管理交给国际开放标准组织(由开放软件基金会 OSF 和 X/Open 合并成立)
1999 年 5 月	X. Org 项目设立
2004 年 1 月	在 X. Org 项目基础上成立 X. Org 基金会
2004 年 9 月	X 11R6.8 发布,加入了包括半透明窗口、屏幕放大、3D 沉浸式显示系统等多项新特性
2005 年 12 月	X 11R7.0 版本发布,对主要源代码进行了拆解、重构,以模块化方式发布
2012 年 6 月	X 11R7.7 版本发布,增加多点触控支持

2.2　基于 X 的桌面环境

　　与 Microsoft Windows 和 Mac OS 这类操作系统相比,Linux 操作系统并不包含默认的桌面环境,其搭载的桌面环境只是内核上的一个应用程序。所以,Linux 操作系统完全可以在没有桌面环境的前提下运行,而且大多数服务器也就是这样做的。但是没有桌面环境的操作系统须要求其操作者有一定的技术水平,而不仅仅是单击鼠标就可以使用的。这对普通大众来说极不方便,所以很多组织与企业为 Linux 操作系统开发了多款桌面环境,本节简要介绍一些常用的基于 X 的桌面环境。

2.2.1 KDE 桌面环境

KDE(K Desktop Environment)是一个国际性的自由软件社区,该社区开发了一系列在 Linux、BSD、Solaris、Microsoft Windows 与 Mac OS 等平台上运行的跨平台应用程序,KDE 软件是基于 Qt 框架所开发的。其最著名的产品是 Plasma 桌面,是许多 Linux 发行版的默认桌面环境,例如,openSUSE、Linux Mint、PCLinuxOS 与 Chakra GNU/Linux。Ubuntu 也有搭载 KDE 桌面环境的发行版 Kubuntu,KDE 发展史如表 2-2 所示。

表 2-2　KDE 发展史

年　份	版　本	描　述
1996 年		德国人 Matthias Ettrich 开始 KDE 计划
1998 年	KDE 1.0	Mathias Ettrich 选择使用 Qt 程序库开发 KDE 桌面环境
2000 年	KDE 2.0	该版本做出了重大改进,增加 KIO 应用程序 I/O 库,KPart 组件对象模型、KHTML 渲染和绘图引擎等功能
2002 年	KDE 3.0	增加众多新应用程序:包括 Juk 自动点唱机、Kopete 即时通信、Kig 互动式几何软件等
2008 年	KDE SC 4.0	KDE SC4.0(KDE Software Compilation 4,KDE 软件集)新系列包括更新数个 KDE 核心组成,特别是移植到 Qt 4。包含一个称为 Phonon 的新的多媒体 API,一个称为 Solid 的设备集成框架和称为 Oxygen 的新风格指引和默认图标集,也包括称为 Plasma 的新桌面和面板用户界面工具
2009 年		官方重新规划 KDE 品牌定位,重点不再强调其桌面环境的属性,而是强调其"产品"属性,KDE 不再是"K Desktop Environment"的缩写,而是充当了不同软件组件的品牌
2011 年	KDE SC 4.6	对 OpenGL 混合提供了更好的支持,并加入了大量的修正和新功能
2014 年	KDE Plasma 5.0	改进了对 HiDPI 显示屏的支持,并带来了一个融合的图形接口壳层

KDE 社区的目标是开发基本的桌面功能和日常必需的应用程序,许多独立应用程序和规模较小的项目是基于 KDE 的技术由社区自行实现的,这些软件包括 Calligra Suite、digiKam、Rekonq、K3b 和其他应用程序。

KDE 的商标如图 2-3 所示,KDE 的吉祥物是一只被叫作 Konqi 的小绿龙,如图 2-4 所示。

图 2-3　KDE 的商标

图 2-4　KDE 吉祥物 Konqi

2.2.2　GNOME 桌面环境

GNOME 是一个完全由自由软件组成的桌面环境。GNOME 是 GNU 计划的一部分,所有的 Linux 和大部分的 BSD 系统都支持 GNOME。GNOME 是由志愿开发者和受雇开发者组成的 GNOME 计划开发的,其最大的贡献者为红帽公司。GNOME 发展历史如表 2-3 所示。

表 2-3　GNOME 发展历史

年　份	版　本	描　述
1997 年		GNOME 项目发起
1999 年	GNOME 1.0	首个 GNOME 版本发布
2002 年	GNOME 2.0	基于 GTK2 的重大升级,引入人机界面指南
2003 年	GNOME 2.4	发布 Epiphany 浏览器,添加无障碍支持
2004 年	GNOME 2.6	加入文件管理器 Nautilus(鹦鹉螺),加入可移动设备的支持
2005 年	GNOME 2.10	增加新的工具:网络设置、设备挂载、垃圾桶快捷方式、Totem 多媒体引擎等
2006 年	GNOME 2.14	提升性能,发布 GStreamer(流媒体应用框架)0.10
2008 年	GNOME 2.22	Epiphany 浏览器改用 WebKit 引擎,Totem 能搜索和播放 YouTube 视频、连接到 MythTV 服务、观看录像或实时电视,提供了独立的 Flash 播放器以支持从文件浏览器中预览 Flash
2009 年	GNOME 2.26	新刻录工具 Brasero;添加多显示器和指纹识别功能
2011 年	GNOME 3.0	采用 GTK+3.0,发布 GNOME SHELL,是一个重新设计、更简洁的桌面,移除长期废弃的开发接口
2013 年	GNOME 3.10	实验性质的 Wayland 支持
2015 年	GNOME 3.18	在 Files 中加入 Google 云端硬盘支持,加入透过 Software 进行操作系统版本更新,自动屏幕亮度;触摸板手势
2016 年	GNOME 3.20	众多核心程序改善,更新位置描述设置
2017 年	GNOME 3.24	夜间模式,设置应用程序的设计风格更新
2018 年	GNOME 3.28	新增 Cantarell 字体的粗体与细体,更新显示屏键盘,集成 Thunderbolt 3 支持,增加 Usage 预览版程序

GNOME 默认运行在 X 之上,在 GNOME 3.10 后也可以在 Wayland 上运行。在大部分的 Linux 发行版中,GNOME 都是默认的(如 Ubuntu)桌面环境或可安装的桌面环境。GNOME 的商标如图 2-5 所示。

 注意　一般情况下,Ubuntu 会在 GNOME 发布更新后的一个月内发布更新,所以 Ubuntu 18.04 是基于 2018 年 3 月发布的 GNOME 3.28 版本。本书中截图、实例等如无特殊说明,均基于 GNOME 3.28.2 版本。

2.2.3　Xfce 桌面环境

Xfce 是 1996 年由 Olivier Fourdan 创建的,其目的是创建一个可以快速加载并且占用系统资源少的桌面环境,所以在硬件设施较旧、性能较差的计算机上,Xfce 仍能表现良好。

Xfce 可以运行在 UNIX 与类 UNIX 操作系统上,如 Linux 与 FreeBSD,比较出名的默认搭载 Xfce 桌面环境的是基于 Ubuntu 的 Xubuntu 发行版和以体积迷你著称的 CDLinux (Compact Distro Linux)。

Xfce 由许多彼此独立的组件所构成,默认的视窗管理器为 Xfwm,也可搭配 Openbox 等其他视窗管理器协同运作。Xfce 同时为程序设计者提供开发框架,除了 Xfce 本身,还有第三方的程序使用 Xfce 的程序库,如文本编辑器 MousePad,多媒体播放程序 Parole 与终端机模拟器 Terminal Emulator 等。

Xfce 的商标是一只奔跑中的老鼠,如图 2-6 所示。

图 2-5　GNOME 桌面环境商标　　　　　图 2-6　Xfce 商标

> **注意**　"Xfce"最初的含义是"XForms Common Environment",缩写为 XFCE,但之后经过两次重写,Xfce 已经不再使用 XForms 工具包。虽然名字依然是 Xfce,但现在已不会将其中的 f 大写。

2.3　GNOME 基本操作

Ubuntu 系统在发布之初便采用了 GNOME 桌面环境,截至本书出版前,最新的 Ubuntu 18.04 LTS 版本搭载的是 GNOME 3.28.2 版本。GNOME 是 Ubuntu 桌面版 (Ubuntu 服务器版不含有任何桌面环境)操作系统中非常重要的一个组成部分,所以本节将对 GNOME 桌面环境以及软件安装进行简要的介绍。

2.3.1　GNOME 桌面简介

GNOME 桌面环境与常见的 MS Windows(Microsoft Windows)系统的桌面环境略有差别,但是常规操作基本一样,如图 2-7 所示。

GNOME 桌面分为 3 大部分:顶部边栏、左侧边栏以及占据大部分面积的桌面部分。其中,顶部边栏主要包含一些通用功能,例如日历、系统设置、开关机等。左侧边栏主要是应用程序的快捷方式,功能类似于 MS Windows 的"任务栏"。桌面部分新安装的 Ubuntu 操作系统只有一个回收站图标,这一点和 MS Windows 相同。下面根据图 2-7 中所示的序号简单介绍下各个按钮的作用。

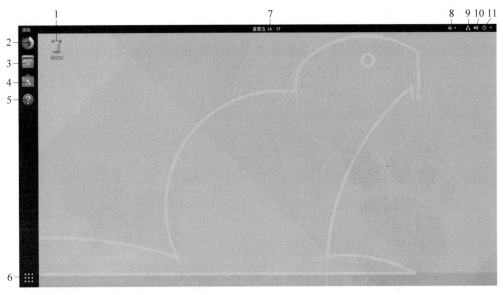

图 2-7　GNOME 桌面

1. 回收站

删除的文件或文件夹都会出现在该文件夹内,作用与 MS Windows 中回收站功能一致。

2. Firefox 浏览器

GNOME 桌面环境默认安装的是 Firefox(Mozilla Firefox,火狐)浏览器,Firefox 是一种自由且开源的网页浏览器,在 2002 年由 Mozilla 社区成员创建。使用 Firefox 浏览网页如图 2-8 所示。

图 2-8　使用 Firefox 进行网页浏览

3. 文件管理器

功能类似于 MS Windows 中的"库"的功能,打开后会显示用户主目录及其他类别,如视频、图片、文档等,如图 2-9 所示。

图 2-9 文件管理器

4. Ubuntu 软件中心

功能类似于现在 Windows 10 中的 Windows Store 功能,提供应用程序下载、安装及移除。Ubuntu 软件中心如图 2-10 所示。

图 2-10 Ubuntu 软件中心

5．Ubuntu 桌面指南

Ubuntu 桌面指南包含一份对 Ubuntu 桌面环境使用的详尽指南,并提供了书签和搜索的功能。当遇到问题时,可以直接在该软件中查找相应的解决方案。该指南在计算机中提供的是离线版本,无须联网即可查看,如图 2-11 所示。

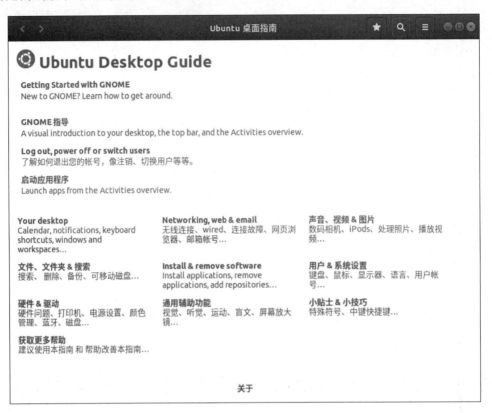

图 2-11　Ubuntu 桌面指南

6．显示应用程序

单击该按钮后会弹出 Ubuntu 操作系统中安装的所有应用程序的快捷方式,类似Windows 10 操作系统的平板模式。快捷方式分为常用和全部两种,一般来说,默认显示的是全部的快捷方式,使用过的应用程序在"常用"页显示并会按照使用频率排序,如图 2-12 所示。

7．通知及日期

该处默认显示星期及当前时间(默认 24 小时制),单击后可以显示当前日期及通知信息,如图 2-13 所示。

8．输入法切换

如果安装时选择的是"中文",那么安装之后在这里会显示输入法切换按钮,可以切换输入法为中文(默认 Intelligent Pinyin 输入法)或英文,同时可以对输入法进行一些简单的设定,如图 2-14 所示。

9．网络

此处可以显示网络相关信息,根据连接的网络不同(有线或无线)会显示不同的图标,单击后可以设置网卡启用、VPN 等内容。

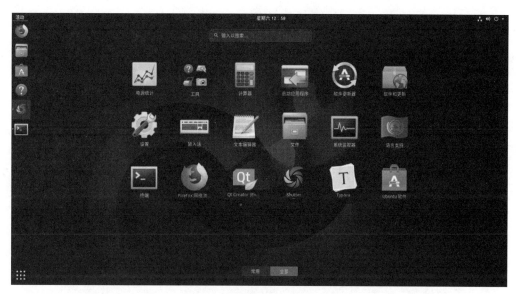

图 2-12　应用程序快捷方式

图 2-13　通知及日期

10. 音量设置

单击后可以设置计算机音量。

11. 系统设置及电源管理

单击后可以打开系统设置面板,对系统快捷键、输入法等参数进行设置,同时在此处可以进行关机、重启、锁屏、账户注销等操作。

其中,9、10、11 三处功能默认使用同一面板,不同状态下的面板如图 2-15(有线连接状态)和图 2-16(用户信息状态)所示。

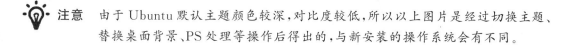

注意　由于 Ubuntu 默认主题颜色较深,对比度较低,所以以上图片是经过切换主题、替换桌面背景、PS 处理等操作后得出的,与新安装的操作系统会有不同。

图 2-14　输入法切换

图 2-15　有线连接状态

图 2-16　用户信息状态

2.3.2　安装 WPS Office 办公套件

WPS(Word Processing System)是由金山软件股份有限公司自主研发的一款办公套件,2001 年 5 月 WPS 正式采取国际办公软件通用命名方式,更名为 WPS Office。WPS 第一版发行于 1988 年,主要包含 WPS 文字、WPS 表格、WPS 演示三件套,对应于 MS Office(Microsoft Office,微软办公套件)中的 Word、Excel、PowerPoint 三件套,同时 WPS Office 可以完美兼容对应的 MS Office 的文档格式。

Ubuntu 操作系统自带 LibreOffice 套件,但是其与常用 MS Office 套件的兼容性并不好。而国产的 WPS 套件全面兼容 MS Office 97-2010 格式(doc/docx/xls/xlsx/ppt/pptx 等),且其拥有跨 Windows、Linux、Android、iOS 等多个平台的优势,所以在安装演示用 Ubuntu 操作系统时并没有选择安装 LibreOffice。此处以 WPS 为例,演示 Ubuntu 操作系统中如何以二进制安装包形式安装软件,具体安装步骤如下。

1. 下载 WPS 的二进制软件包

WPS 下载网址为 http://community.wps.cn/download/,单击"立即下载"跳转到下载

页面,如图 2-17 所示。Ubuntu 是基于 Debian 的发行版,支持"deb"格式的软件包,因此,下载第一个"wps-office_10.1.0.6634.amd64.deb"文件即可。

图 2-17　WPS 下载

2. 打开文件管理器

打开"下载"分类,找到刚才下载的文件,如图 2-18 所示。

图 2-18　下载目录中的 WPS 文件

3. 双击安装

双击下载的安装文件,Ubuntu 软件中心会自动打开,如图 2-19 所示,此时单击"安装"按钮即可开始安装。

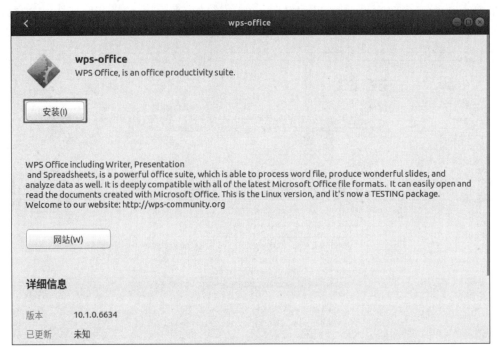

图 2-19　Ubuntu 软件中心安装界面

4. 安全认证

由于 Ubuntu 操作系统中,软件安装属于修改系统组件的敏感操作,为防止木马或病毒对系统造成破坏,安装过程中会询问用户密码,如图 2-20 所示,输入用户密码并单击"认证"按钮,继续进行安装。

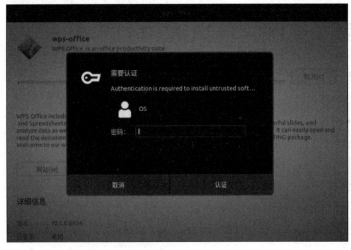

图 2-20　用户认证页面

5. 完成安装

等待片刻之后,完成安装,如图 2-21 所示。此时如果想要卸载 WPS,只需要单击"移除"按钮即可。

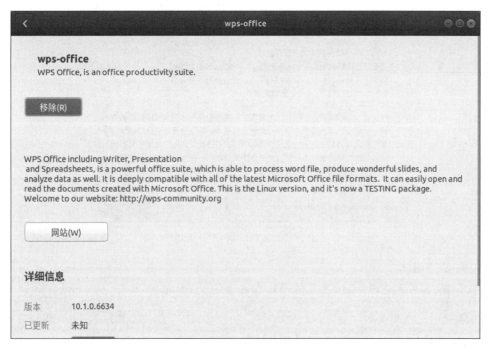

图 2-21　安装完成

6. 快捷方式

安装完成后，单击 GNOME 桌面左下角"显示应用程序"，即可看到 WPS 套件的快捷方式已经创建，如图 2-22 所示。

图 2-22　WPS 快捷方式

7. 启动应用程序

单击图 2-22 中"WPS 文字"，启动"WPS 文字"处理工具，启动后首先需要接受"WPS Office 最终用户许可协议"，如图 2-23 所示。单击"接受"按钮即可开始使用 WPS 文字处理工具。

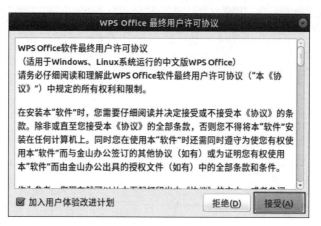

图 2-23　WPS用户许可协议

8. 开始使用

打开 WPS 文字处理工具,之后的操作和普通的 WPS 相同,如图 2-24 所示。

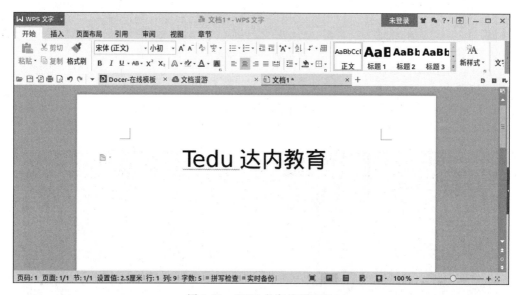

图 2-24　WPS 文字处理工具

💡 **注意** 由于版权问题,WPS for Linux 未对有版权保护的字体进行打包安装,如果有需要,可以在确定已授权的前提下手动安装并使用此类字体。其他问题可在 WPS4Linux 社区维基"http://community.wps.cn/wiki/首页"查找,或在 WPS 社区提问。

2.3.3　Gedit 文本编辑器使用

Gedit 是一个 GNOME 桌面环境下的文本编辑器,类似于 MS Windows 系统中的"记事本"软件,但是功能要强大得多。

Gedit 简单易用,包含语法高亮、多语言拼写检查和标签页等功能。利用 GNOME VFS 库,还可以编辑远程文件,并支持查找和替换。Gedit 包含一个灵活的插件系统,可以动态地添加新功能,例如 snippets(代码片段)以及外部程序的集成。

Gedit 还包括一些小特性,包括行号显示、括号匹配、文本自动换行、代码折叠、批量缩进、批量注解、嵌入式终端、当前行高亮以及自动文件备份等。

Gedit 软件的使用方法如下。

1. 打开 Gedit

单击左下角 ▦ 图标,显示所有的应用程序,其中"文本编辑器"即为 Gedit,单击即可打开,如图 2-25 所示。

图 2-25　打开 Gedit

2. 显示"关于"信息

与 MS Windows 不同,GNOME 中所有应用程序的通用设置项都会显示在上方边栏中,单击后会出现与该应用程序相关的通用功能,例如显示"关于"信息、"帮助"信息,设置"首选项"等,如图 2-26 所示。

3. 打开本地文件

单击"打开"按钮,此处会显示最近打开的文件,直接单击即可打开。单击"其他文档"按钮,可浏览其他位置的文档,如图 2-27 所示。

4. 保存文件功能

如果是打开的已存在的文件,那么将直接保存。如果是新建的文件,单击"保存"按钮后会提示选择保存位置,如图 2-28 所示。

5. Gedit 功能设置项

Gedit 功能设置项非常丰富,大部分的设置可以在菜单项中找到,包括打印、另存为、插件等功能,如图 2-29 所示。

6. 语法高亮显示

对于程序员来说,语法高亮是很重要的一项功能。语法高亮能够根据相应的编程语言

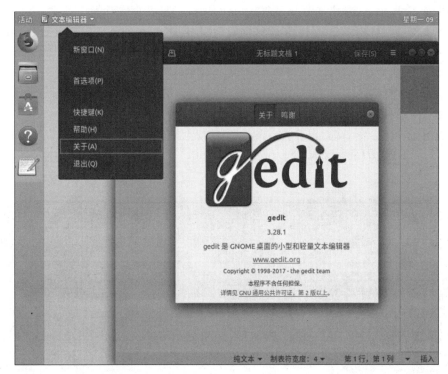

图 2-26 显示"关于"信息

图 2-27 Gedit 打开功能

的"关键词"类别来显示不同的颜色与字体以增强可读性,从而降低误读或误写的概率。基本上现代专业代码编辑器都支持语法高亮功能,Gedit 作为一类常规文本编辑器,也对该功能做了很好的支持,其可以支持多种语法高亮规则,如图 2-30 所示。以 C 语言为例,其中关键词、数据类型、字符串等都会用不同的颜色进行标识,如图 2-31 所示。

图 2-28　选择文件保存位置及文件名

图 2-29　菜单选项

图 2-30　选择高亮支持的语言

7. 制表符宽度设置

制表符宽度指按一次"制表"(Tab)键光标移动的空白字符的个数。Gedit 默认为 8 个空字符,一般常用为 4 个空字符。选中"使用空格"则会自动将"制表符"翻译为相应个数的"空格"字符。由于"制表符"在不同的编辑器中显示的宽度并不相同,但"空格"的宽度是相同的,所以翻译为空格后可以使得程序的格式在不同编译器环境下基本保持一致。制表符宽度设置如图 2-32 所示。

8. 显示光标行列位置

Gedit 默认会在右下角显示当前光标所在的行和列位置,可以通过单击"状态栏"行列号位置设置是否显示行号,如图 2-33 所示。

图 2-31　C语言高亮效果

图 2-32　制表符宽度设置 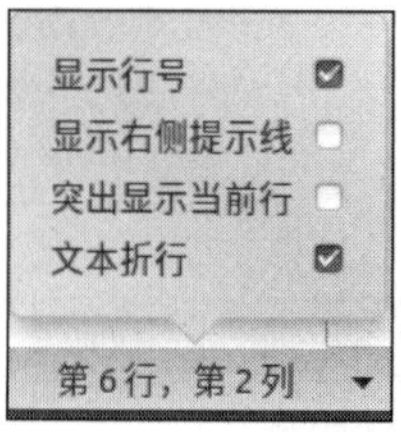　　　　　　图 2-33　设置是否显示行号

9. 插件功能

Gedit 集成了许多插件,甚至集成了"Python 控制台"功能。可以通过单击"菜单"→"查看"→"底部面板"打开底部面板,默认会出现"Python 控制台"。可以在控制台内进行 Python 编程,当然也可以通过控制台来控制 Gedit 实现一些复杂的文字处理功能,如图 2-34 所示。

图 2-34　Python 控制台

2.4 命令行界面

对于 Centos、Debian、Red Hat 等 Linux 发行版来说,服务器依然是其最重要的应用场景。但是桌面环境相对来说并不是那么稳定,而且需要占用大量系统资源,所以服务器平台上很少会安装桌面环境组件,命令行就成了每一个运维人员乃至每一个使用 Linux 的人必须要掌握的一种交互模式。

2.4.1 命令行界面简介

命令行界面(Command Line Interface,CLI)是在图形用户界面之前使用最为广泛的用户界面,用户通过键盘输入指令,计算机接收到指令后,执行相应的程序并返回结果到命令行界面,完成人与机器的交互过程。

在使用命令行时,需要记住大量的命令,入门门槛要比桌面环境高得多。但是由于其不需要进行大量图像渲染,所以占用资源相对于桌面环境来说要少得多,且记住常用命令后,某些场景下使用命令行的效率会比桌面环境高许多。

虽然目前的个人计算机操作系统大多都以桌面环境图形化用户界面操作为主,但是无论是 Linux 各类发行版还是 Mac OS、MS Windows 等操作系统,依然没有放弃命令行界面。而且 MS Windows 除了一直保留的"命令提示符"功能外,近年来不仅发布了 PowerShell 来增强命令行工具的命令数量和功能,甚至新版 Windows 10 操作系统也可以在 Windows Store 中选择安装 Ubuntu 的简版操作系统(无桌面环境),来执行 Linux 环境下的一些程序。

> 💡 **注意** Windows 10 最早支持安装 Ubuntu 子系统的版本是 Build 14393 版本(Windows 10 1607 周年更新版),该功能需要在"启用或关闭 Windows 功能"中打开"适用于 Linux 的 Windows 子系统"选项,之后在 Microsoft Store 中下载安装即可。目前提供 Ubuntu、openSUSE、SLES、Fedora 等发行版。

2.4.2 Bash 命令处理器

通常操作系统内核并不包含和用户交互的功能,用户和操作系统进行交互时需要通过 Shell(壳)程序。Shell 泛指"为用户提供用户界面"的程序。通常将 Shell 分为两类:命令行 Shell 与图形 Shell。命令行 Shell 提供一个命令行界面(CLI),而图形 Shell 提供一个图形用户界面(GUI)。

Linux 操作系统默认搭载的 CLI Shell 程序是 Bash(Bourne-Again Shell)。Bash 继承自 Bourne Shell(UNIX 平台上的 Shell 程序),是 GNU 计划的一部分,由布莱恩·福克斯(Brian J. Fox)于 1988 年开始开发,并于 1989 年发布第一版本。Bash 的重要历史记录如表 2-4 所示。

表 2-4　Bash 重要历史记录

年　　份	版　　本	描　　述
1988 年		开始着手开发 Bash
1989 年	Bash 0.99	发布可用的第一版本
1995 年	Bash 1.14.5	Cygwin 项目开始,该项目旨在将 Bash 移植到 MS Windows 平台
2014 年	Bash 3.2.57	Stephane Chazelas 发现了 Bash 的一个安全漏洞。这个漏洞被命名为 Shellshock
2016 年	Bash 4.4	由微软宣布,Windows 10 系统中添加了 Linux 子系统,完全支持 Bash,本书基于 Bash 4.4 版本
2019 年	Bash 5.0	Bash 5.0 正式版发布,添加了 BASH_ARGV0、EPOCHSECONDS 和 EPOCHREALTIME 三个内部变量,并增强了一些内置命令

在 Ubuntu 系统中,桌面环境下可以在称之为"终端"的窗口中使用 Bash 命令,该终端窗口是一种"虚拟终端",可以通过按快捷键 Ctrl+Alt+T 打开,也可以在系统桌面上直接右击鼠标,选择"打开终端"选项,如图 2-35 所示,打开的终端如图 2-36 所示。

除了在桌面环境下打开虚拟终端窗口外,Ubuntu 还提供了 4 个纯文本的终端界面(tty3～tty6)让用户使用,可以通过快捷键 Ctrl+Alt+(F3～F6)来进行切换,切换之后会进入纯文本的界面,如图 2-37 所示。

图 2-35　右击打开 Bash

图 2-36　打开的终端

 注意　建议新手在掌握常用命令后再进入纯文本终端界面,否则可能会手足无措。本书内容都在桌面环境的终端窗口中执行,不需要切换到纯文本终端界面。

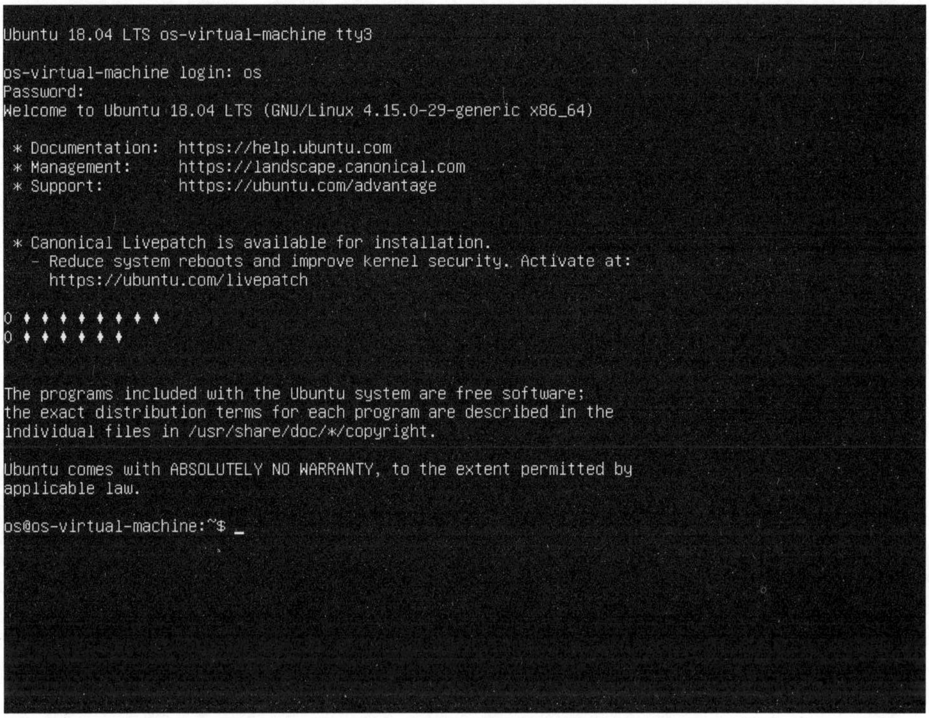

图 2-37 tty3 纯文本终端

2.4.3 命令的一般语法

命令是指可以帮助用户完成相应任务的一个或一组程序。Linux 中常用的命令分为两种：内建命令和外部命令(系统命令)。一般来说，内建命令在系统启动时就会被加载到内存中，执行速度更快；外部命令一般存储在硬盘中，执行时才会被加载到内存中执行，虽然速度稍慢，但功能更强大，扩展也更方便。

在执行命令时，至少需要输入命令的程序名称，为了让命令执行不同的功能或生成不同的结果，还需要加上一些其他选项以及参数等信息。命令的语法格式如下所示。

【语法】

命令[-选项][参数列表]

其中：
- 命令是必需的；
- 选项是可选的，通过选项来控制要执行的具体功能；
- 参数列表也是可选的，在执行命令的过程中会需要参数，例如，在切换路径的 cd 命令中，需要参数传递文件路径等信息。

注意 如无特殊说明，命令与选项、选项与选项、选项与参数、命令与参数等之间需要以空格隔开。

下面以 ls 命令为例,说明几种常用的格式用法。ls 命令的作用是列出当前目录下的所有"文件"和"文件夹",是 Linux 操作系统中最常用的命令之一。

【示例】 使用 **ls** 输出当前目录下所有的文件及文件夹

```
os@tedu:~ $ ls
PYC 公共的  模板  视频  图片  文档  下载  音乐  桌面
```

【示例】 使用 **ls** 显示隐藏文件或文件夹

```
os@tedu:~ $ ls - a
.                .gconf            .presage           .thumbnails        文档
..               .gnome2           .profile           .Xauthority        下载
.bash_history    .gnupg            PYC                .xinputrc          音乐
.bash_logout     .ICEauthority     .PyCharmCE2018.1   .xsession - errors 桌面
.bashrc          .java             .python_history    公共的
.cache           .kingsoft         .shutter           模板
.config          .local            .sogouinput        视频
.dbus            .mozilla          .ssh               图片
```

> 💡 **注意**　在 Linux 系统中,隐藏文件或文件夹的名字前会有".",据此可以判断该文件是否为隐藏文件。

输入 ls 命令及 -l 选项,可以显示文件或文件夹的属性,显示信息包括文件权限、所有者、大小、修改时间等信息,在后续章节中会详细解释。

【示例】 使用 **ls** 命令显示文件属性

```
os@tedu:~ $ ls - l
总用量 36     #指所有内容大小总和为 36kB
drwxr - xr - x 10 os os 4096 7月   19 15:31 PYC
drwxr - xr - x  2 os os 4096 7月   17 16:51 公共的
drwxr - xr - x  2 os os 4096 7月   21 15:00 模板
drwxr - xr - x  2 os os 4096 7月   17 16:51 视频
drwxr - xr - x  3 os os 4096 7月   21 11:41 图片
drwxr - xr - x  3 os os 4096 7月   21 14:07 文档
drwxr - xr - x  2 os os 4096 7月   21 14:57 下载
drwxr - xr - x  2 os os 4096 7月   17 16:51 音乐
drwxr - xr - x  2 os os 4096 7月   21 16:44 桌面
```

也可以使用组合命令,如"ls -al",显示所有文件或文件夹的详细信息,作用等同于"ls -a -l"或"ls -la",甚至在 Ubuntu 中可以用"ll"来代指该条命令。

【示例】 使用 **ls** 命令显示所有文件的属性

```
#ls - a - l 或 ls - la 或 ll 都可以,选项顺序并不影响程序执行
os@tedu:~ $ ls - la
```

```
总用量 148
drwxr-xr-x 27 os    os   4096 7月   25 12:37 .
drwxr-xr-x  3 root root 4096 7月   17 16:25 ..
-rw-------  1 os    os   1355 7月   25 11:57 .bash_history
-rw-r--r--  1 os    os    220 7月   17 16:25 .bash_logout
-rw-r--r--  1 os    os   3771 7月   17 16:25 .bashrc
drwx------ 22 os    os   4096 7月   25 10:55 .cache
drwx------ 25 os    os   4096 7月   21 15:02 .config
drwx------  3 root root 4096 7月   19 16:45 .dbus
drwx------  2 os    os   4096 7月   25 11:07 .gconf
drwx------  2 os    os   4096 7月   20 09:27 .gnome2
drwx------  3 os    os   4096 7月   21 13:05 .gnupg
-rw-------  1 os    os   6588 7月   25 11:07 .ICEauthority
drwxr-xr-x  4 os    os   4096 7月   19 15:33 .java
drwx------  5 os    os   4096 7月   19 17:22 .local
drwx------  5 os    os   4096 7月   17 20:14 .mozilla
drwx------  2 os    os   4096 7月   21 14:43 .presage
-rw-r--r--  1 os    os    807 7月   17 16:25 .profile
drwx------  2 os    os   4096 7月   21 13:05 .ssh
drwx------  3 os    os   4096 7月   20 09:28 .thumbnails
-rw-------  1 os    os      0 7月   25 10:57 .Xauthority
-rw-rw-r--  1 os    os    131 7月   21 14:55 .xinputrc
drwxr-xr-x  2 os    os   4096 7月   17 16:51 公共的
drwxr-xr-x  2 os    os   4096 7月   21 15:00 模板
drwxr-xr-x  2 os    os   4096 7月   17 16:51 视频
drwxr-xr-x  3 os    os   4096 7月   21 11:41 图片
drwxr-xr-x  3 os    os   4096 7月   21 14:07 文档
drwxr-xr-x  2 os    os   4096 7月   21 14:57 下载
drwxr-xr-x  2 os    os   4096 7月   17 16:51 音乐
drwxr-xr-x  2 os    os   4096 7月   21 16:44 桌面
```

"ls"命令在执行时也是可以带参数的,例如文件夹路径,之后"ls"命令会显示该路径下的文件或文件夹。

【示例】　使用 ls 命令显示指定目录下的文件名称及属性

```
# 列出根目录(/)下所有的文件和文件夹及其属性,"/"代表 Linux 操作系统中的根目录,具体意义在
后续章节中会详细说到,此处将其理解为一个文件夹即可.
os@tedu:~ $ ls -la /
总用量 970080
drwxr-xr-x  24 root root     4096 7月   21 10:35 .
drwxr-xr-x  24 root root     4096 7月   21 10:35 ..
drwxr-xr-x   2 root root     4096 7月   17 17:52 bin
drwxr-xr-x   3 root root     4096 7月   23 09:14 boot
drwxrwxr-x   2 root root     4096 7月   17 16:14 cdrom
drwxr-xr-x  18 root root     4020 7月   25 11:05 dev
drwxr-xr-x 127 root root    12288 7月   25 11:42 etc
drwxr-xr-x   3 root root     4096 7月   17 16:25 home
lrwxrwxrwx   1 root root       33 7月   21 10:35 initrd.img -> boot/initrd.img-4.15.0
                                                     -29-generic
```

```
lrwxrwxrwx    1 root root            33 7月   21 10:35 initrd.img.old - > boot/initrd.img - 4.
                                                      15.0 - 23 - generic
drwxr - xr - x  21 root root       4096 7月   17 16:42 lib
drwxr - xr - x   2 root root       4096 4月   27 02:18 lib64
drwx ------       2 root root      16384 7月   17 16:11 lost + found
drwxr - xr - x   3 root root       4096 7月   17 16:53 media
drwxr - xr - x   3 root root       4096 7月   17 20:09 mnt
drwxr - xr - x   4 root root       4096 7月   21 14:59 opt
dr - xr - xr - x 283 root root          0   7月   25 11:04 proc
drwx ------       4 root root       4096 7月   20 11:11 root
drwxr - xr - x  28 root root        860 7月   25 12:31 run
drwxr - xr - x   2 root root      12288 7月   17 20:08 sbin
drwxr - xr - x   9 root root       4096 7月   17 16:52 snap
drwxr - xr - x   2 root root       4096 4月   27 02:18 srv
 - rw ------       1 root root 993244160 7月   17 16:11 swapfile
dr - xr - xr - x  13 root root          0 7月   25 11:04 sys
drwxrwxrwt  17 root root       4096 7月   25 12:44 tmp
drwxr - xr - x  10 root root       4096 4月   27 02:18 usr
drwxr - xr - x  14 root root       4096 4月   27 02:30 var
```

对于"ls"命令来说,只需要输入其程序名称就可以执行。为了实现其他的功能,也可以输入不同的选项及参数来进行相应的调整。"ls"命令还有其他一些选项,在此不再一一赘述。

2.5 终端中获取帮助

Linux 操作系统中命令繁多,再加上每个命令都有许多的选项或参数,记忆困难,使得大多数人在刚接触命令行时无法适应。其实,Linux 操作系统命令行工具中本身就包含一些帮助文件,而且也有在线帮助文档可以参考,本节主要简述如何获取命令的帮助信息。

2.5.1 help 命令

help 命令在这里的作用是查看内建命令的作用及使用方法,例如内建命令中最常用的"cd"命令,具体如下。

【示例】 使用 help 命令查看 cd 命令的使用方法

```
#输入 help 指令
os@tedu:~ $ help cd
#输出相应的帮助信息
cd: cd [ - L| [ - P [ - e] ] [ - @] ] [目录]
    改变 shell 工作目录。
    改变当前目录至 DIR 目录。默认的 DIR 目录是 shell 变量 HOME 的值。
    变量 CDPATH 定义了含有 DIR 的目录的搜索路径,其中不同的目录名称由冒号(:)分隔。
    一个空的目录名称表示当前目录。如果要切换到的 DIR 由斜杠 (/) 开头,则 CDPATH
    变量不会被使用。
    如果路径找不到,并且 shell 选项'cdable_vars'被设定,则参数词被假定为一个
```

变量名。如果该变量有值,则它的值被当作 DIR 目录。

选项:

    −L   强制跟随符号链接:在处理 '..' 之后解析 DIR 中的符号链接。

    −P   使用物理目录结构而不跟随符号链接:在处理 '..' 之前解析 DIR 中的符号链接。

    −e   如果使用了 −P 参数,但不能成功确定当前工作目录时,返回非零的返回值。

    −@   在支持拓展属性的系统上,将一个有这些属性的文件当作有文件属性的目录。

默认情况下跟随符号链接,如同指定 '−L'。

'..' 使用移除向前相邻目录名成员直到 DIR 开始或一个斜杠的方式处理。

退出状态:

如果目录改变,或在使用 −P 选项时 $PWD 修改成功时返回 0,否则非零。

Linux 还提供很多其他内建命令,如 exit、echo、pwd、command 等。查看一个命令是否是内建指令,可以使用"type"命令进行查看,具体如下。

【示例】 使用 type 命令查看指定命令是否为内建命令

```
#输入命令行 type 命令
os@tedu:~ $ type cd
#输出查询结果,cd 命令是 shell 内建命令
cd 是 shell 内建
```

2.5.2 帮助选项

对于外部命令来说,一般其都会有自带的帮助文档,可以使用"命令--help"的方式将文档输出到终端中。

【示例】 使用--help 帮助选项查看命令的使用方法

```
#ls 并非内建命令,所以 help 命令无法输出其帮助文档
os@tedu:~ $ help ls
bash: help: 没有与 'ls' 匹配的帮助主题。尝试 'help help' 或 'man − k ls' 或 'info ls'。
#可以使用" ── help"选项输出帮助文档
os@tedu:~ $ ls ── help
用法: ls [选项]... [文件]...
List information about the FILEs (the current directory by default).
Sort entries alphabetically if none of − cftuvSUX nor ── sort is specified.

必选参数对长短选项同时适用。
 − a, ── all              不隐藏任何以.开始的项目
 − A, ── almost − all     列出除.及..以外的任何项目
     ── author            与 − l 同时使用时列出每个文件的作者
 − b, ── escape           以八进制溢出序列表示不可打印的字符
     ── block − size = SIZE    scale sizes by SIZE before printing them; e.g.,
                          ' ── block − size = M' prints sizes in units of
                          1,048,576 bytes; see SIZE format below
 − B, ── ignore − backups    do not list implied entries ending with ~
 − c                      with − lt: sort by, and show, ctime (time of last
                          modification of file status information);
                          with − l: show ctime and sort by name;
                          otherwise: sort by ctime, newest first
```

```
    - C                              list entries by columns
        -- color[ = WHEN]            colorize the output; WHEN can be 'always' (default
                                     if omitted), 'auto', or 'never'; more info below
    - d, -- directory               list directories themselves, not their contents
    - D, -- dired                   generate output designed for Emacs' dired mode
...
```

注意   一般来说,帮助选项是"--help"或"-h"两者中的一种,或者两个选项都会支持,在不知道帮助选项的情况下可以先试"--help"选项。

2.5.3　man 命令

"手册页"是 UNIX 或其他类 UNIX 系统中普遍存在的一种在线文档,内容包括计算机程序(库和应用程序)、标准或惯例,甚至抽象概念,可以通过 man(manual,操作手册)命令来进行查阅,常用格式为:

【语法】

man 命令

例如,依然以"ls"为例,除了"--help"选项外,可以使用"man"命令查看其在线帮助文档。

【示例】　使用 man 命令查看 ls 命令的帮助信息

```
♯输入 man ls 进行帮助信息查询
os@tedu:~ $ man ls
♯注意:命令执行后,会进入 man命令的环境,显示以下内容
LS(1)                          User Commands                          LS(1)
NAME    ♯命令名称
     ls - list directory contents
SYNOPSIS    ♯命令概要
     ls [OPTION]... [FILE]...
DESCRIPTION        ♯命令各选项详细说明
     List  information  about  the FILEs (the current directory by default).
     Sort entries alphabetically if none of - cftuvSUX nor -- sort  is  speci -
     fied.
     Mandatory  arguments  to  long  options are mandatory for short options
     too.
     - a, -- all
           do not ignore entries starting with .
     - A, -- almost - all
           do not list implied . and ..
     -- author
           with - l, print the author of each file
     - b, -- escape
           print C - style escapes for nongraphic characters
     -- block - size = SIZE
```

```
        scale sizes by SIZE before printing them; e.g., '— block – size = M'
        prints sizes in units of 1,048,576 bytes; see SIZE format below
  – B,  —— ignore – backups
        do not list implied entries ending with ~
  – c    with – lt: sort by, and show, ctime (time of last modification of
        file status information); with – l: show ctime and sort by name;
        otherwise: sort by ctime, newest first
  – C    list entries by columns
♯帮助文档较长,可以由鼠标滚轮来进行滚屏,或是按空格键来切换下一页
♯在 man 当前状态直接输入"h"打开 man 命令帮助文档,输入"q"退出 man 命令
Manual page ls(1) line 1 (press h for help or q to quit)
```

一般来说,man page 的内容大致分为以下几部分,如表 2-5 所示。

表 2-5 man page 内容标题

名 称	描 述	名 称	描 述
NAME	命令名称	REPORTING BUGS	所有已知的 bug
SYNOPSIS	命令概要(典型用法)	COPYRIGHT	命令版权信息
DESCRIPTION	命令的详细信息及选项作用	SEE ALSO	其他可以参考的资料信息
AUTHOR	作者信息		

2.6 命令行文本编辑器

Linux 操作系统中存在众多的文本编辑器,除了图形用户界面的 Gedit 外,在终端环境下也存在很多好用的文本编辑器。其中,Vim 和 nano 便是两个强大的代表,相比于 Vim 的复杂与陡峭的学习曲线,nano 的使用要简单得多。本节主要介绍 nano 编辑器的使用。

nano 编辑器最早出现于 1999 年,由 Chris Allegretta 发布,2001 年成为 GNU 计划的一部分。nano 是一种无模式的命令行文本编辑器,打开之后一直保持编辑模式,nano 的使用方法如下。

1. 使用 nano 打开文件

在终端内直接输入"nano 文件名"即可,如果该文件存在,则打开,否则会自动新建该文件。如打开 test.txt,由于当前目录并不存在该文件,所以打开的编辑器内会显示"新文件"字样,如图 2-38 所示。

2. 插入内容

在光标处插入内容,如图 2-39 所示。

3. 内容保存

如图 2-39 左下角所示,直接执行"离开"命令即可,其中,"^"代表 Ctrl 键,组合键为 Ctrl+X,如图 2-40 所示。输入"Y",则保存,如果是对并不存在的文件进行保存,会询问保存的"文件名",如图 2-41 所示。如果文件已存在,则会直接保存并退出 nano。输入"N",则不会进行保存,nano 直接退出。按 Ctrl+C 组合键,程序将返回到编辑界面。

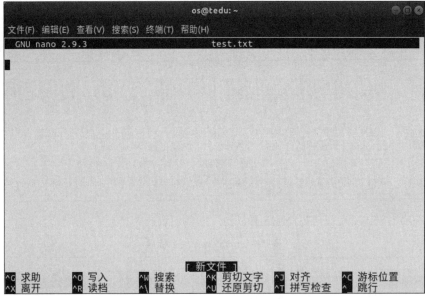

图 2-38 nano 打开文件

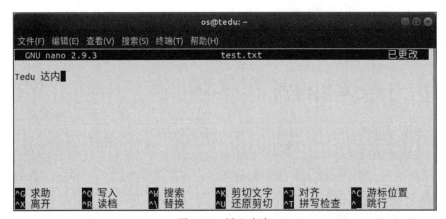

图 2-39 插入内容

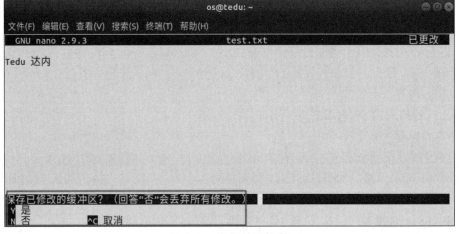

图 2-40 询问是否保存

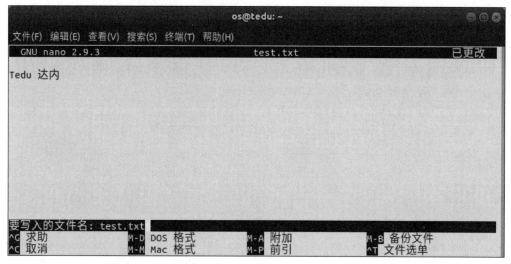

图 2-41 询问文件名

nano 虽然简单小巧,但是也提供了丰富的功能,能够满足常规的文本处理,除了 Ctrl+X 组合键外,其他组合键的作用如表 2-6 所示。

表 2-6 nano 常用组合键

组 合 键	作 用
Ctrl+G	求助:获取帮助信息、nano 使用教程等
Ctrl+O	写入:保存内容到相应的文件
Ctrl+R	读档:从其他文件读取内容,可以将读取的内容粘贴到本文件内
Ctrl+W	搜索:在本文件内搜索输入的关键词
Ctrl+\	替换:替换对应的字符
Ctrl+K	剪切文字:剪切光标所在行的文字
Ctrl+U	还原剪切:将上一次剪切的内容还原
Ctrl+J	对齐:对齐当前段落,对齐后可以通过 Ctrl+U 还原对齐
Ctrl+T	拼写检查:对文档内容进行拼写检查并显示
Ctrl+C	游标位置:显示游标的位置、行号列号等
Ctrl+ -	跳行:"_"为指定行号,可以直接跳到相应的位置

 注意 在图 2-41 中有一些组合键如"M-D DOS 格式",其中,"M"代表的是 Alt 键,所以组合键为 Alt+D。

 本章小结

- Linux 平台上许多桌面环境搭建在 X 窗口系统之上。
- X 窗口系统是一份桌面环境协议,X. Org 是其最受欢迎的实现方案。
- KDE 桌面是基于 Qt 的一个桌面环境实现。
- KDE 社区在 KDE 桌面的基础上,开发了很多好用的应用程序。

- Xfce 桌面环境以简洁、轻巧、低资源占用率著称。
- GNOME 是 Ubuntu 默认的桌面环境,是 GNU 计划的一部分。
- GNOME 自带强大的文本编辑器 Gedit。
- 越来越多的国产商业软件开始支持 Linux 平台,如 WPS Office、搜狗输入法等。
- Linux 系统中终端的作用要远大于图形界面。
- 终端中可以直接输入命令进行操作。
- 终端中可以使用 help、man、命令选项等方式获取帮助信息。
- 终端中可以进行文本编辑工作,如文本编辑器 nano。

本章习题

1. GNOME 自带的 Gedit 是一款(　　)软件。

    A. 文本编辑器　　　　　　　　　　　B. 集成开发环境

    C. Python 解释器　　　　　　　　　　D. 二进制文件查看器

2. Ubuntu 平台上 WPS Office 安装包后缀是(　　)。

    A. .dad　　　　　　B. .deb　　　　　　C. .bed　　　　　　D. .d

3. Ubuntu 平台上 GNOME 默认自带的浏览器是(　　)。

    A. Firefox　　　　　　　　　　　　　　B. Opera

    C. Internet Explorer　　　　　　　　D. Chrome

4. X 是一种以(　　)方式显示的软件窗口系统。

    A. 矢量图　　　　　　B. 位图　　　　　　C. 色值　　　　　　D. 向量图

5. 使用 Gedit(nano)新建一个文本文档,添加以下内容并保存为 helloworld.c 文件。

```
# include < stdio.h >
int main(){
    printf("Hello World!");
    return 0;
}
```

6. 尝试在 Ubuntu 操作系统中下载并安装 WPS Office 套件。

7. 使用"man"命令获取"ls"的帮助信息。

8. 输入"ls"指令及其各种选项,查看输出有何不同。

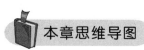

CHAPTER 3

第 3 章　文件系统

本章思维导图

文件系统	文件系统简述	硬盘组成及分区	传统机械硬盘主要是由盘片和磁头组成，可以将同一盘片划分成不同的分区
		常见的文件系统	常见的文件系统有NTFS、EXT等，Linux操作系统目录支持的文件系统是EXT4
		VFS文件系统	虚拟文件系统主要是用来管理其他各类文件的系统
	目录与路径	文件系统层次结构标准	几乎所有的Linux操作系统都遵循FHS文件系统层次结构标准
		目录树	Linux操作系统中所有的目录都由根目录开始，形状类似树状
		特殊目录符号	Linux操作系统中使用一些符号代表当前目录、父目录、主目录等特定的目录
		相对路径和绝对路径	通常绝对路径比相对路径更加准确，但是相对目录使用更加方便
		PATH环境变量	包含在环境变量中的目录中的命令可以在任意位置使用
	目录管理	显示当前工作目录	可以使用pwd命令输出当前所处的目录
		查看目录与文件	可以使用ls命令查看指定目录中的文件及文件类型
		常用目录操作	可以使用mkdir、cp、mv、rm等命令创建、复制、移动、删除目录
	文件管理	文件类型	通常Linux操作系统中包含7种文件类型
		管道	可以使用管道将两个进程进行连接，并将上一进程的运行结果作为第二个进程的参数进行信息传递
		新建文件	可以使用重定向、文本编辑器等方式新建文件
		复制、移动、删除文件	可以使用cp、mv、rm等命令对文件进行复制、移动、删除等操作
		搜索文件	可以使用locate、find等命令进行文件搜索
	显示文件内容	cat命令	cat命令只有一个文件作为参数时，可以直接输出文件内容
		more命令	more命令可以将文件内容进行分页显示
		less命令	less命令可以将文件内容分页显示，并提供了向各个方向滚动显示的快捷键
		head、tail命令	head、tail可以用来查看文件夹前、后几行内容
		grep命令	grep命令可以根据关键词对文件内容进行筛选，并输出筛选结果
	文件压缩与备份	文件压缩原理	能够使用特定的文件压缩算法减少文件体积，方便文件传输
		gzip压缩命令	可以使用gzip命令进行文件压缩
		bzip2压缩命令	bzip2命令使用的压缩算法压缩率较gzip要高
		tar归档命令	可以使用tar命令与压缩命令配合对多个文件进行压缩归档，形成一个文件

本章目标

- 了解文件目录的树状结构；
- 了解相对路径、绝对路径的区别；
- 理解文件的类型；
- 理解管道的使用；
- 掌握文件的创建、修改、移动、复制、删除等操作；
- 掌握文本文件内容的显示、搜索、筛选等方法；
- 掌握文件压缩、归档相关命令的使用。

3.1　文件系统简述

计算机除了具有计算功能外，最重要的功能就是数据的存储和组织。文件系统使用文件、目录等抽象概念替代了硬盘、光盘等物理设备或网络设备，使用户在修改、保存数据时无须关心底层操作，只须记住这个文件所属目录和文件名即可，大大降低了计算机的使用难度。严格来说，文件系统就是一套实现了数据的存储、分级组织、访问和获取等操作的抽象数据类型。

3.1.1　硬盘组成及分区

硬盘(Hard Disk Drive,HDD)是目前计算机中使用最为广泛、最重要的非易失性外置存储设备。目前市场上，硬盘有传统的机械硬盘和新兴的固态硬盘两种。

传统的机械硬盘是由盘片、磁头、主轴、电机、机械臂等几个部分组成，一个机械硬盘一般会包含多个盘片，每个盘片的两面各有一个读写数据的磁头，磁头连接在机械臂上，读写数据时，盘片快速旋转(一般分为 5400rpm、7200rpm、10 000rpm 等几个级别)，同时磁头在机械臂的带动下快速移动。机械硬盘如图 3-1 所示。

固态硬盘(Solid-State Drive 或 Solid-State Disk,SSD)是一种新兴的外置存储设备，主要由 NAND Flash 存储器构成，由于没有磁头、盘片、马达等机械结构，与传统硬盘相比，具有低功耗、无噪声、抗震动等特点，读写速度远高于传统硬盘。固态硬盘如图 3-2 所示。

硬盘分区是指利用分区编辑器在磁盘上划分几个分区，对操作系统而言，每个分区相当于一个相对独立的磁盘。各个分区可以分别创建不同的文件系统，安装不同的操作系统。

3.1.2　常见的文件系统

伴随着操作系统的发展，近几十年的时间里产生了诸多类型的文件系统，不同的文件系统适用于不同的操作系统和应用场景，不同的操作系统对文件系统的支持也不尽相同，本节将简单介绍三种常见文件系统。

1. FAT 文件系统

FAT(File Allocation Table,文件配置表)是一种由微软发明的文件系统，最早在 1977 年时由比尔·盖茨和马斯·麦当劳发明，并在 1980 年被 86-DOS 操作系统采用。目前,FAT

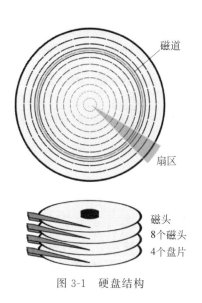

图 3-1 硬盘结构

图 3-2 固态硬盘

一般是指 FAT32 文件系统，FAT32 文件系统能够支持最大 4GB 的单个文件，最大 2TB 的硬盘。FAT 文件系统发展史如表 3-1 所示。

表 3-1 FAT 文件系统发展史

版本	时间	特 点	描 述
FAT12	1977 年	最大支持 32MB 的单个文件 最大支持 32MB 的卷大小	由比尔·盖茨和马斯·麦当劳发明
	1980 年		被 86-DOS 操作系统采用
FAT16	1984 年	最大支持 2GB 的单个文件 最大支持 2GB 的卷大小	簇集地址增加到 16 位，技术上实现了 FAT16
	1988 年		彻底实现 FAT16 的应用，将卷大小扩充到 2GB
FAT32	1997 年	最大支持 4GB 的单个文件 最大支持 2TB 的卷大小	随着 Windows 95 OSR2 发布
exFAT	2006 年	最大支持 64ZB 的单个文件 最大支持 64ZB 的卷大小	一种较适合于闪存的文件系统。最先从该公司的 Windows Embedded CE 6.0 操作系统引入这种文件系统

FAT 文件系统出现比较早，随着磁盘容量的发展，也经历了多次更新换代，尽管现在微软已经不再将其作为 Windows 系列操作系统的默认文件系统，但是其在 U 盘、嵌入式设备等场景中依然非常流行。

2. NTFS 文件系统

NTFS(New Technology File System，新技术文件系统)是微软公司开发的日志文件系统，从 Windows NT 3.1 开始成为 NT 家族的标准文件系统。NTFS 取代 FAT 并进行了一系列改进，例如，增强对元数据的支持，使用更高级的数据结构以提升性能、可靠性和磁盘空间利用率，并附带一系列增强功能，如访问控制列表和文件系统日志。

目前常用的 Windows 系列操作系统如 Windows 7、Windows 8、Windows 10 等默认都会采用 NTFS 文件系统。NTFS 文件系统发展史如表 3-2 所示。

表 3-2　NTFS 文件系统发展史

时　间	版　本	描　述
1993 年	NTFS1.0	该版本随 Windows NT 3.1 发布,与后续所有版本都不兼容
1994 年	NTFS1.1	该版本随 Windows NT 3.5 发布
1995 年	NTFS1.2	该版本随 Windows NT 3.51 发布,支持压缩文件、命名流、基于 ACL(访问控制列表)的安全性等功能
2000 年	NTFS3.0	该版本随 Windows 2000 发布,支持磁盘限额、加密、稀疏文件、重解析点,更新序列数(USN)日志等功能
2001 年	NTFS3.1	该版本随 Windows XP 发布,在 MFT 中提供冗余 MFT 记录数扩展项,可用于恢复受损的 MFT 文件

与 FAT 文件系统相比,NTFS 增加了大文件支持、安全控制等功能,其中最重要的改进是提供了日志功能,该功能可以将系统对文件的所有操作记录下来,即使系统崩溃,也可以利用该日志信息尽可能修复数据。

3. EXT 文件系统

EXT(Extended File System,扩展文件系统)最早于 1992 年 4 月发布,是 Linux 内核所做的第一个文件系统,该文件系统采用了 UNIX 文件系统的元数据结构,克服了 MINIX 文件系统性能不佳的问题,是 Linux 平台上第一个利用虚拟文件系统实现出的文件系统,经过不断的发展,目前已经发展到第四代扩展文件系统(EXT4)。EXT 文件系统发展史如表 3-3 所示。

表 3-3　EXT 文件系统发展史

版　本	时　间	描　述
EXT	1992 年	由 Rémy Card 创作; 是第一个使用虚拟文件系统的文件系统
EXT2	1993 年	修正 EXT 的一些缺点; Linux 平台上第一个商业级文件系统
EXT3	1999 年	Stephen Tweedie 显示了他正使用的扩展 EXT2,展示了 EXT3 的原型
	2001 年	该文件系统从 2.4.15 版本的内核开始,合并到内核主线中
EXT4	2006 年	在 Linux 核心 2.6.19 版中,首次导入 EXT4 的一个先期开发版本
	2008 年	Linux 2.6.29 版公开发布之后,EXT4 成为 Linux 官方的建议默认文件系统

EXT4 文件系统引入了很多新特性,如大型文件支持,EXT4 允许最大 16TB 的单文件大小；EXT4 通过对文件进行预留磁盘空间和延迟获取空间等功能增加性能并减少文件分散程度,减少磁盘碎片产生。

3.1.3　VFS 文件系统

除了 EXT 文件系统外,Linux 还支持 MINIX、UMSDOS、MSDES、FAT 32、NTFS、PROC、STUB、NCP、HPFS、AFFS 以及 UFS 等多种文件系统。然而用户并不需要关心操作系统

的具体操作过程,为了使所有的文件系统采用统一的文件界面,用户可以通过文件的操作界面来实现对不同文件系统的操作。Linux 操作系统引入了 VFS(Virtual File System,虚拟文件系统)功能。

VFS 是 Linux 内核中的一个程序,在系统启动时启动,负责管理所有支持的文件系统,并向上层应用程序提供文件系统接口,用户并不需要关心其操作的文件属于怎样的文件系统,VFS 会自动进行相应文件的读取工作。VFS 在操作系统中的位置如图 3-3 所示。

图 3-3　虚拟文件系统层在操作系统中的位置

3.2　目录与路径

目录可以形象地比喻为"文件夹",每个目录都可以存放一些文件或另外一些目录,通过目录构成的层次,达到有组织地存储文件的目的。文件系统中每个目录或文件都有一个唯一确定的位置,找到该位置所历经的线路称为路径。

3.2.1　文件系统层次结构标准

Linux 发行的版本非常多,但是几乎所有发行版本的目录配置都是相似的,很容易从一种发行版切换到另一种发行版,这主要得益于 Linux 目录配置标准(Filesystem Hierarchy Standard,FHS)的制定。

FHS 最早于 1993 年 8 月开始制定,最早的名称是 FSSTND(File System Standard),其目的是针对 Linux 操作系统,重整目录结构和文件,规范每个特定目录下应该存放的数据,经过多年的发展,目前 FHS 不再仅仅是 Linux 平台的标准,许多 UNIX 发行版或其他类 UNIX 操作系统也开始采用 FHS 作为其目录结构标准,同时标准的名称修改为"文件系统层次结构标准"。最新版的 FHS 3.0 标准制定于 2015 年 6 月 3 日,大体标准内容如表 3-4 所示。

表 3-4　文件系统层次结构标准

目　　录	描　　述
/	第一层次结构的根,整个文件系统层次结构的根目录
/bin	需要在单用户模式可用的必要命令(可执行文件)
/boot	开机引导文件,包含 Linux 内核文件、开机菜单与开机所需配置文件等
/dev	硬件设备或接口设备的抽象文件,访问该目录下的文件就是访问相应的设备
/etc	系统主要的配置文件放在该目录中
/home	用户的主目录,包含保存的文件、个人设置等

续表

目　录	描　述
/lib	/bin/和/sbin/中的命令会调用的函数库
/media	可移除媒体(如 CD-ROM)的挂载点
/mnt	临时挂载的文件系统
/opt	第三方应用程序放置的目录
/proc	虚拟文件系统,将内核与进程状态归档为文本文件
/root	超级用户的根目录
/sbin	必要的系统二进制文件
/srv	站点的具体数据,由系统提供
/tmp	临时文件,在系统重启时目录中文件不会被保留
/usr	用于存储只读用户数据的第二层次;包含绝大多数的(多)用户工具和应用程序
/var	在正常运行的系统中其内容不断变化的文件,如日志、脱机文件和临时电子邮件文件
/run	自最后一次启动以来运行中的系统的信息

注意　如表 3-4 所示只是部分标准,具体内容可以参照 Linux 基金会 Wiki 网站 https://wiki.linuxfoundation.org/lsb/fhs-30。FHS 标准并非是强制标准,因此在不同的发行版中具体的目录结构可能会与 FHS 标准略有不同。

3.2.2　目录树

在 Linux 操作系统中,所有的文件与目录都是从根目录"/"开始的,通过目录一级一级地分支,形成树枝状,称为目录树,如图 3-4 所示。

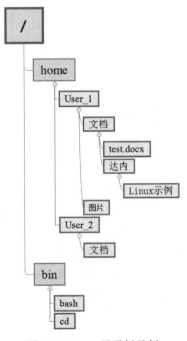

图 3-4　Linux 目录树示例

目录树具有以下几个特点。

- 目录树的起点是根目录，且只有一个根目录；
- 其他设备（如网络上的文件系统或 U 盘等设备）的起点依然是根目录，通过"挂载"操作挂载到某个特定文件夹下，成为目录树的一部分；
- 每个文件在目录树中的完整路径是唯一的。

💡 **注意**　其他操作系统中也有目录树的概念，不同的是，Windows 根据硬盘分区数量会有多个根，如"C:\""D:\"，而 Linux 只有一个根。

3.2.3　特殊目录符号

为方便地在各目录中进行跳转，Linux 操作系统中提供了一些特殊的目录，相关释义如表 3-5 所示。

表 3-5　特殊目录

目　　录	释　　义	目　　录	释　　义
.	代表当前目录	～	代表当前登录账户的主目录
..	代表上层目录	～account	代表 account 账户的主目录
－	代表上一个工作目录		

各特殊目录符号的使用方法如下。

【示例】　使用 cd 命令切换各特殊目录

```
#"～"符号代表当前工作目录为当前登录用户的 home 目录
os@tedu:~ $
#执行 cd . 命令
os@tedu:~ $ cd.
#可以看到工作目录并没有改变
os@tedu:~ $
#执行 cd ..命令
os@tedu:~ $ cd..
#可以看到工作目录切换到了 home 目录,所有用户的个人文件都在该目录下保存
os@tedu:/home $ cd -
#执行 ls 命令可以看到当前该目录下只有 os 一个用户
os@tedu:/home $ ls
os
#执行 cd - 命令,输出上一次工作目录的路径并返回到该路径,即 os 的 home 目录
os@tedu:/home $ cd -
/home/os
os@tedu:~ $
#当工作目录处在其他目录时,执行 cd ～指令可以快速返回到当前登录用户的 home 目录
os@tedu:/usr $ cd～
os@tedu:~ $
#执行 cd ～用户名 可以快速进入到指定用户名的 home 目录
os@tedu: /usr $ cd ～os    #当前只有 os 一个用户,所以同一账户进行演示
os@tedu:~ $
```

> **注意** 由于 Linux 操作系统中根目录是顶级目录,根目录并没有上层目录,所以在根目录中".",和".."所代表的意义都是当前目录。

3.2.4 相对路径和绝对路径

根目录是所有目录的起点,任何一个文件或目录都以根目录起存在一个唯一的路径,该路径称为**绝对路径**。绝对路径都是从根目录开始的。

与绝对路径相对的称为相对路径,相对路径并不是从根目录开始,而是以当前工作目录为参照,从当前目录到达所需目录或文件所经过的路径称为**相对路径**,相对路径的开头一般为特殊目录符号。

绝对路径和相对路径的表示及使用方法如下所示。

【示例】 使用 cd 命令切换绝对路径

```
#从当前登录的用户 home 目录进入"/etc/opt"目录
os@tedu:~ $
#绝对路径方法,直接输入该位置的路径即可
os@tedu:~ $ cd /etc/opt
os@tedu:/etc/opt $
```

【示例】 使用 cd 命令切换相对路径

```
#相对路径需要从当前目录前往,所以需要先返回两次(../..)到达根目录,之后再进入所需目录
os@tedu:~ $ cd ../../etc/opt
os@tedu:/etc/opt $
```

上述示例中,"etc"目录和"home"目录同属"/"目录下的子目录,因此需要返回到"/",在实际使用过程中,目录层级较多时,相对路径的使用更加灵活、效率更高。

3.2.5 PATH 环境变量

通常在当前工作目录下的程序(命令)可以直接在 bash 中执行,其他目录的程序需要输入完整路径才可运行,但是像"ls"命令,尽管是在"/bin"目录下,依然可以在任意目录中执行,其原因就是 PATH 环境变量中已经设置了"/bin"目录。

PATH 环境变量中保存了一些目录的路径,执行命令时,会先在当前工作目录查找该命令是否存在,如果存在即执行,如果不存在,会在 PATH 环境变量定义的目录中查找该命令,并执行找到的第一个相匹配的命令。

PATH 环境变量的简单操作如下所示。

【示例】 显示 PATH 环境变量内容

```
#执行以下指令显示 PATH 环境变量的内容
os@tedu:~ $ echo $ PATH
```

♯输出的内容,每个路径之间都以英文冒号":"隔开,可以看到"ls"命令所在的目录已经被添加到 PATH 环境变量中
/home/os/.local/bin:/usr/local/sbin:/usr/local/bin:/usr/sbin:/usr/bin:/sbin:/
bin:/usr/games:/usr/local/games:/snap/bin

【示例】 添加路径到 **PATH** 环境变量

♯添加 PATH 环境变量内容,例如添加"～/PYC/bin"路径,"～"代表当前登录用户的 home 目录,所以该目录完整路径是"/home/os/PYC/bin"
os@tedu:～ $ **export PATH = ～/PYC/bin: $ PATH**
♯输出修改后的 PATH 环境变量,可以看到添加成功
os@tedu:～ $ echo $ PATH
/home/os/PYC/bin:/home/os/.local/bin:/usr/local/sbin:/usr/local/bin:/usr/sbin:/usr/
bin:/sbin:/bin:/usr/games:/usr/local/games:/snap/bin

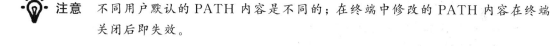

注意 不同用户默认的 PATH 内容是不同的;在终端中修改的 PATH 内容在终端关闭后即失效。

3.3 目录管理

无论是 Windows 系列操作系统还是 Linux 系列的操作系统,用户在使用时,面对的都是大量的各种各样的文件,虽然各种文件系统能够确保文件内容的完整性,但是目录与文件的管理、组织依然需要用户来进行操作,本节内容就将介绍 Linux 操作系统如何在终端中进行目录管理。

3.3.1 显示当前工作目录

进行目录管理前,首先需要知道当前所处目录(当前工作目录),Linux 中提供了"pwd(**p**rint **w**orking **d**irectory)"命令来执行该操作,使用方法如下。

【示例】 使用 **pwd** 命令显示当前工作目录

♯终端中输入 pwd
os@tedu:～ $ **pwd**
♯输出当前所处目录,当前用户所处目录为"/home/os"
/home/os
♯利用 help 命令输出 pwd 的帮助信息,可以看到该命令比较简单

【示例】 使用 **help** 命令查看 **pwd** 命令的帮助信息

os@tedu:～ $ **help** pwd
pwd: pwd [- LP]
　　打印当前工作目录的名字。
　　选项:

-L 打印 $PWD变量的值,如果它包含当前的工作目录
-P 打印当前的物理路径,不带有任何的符号链接
默认情况下,'pwd'的行为和带 '-L'选项一致
退出状态:
除非使用了无效选项或者当前目录不可读,否则返回状态为0。

3.3.2 查看目录与文件

Linux 系统提供了非常强大的"ls"命令来显示某个路径下的文件和目录,其常用的与文件和目录相关的命令选项如下。

- -a:显示当前目录下所有文件,包括隐藏文件和". ",".."两个特殊目录。
- -A:与-a 相比不显示"."""".."两个特殊目录。
- -h:该选项可以以方便阅读的形式显示文件单位。
- -i:显示文件的节点信息。
- -l:显示文件的详细信息。
- -R:递归显示目录及其子目录的内容。
- -S:按文件大小从大到小的顺序排列。
- -t:按修改时间顺序排列,最新的在前边。

1. 显示文件详细信息

进入一个目录时,首先需要查看该目录中文件的类型、大小、名称等详细信息,可以通过-l 选项来查看,操作如下。

【示例】 使用 ls 命令的-l 选项查看文件属性

```
os@tedu:~/PYC/bin$ ls -l
总用量 140
-rwxr-xr-x  1  os  os  221  5月  24 16:14  format.sh
#1          2  3   4   5    6            7
-rwxr-xr-x 1 os os 23072 5月   24 16:14 fsnotifier
-rwxr-xr-x 1 os os 29648 5月   24 16:14 fsnotifier64
-rwxr-xr-x 1 os os 26453 5月   24 16:14 fsnotifier-arm
...
```

上述输出中共有 7 项数据,每项数据的含义如下。

第一列为文件类型及权限,第 1 个字符表示文件类型,"—"表示该文件为普通文件类型,剩余 9 个字符表示该文件的权限,rwx 分别对应读、写、可执行三种权限,"—"表示没有相应权限,有关文件类型和权限的内容在后续章节中会详细介绍,此处了解即可。

第二列为文件或目录的硬连接数,在文件系统中,每个文件都会将权限或属性保存到 i-node 中,但是目录树是以文件名来记录文件信息,因此每个文件名会连接到一个 i-node 中,即使文件名不相同,只要属性、内容是一样的,这些文件都会连接到同一个 i-node,第二列就是显示的每个 i-node 连接的文件的个数。

第三列表示这个文件(目录)的所有者账号名称,在这里是名为 os 的用户。

第四列表示这个文件的所属用户组,在这里是名为 os 的用户组,请确定这个是用户组

名,第三列中是用户名,在安装 Ubuntu 时,并没有创建用户组,所以将用户名默认为用户组名。

第五列表示文件的容量大小,默认单位是 B(Byte)。

第六列是这个文件的创建时间或最近修改时间,一般会以月、日、时间的顺序显示,如果文件修改时间太过久远,则只会显示年份。

第七列为该文件的文件名。

2. 以方便阅读的形式显示文件单位

执行 -l 选项显示文件详细信息时,会显示文件的大小,但是大小单位是 Byte,需要进行换算才可以知道具体的大小,-h 选项可以在输出详细信息时将单位转换为方便阅读的相应的格式(Kb、Mb 等),操作如下。

【示例】 使用 ls 命令的 -l 选项查看文件尺寸

```
♯执行－l选项,输出文件大小为以 Byte 为单位
os@tedu:~ $ ls－l
总用量 40
drwxr-xr-x    10   os   os    4096    7月   19 15:31   PYC
-rw-------     1 os os    24 7月   25 18:06 test.txt.save
drwxr-xr-x    2 os os 4096 7月    17 16:51 公共的
drwxr-xr-x    2 os os 4096 7月    21 15:00 模板
…
```

【示例】 使用 ls 命令的 -h 选项以方便阅读的单位显示文件尺寸

```
♯添加－h选项后,输出文件大小以相应合适的单位显示
os@tedu:~ $ ls－lh
总用量 40K
drwxr-xr-x 10 os os 4.0K 7月    19 15:31 PYC
-rw-------     1 os os    24 7月    25 18:06 test.txt.save
drwxr-xr-x 2 os os 4.0K 7月    17 16:51 公共的
drwxr-xr-x 2 os os 4.0K 7月    21 15:00 模板
drwxr-xr-x 2 os os 4.0K 7月    17 16:51 视频
…
```

3. 按文件大小排列顺序

如果想找出目录中比较大的文件或目录,可以使用该选项,除了按文件大小排序外,还支持按修改时间、文件名字母等方式排序,操作如下。

【示例】 使用 ls 命令的-S 选项按照文件大小降序排列

```
os@tedu:~/PYC/bin$ ls－l
总用量 140
-rwxr-xr-x 1 os os   221 5月   24 16:14 format.sh
-rwxr-xr-x 1 os os 23072 5月   24 16:14 fsnotifier
-rwxr-xr-x 1 os os 29648 5月   24 16:14 fsnotifier64
-rwxr-xr-x 1 os os 26453 5月   24 16:14 fsnotifier-arm
…
```

```
os@tedu:~/PYC/bin$ la -lS
总用量 140
-rwxr-xr-x 1 os os 29648 5月   24 16:14 fsnotifier64
-rwxr-xr-x 1 os os 26453 5月   24 16:14 fsnotifier-arm
-rwxr-xr-x 1 os os 23072 5月   24 16:14 fsnotifier
...
```

3.3.3　常用目录操作

在计算机使用过程中,不可避免地要进行新建、复制、移动(剪切)、删除等操作,通常在鼠标右键快捷菜单中可以快速地执行这几种操作。在 Linux 终端中,同样有相对应的命令来执行这些操作,而且功能更加强大。

1. 新建目录

目录能够将文件进行分类,新建目录是计算机使用过程中经常遇到的一个操作,在 Linux 终端中,可以直接用 mkdir 命令来进行目录的创建,操作如下所示。

【示例】 使用 mkdir 命令创建新文件夹

```
os@tedu:~$ ls
公共的  模板  视频  图片  文档  下载  音乐  桌面

#新建 Tedu 目录
os@tedu:~$ mkdir Tedu

#可以看到目录新建完成
os@tedu:~$ ls
Tedu  公共的  模板  视频  图片  文档  下载  音乐  桌面
```

【示例】 使用 **mkdir** 命令 **-p** 选项创建多级目录

```
#使用 -p 选项可以创建多级目录
os@tedu:~$ mkdir -p Tedu/test/test1
os@tedu:~$ ls -R Tedu      #ls -R 可以递归列出文件内部的目录与文件
Tedu:                      #一级父目录
Test                       #一级目录中的子目录
Tedu/test:                 #二级目录
test1                      #二级目录中的子目录
Tedu/test/test1:           #三级目录,三级目录为空目录
```

2. 复制目录

复制文件使用 cp 命令即可,该命令除了复制功能外,还可以创建链接文件(创建快捷方式)、对比两个文件的新旧再予以更新、复制目录等。复制目录时常用到 -r 选项递归复制源目录中所有内容,使用方法如下。

【示例】 使用 **cp** 命令 **-r** 选项递归复制目录及内容

```
#查看目录当前状态
```

```
os@tedu:~ $ ls
Tedu  公共的  模板  视频  图片  文档  下载  音乐  桌面
＃执行 cp －r 指令,递归复制目录到新路径
os@tedu:~ $    cp        －r    Tedu/   ~/tedu
＃              命令    选项    源路径   目标路径
＃ls 列出所有目录,课件复制成功
os@tedu:~ $ ls
tedu  Tedu  公共的  模板  视频  图片  文档  下载  音乐  桌面
os@tedu:~ $ ls －R tedu
tedu:
test
tedu/test:
test1
tedu/test/test1:
```

3. 移动目录

mv 指令可以执行文件或目录的移动操作,和 cp 命令一样,可以先测试目标文件的新旧,提示用户是否需要移动。除此之外,还可以利用 mv 命令来对目录或文件进行重命名。mv 命令操作目录使用方法如下。

【示例】 使用 mv 命令 -r 选项递归移动目录

```
＃查看当前目录状态
os@tedu:~ $ ls
tedu  Tedu  公共的  模板  视频  图片  文档  下载  音乐  桌面
＃移动 ~/tedu 目录到 ~/test 目录位置,意即将目录名称 tedu 改为 test
os@tedu:~ $ mv tedu test
＃可以看到 tedu 目录名称更改为 test
os@tedu:~ $ ls
Tedu  test  公共的  模板  视频  图片  文档  下载  音乐  桌面

＃将目录 Tedu 移动到"文档"目录内
os@tedu:~ $ mv Tedu ~/文档/tedu
＃可以看到当前目录中已经没有 Tedu 目录,Tedu 目录已经移动到文档目录中
os@tedu:~ $ ls
test  公共的  模板  视频  图片  文档  下载  音乐  桌面
os@tedu:~ $ ls 文档
tedu
```

4. 删除目录

rm 命令用来删除文件和目录。该命令比较简单,功能也比较有限,但是却非常重要,常用的选项如下所示。

【示例】 使用 rm 命令 -r 选项递归删除指定目录

```
os@tedu:~ $ ls
test  公共的  模板  视频  图片  文档  下载  音乐  桌面
＃删除 test 目录,由于 test 目录不是空目录,所以要加上 －r 选项递归删除 test 目录中的内容
os@tedu:~ $ rm －r test
```

```
# test 目录已被删除
os@tedu:~ $ ls
公共的　模板　视频　图片　文档　下载　音乐　桌面

# 使用 - i 选项来提示用户是否需要删除某个文件
os@tedu:~/文档 $ rm - i - r tedu
rm: 是否进入目录 'tedu'? y　　# y(yes)代表确认删除,n(no)表示不删除
rm: 是否进入目录 'tedu/test'? y
rm: 是否删除目录 'tedu/test/test1'? y
rm: 是否删除目录 'tedu/test'? y
rm: 是否删除目录 'tedu'? y
```

注意　初学者务必注意,rm 命令删除的内容是不会进入回收站的,所以无法通过常规方法找回;"sudo rm -rf /"这条指令将删除根目录下的所有内容,执行后系统必崩溃,目前系统中一般都对该条命令进行了限制,但是还请注意不要随意尝试。

3.4　文件管理

Linux 操作系统秉承着"一切皆文件"的哲学思想,将目录、硬件设备、网络接口等全部抽象成了文件,所有的任务都有专门的文件负责。这导致在 Linux 操作系统中,文件种类非常多,对文件的操作过程也不相同。

3.4.1　文件类型

前面演示"ls"命令时,提到文件详情中第一个字符表示文件种类,其中,"-"表示普通文件,除了"-"外,Linux 中还包含许多其他的文件类型,如表 3-6 所示。

表 3-6　常见文件类型

名　　称	符　　号	描　　述
普通文件	-	按照文件内容,大致可以分为:纯文本文档、二进制文件、数据格式文件
目录	d	(directory)文件夹
连接文件	l	(link)快捷方式
块设备	b	(block)硬盘、U 盘、SD 卡等设备
字符设备	c	(character)一些串口端口的接口设备,如鼠标、键盘等
套接字	s	(sockets)数据接口文件,常用在网络上的数据连接
管道	p	(pipe)主要目的在于解决多个程序同时访问一个文件造成的错误问题,是一种先进先出的队列文件

除了使用 ls 命令查看文件类型外,Linux 操作系统还提供了 file 命令来查看目标文件的类型及其他一些信息,使用方法如下。

【示例】 使用 **file** 命令查看文件类型

```
#查看当前目录下 tedu 的文件类型
os@tedu:~ $ ls -l | grep -w tedu     grep 命令会在后续章节进行介绍
#开头的 d 表示其为目录(directory)
drwxr-xr-x 3 os os 4096 8月  3 14:53  tedu


#使用 file 命令查看
os@tedu:~ $ file tedu
tedu: directory
#名称  文件类型
```

3.4.2 管道

管道是一系列将标准输入输出连接起来的进程,其中上一个进程的输出被直接作为下一个进程的输入。Linux 操作系统中有**匿名管道**和**命名管道**两种管道。其中,匿名管道在终端环境下经常会被用来连接两个或多个命令,实现一些组合功能,后续会经常用到。

匿名管道使用“|”符号表示,通常用来连接两个或多个命令,将前一个命令的输出导入第二个命令作为输入参数。匿名管道的使用方法。

【示例】 使用管道符连接 **ls** 和 **grep** 两个命令

```
#单纯执行 ls 命令会将目录下所有的文件列出来
os@tedu:/ $ ls
bin    dev    initrd.img      lib64      mnt    root   snap      sys    var
boot   etc    initrd.img.old  lost+found opt    run    srv       tmp    vmlinuz
cdrom  home   lib             media      proc   sbin   swapfile  usr    vmlinuz.old

#只查看包含部分关键词的文件时,可以将 ls 输出的内容通过管道输出作为 grep 命令的输入,进行
#检索,此处以“lib”为关键词,grep 会将包含“lib”字符的文件名输出
os@tedu:/ $ ls | grep lib
lib
lib64
```

命名管道和匿名管道的不同之处在于命名管道有明确的名称,而且以文件的形式存在于文件系统之中。因此,命名管道可以被多个进程同时访问,达到通信的目的。命名管道一般称为 FIFO(First In First Out,先进先出)。创建 FIFO 可以使用 mkfifo 命令,操作如下。

【示例】 使用 **mkfifo** 命令创建命名管道

```
#创建管道文件
os@tedu:~ $ mkfifo tedu_fifo
os@tedu:~ $ ls -l | grep ^p
#创建成功,且其属性中第一个字符为 p,代表管道文件
prw-r--r-- 1 os os    0 8月  4 17:28 tedu_fifo
```

3.4.3 新建文件

在计算机使用过程中,需要创建很多文件,用来保存运行日志、用户数据等。在 Windows

环境下一般采用右键快捷菜单创建新文件即可,在 Linux 终端中,提供了多种创建新文件的方式,下面简单介绍几种常用的创建新文件的方法。

1. 使用 touch 命令创建文件

touch 命令的作用是修改文件访问时间为当前时间,但是当被操作文件不存在时,touch 命令会自动创建一个空白文件,实现方法如下。

【示例】 使用 touch 命令修改文件访问时间

```
♯对已经存在的文件执行 touch 命令会修改该文件的修改(或访问)时间
♯查看当前名为 tedu.txt 的时间,为 9:11
os@tedu:~ $ ls -l|grep ^-
-rw-r--r-- 1 os os    0    8月 4 09:11 tedu.txt
♯执行 touch 命令
os@tedu:~ $ touch tedu.txt
os@tedu:~ $ ls -l|grep ^-
-rw-r--r-- 1 os os    0    8月 4 09:12 tedu.txt
```

【示例】 使用 touch 命令创建文件

```
♯利用 touch 命令创建名为 tedu_touch.txt 的文件
os@tedu:~ $ touch tedu_touch.txt
♯可见,已创建成功
os@tedu:~ $ ls
tedu_touch.txt  tedu.txt  test  公共的  模板  视频  图片  文档  下载  音乐  桌面
```

2. 文本编辑器创建

第 2 章介绍过 nano 编辑器,当使用 nano 打开文件时,如果该文件存在,则会直接打开,如果该文件并不存在,则 nano 会新建该文件之后再打开。利用该特性,可以实现新文件的创建。具体做法如下。

【示例】 使用 nano 编辑器创建文件

```
♯利用 nano 创建名为 tedu_nano.txt 的文件
os@tedu:~ $ nano tedu_nano.txt
♯进入 nano 编辑器编辑模式
  GNU nano 2.9.3                 tedu_nano.txt                        已更改
使用 nano 打开 tedu_nano.txt 文件,由于该文件并不存在,所以 nano 会新建该文件并打开
之后只需要执行保存操作即可
(1) Ctrl + X
(2) 当询问是否保存时输入 y 并回车
(3) 当询问文件名时,可以默认并回车,也可以修改文件名再回车
(4) 文件创建完成


^G 求助      ^O 写入      ^W 搜索      ^K 剪切文字   ^J 对齐       ^C 游标位置
^X 离开      ^R 读档      ^\ 替换      ^U 还原剪切   ^T 拼写检查   ^_ 跳行
♯执行完保存步骤后,可以看到 tedu.nano.txt 已经创建完成
os@tedu:~ $ ls
tedu_touch.txt     tedu.txt  公共的   视频   文档   音乐
tedu_nano.txt  test       模板    图片   下载   桌面
```

3. 重定向方式创建文件

通常情况下,命令的执行结果会显示在终端界面中,终端关闭后,结果也就不复存在。可以使用重定向方式来创建一个文件并保存命令执行结果。Linux 提供了"＞"和"＞＞"两种操作符实现输出重定向,这两个操作符的区别如下。

(1)"＞"操作符:当目标文件已存在时,"＞"输出的内容将覆盖源文件中已有的内容。

(2)"＞＞"操作符:当目标文件已存在时,"＞＞"会将新内容追加到源文件内容的后面。

"＞"和"＞＞"两种操作符的使用方法如下。

【示例】　使用重定向方式创建文件

```
#使用>创建 tedu_>.txt
os@tedu:~ $ > "tedu_>.txt"
os@tedu:~ $ ls
tedu_            tedu_nano.txt    tedu.txt      公共的    视频    文档    音乐
tedu_1.txt       'tedu_>.txt'     test          模板      图片    下载    桌面

#使用>>创建 tedu_>>.txt
os@tedu:~ $ >> "tedu_>>.txt"
os@tedu:~ $ ls
tedu_            'tedu_>>.txt'    test     视频    下载
tedu_1.txt       'tedu_>.txt'             公共的  图片    音乐
tedu_nano.txt    tedu.txt                 模板    文档    桌面

#将 ls 输出的内容输出到 tedu_>.txt 中
#该命令执行后终端中不会有任何输出,输出内容已经被重定向到了 tedu_>.txt 文件中
os@tedu:~ $ ls > tedu_\>.txt     #利用 nano 编辑器查看文件内容,可以看到已经将 ls 输出的
结果保存到 tedu_>.txt 中
os@tedu:~ $ nano tedu_\>.txt
  GNU nano 2.9.3                              tedu_>.txt

tedu_1.txt
tedu_nano.txt
tedu_.save
tedu_>>.txt
tedu_>.txt
tedu.txt
test
公共的
模板
视频
图片
文档
下载
音乐
桌面


                              [ 已读取 17 行 ]
^G 求助      ^O 写入      ^W 搜索      ^K 剪切文字  ^J 对齐      ^C 游标位置
^X 离开      ^R 读档      ^\ 替换      ^U 还原剪切  ^T 拼写检查  ^_ 跳行
```

在使用">"重定向符号创建文件时,可以注意到使用双引号将文件名括起来,原因就是其中包括">"这个特殊符号,在之后的使用中如"tedu_\>.txt",在">"符号前添加"\"反斜杠符号,该符号为转义字符,作用是让终端知道">"符号在这里只是一个字符符号,而不执行重定向功能。

通常 Linux 系统中对文件名中并没有特殊要求,除 NULL("\0")和"/"之外,所有字符都可以。但是由于 Linux 终端中有很多指令操作符,所以在创建新文件时,文件名中最好能够避免一些特殊字符,如".？><;＆！[ ]{ }|\ ' '"等,这些符号在终端中都有着特殊的意义,比如以"."开头的文件为隐藏文件,"|"符号为管道符。

 注意　EXT4 文件系统支持最长 256B 的文件名,即 256 个英文字符或 128 个中文字符。

3.4.4　复制、移动、删除文件

前面已经演示了如何使用 cp、mv、rm 命令对目录进行复制、移动和删除,本节将介绍如何使用这些命令来对文件进行操作。

1. 复制文件

Linux 中的 cp 命令除了可以为源文件创建一个文件副本外,还提供了其他一些选项,比如创建符号链接、保留源文件或目录的属性、备份文件等,cp 命令的使用方法如下。

【示例】　使用 cp 命令复制文件

```
＃创建 tedu_cp.txt 文件
os@tedu:~ $ touch tedu_cp.txt
os@tedu:~ $ cp tedu_cp.txt tedu_cp_1.txt
＃可见文件复制成功,注意,目标文件时间要晚于源文件
os@tedu:~ $ ls -l | grep tedu_cp
-rw-r--r-- 1 os os    0 8月  4 13:17 tedu_cp_1.txt
-rw-r--r-- 1 os os    0 8月  4 13:16 tedu_cp.txt
```

【示例】　使用 cp 命令为文件创建快捷方式

```
＃为源文件创建符号链接(即快捷方式)
os@tedu:~ $ cp -s tedu_cp.txt tedu_cp_2.txt
＃可见符号链接创建成功,且其指向源文件
os@tedu:~ $ ls -l | grep tedu_cp
-rw-r--r-- 1 os os     0 8月  4 13:17 tedu_cp_1.txt
lrwxrwxrwx 1 os os    11 8月  4 13:19 tedu_cp_2.txt -> tedu_cp.txt
-rw-r--r-- 1 os os     0 8月  4 13:16 tedu_cp.txt
```

使用 cp 命令复制文件时,正常情况下只会复制文件内容,而不会复制文件的属性,所以前面提到的目标文件修改时间要比源文件晚,不仅是时间信息,复制的文件不同,属性相差也会比较大,这样就造成比如可执行文件复制后没有执行权限(有关文件权限问题,在后续章节中会详细介绍)而无法执行,为了解决这个问题,cp 提供了-p 选项,该选项能够完整复

制源文件的属性和内容。

【示例】 使用 cp 命令 -p 选项复制文件的完整属性

```
os@tedu:~ $ cp - p tedu_cp.txt tedu_cp_3.txt
#可见复制后的目标文件和源文件拥有相同的属性
os@tedu:~ $ ls -l | grep tedu_cp
- rw- r-- r-- 1 os os    0 8月   4 13:17 tedu_cp_1.txt
lrwxrwxrwx 1 os os      11 8月   4 13:19 tedu_cp_2.txt -> tedu_cp.txt
- rw- r-- r-- 1 os os    0 8月   4 13:16 tedu_cp_3.txt
- rw- r-- r-- 1 os os    0 8月   4 13:16 tedu_cp.txt
```

2. 移动文件

移动操作类似于 Windows 平台的"剪切"和"粘贴"操作,可以将文件从一个地方移动到另一个地方。Linux 平台的 mv 指令除最基础的移动功能外,还提供了一些其他的命令选项。

【示例】 使用 mv 命令移动文件

```
#新建测试文件
os@tedu:~ $ touch tedu_mv.txt
#当前目录中有一个名为 tedu_mv.txt 的文件
os@tedu:~ $ ls | grep mv
tedu_mv.txt
#移动 tedu_mv.txt 文件到 tedu 文件夹下
os@tedu:~ $ mv tedu_mv.txt tedu
#可以看到文件已经移动到了 tedu 文件夹下
os@tedu:~ $ ls tedu | grep mv
tedu_mv.txt
```

【示例】 使用 mv 命令 -i 选项移动文件时会提示是否覆盖

```
#再次新建同名文件
os@tedu:~ $ touch tedu_mv.txt
#再次移动该文件到 tedu 文件夹下,注意添加 - i 选项
# - i 选项的目的是如果有同名文件,则询问用户是否覆盖
os@tedu:~ $ mv - i tedu_mv.txt tedu
#输入 n,则不覆盖并放弃移动
#输入 y,则继续执行移动操作并覆盖目标文件
mv: 是否覆盖'tedu/tedu_mv.txt'? n
```

通常如果目标文件存在,则 mv 命令会直接将其覆盖掉,使用 mv -i 选项则会在覆盖前询问用户是否覆盖,防止意外情况的出现。

【示例】 使用 mv 命令 -b 选项移动文件时会自动备份重名文件之后直接移动

```
#再次尝试移动 tedu_mv.txt 文件到 tedu 文件夹下,注意添加 - b 选项
# - b 选项的作用是目标文件与源文件同名时,并不询问是否覆盖,而是在备份目标文件后直接移动
os@tedu:~ $ mv - b tedu_mv.txt tedu
#可以看到目标文件的文件名被更改为 tedu_mv.txt~,源文件移动成功
```

```
os@tedu:~ $ ls tedu | grep mv
tedu_mv.txt
tedu_mv.txt~
```

3. 删除文件

删除文件与删除目录的操作基本相同,其还有一个选项 -f 是强制删除,不给出任何提示,在删除一些受保护的文件时,可以避免频繁提示造成过程烦琐。当然,在 -f 选项带来方便的同时,也由于其一点儿提示都没有,而导致误删文件,在使用时还是务必小心。rm 命令相对来说比较简单,在此不再赘述。

3.4.5　搜索文件

随着计算机使用的增多,计算机中文件数量越来越多,很多时候需要查找功能才能找到想要的文件,Linux 提供了多个实用的命令来查找文件,比如 which、locate、find 等,接下来简单介绍一下这些命令的使用。

1. which 命令

前面章节已介绍过,终端中的命令大多保存在 PATH 环境变量指定的目录下,但是某个命令具体是在哪个目录下,就不是那么明显了,所以 Linux 系统提供了 which 命令来查找某个命令的具体位置,使用方法如下。

【示例】　使用 which 命令搜索 PATH 环境变量中包含的命令的具体路径

```
#查找 ls命令路径
os@tedu:~ $ which ls
#输出完整路径
/bin/ls
os@tedu:~ $ which cp
/bin/cp
os@tedu:~ $ which mv
/bin/mv
```

 注意　which 命令是根据 PATH 环境所规定的路径来查询相应的命令;which 后面需要添加完整的命令名称才可以。

2. locate 命令

上一部分内容介绍的 which 命令只能查找命令,但是大多数情况下被查找的都是一些文档等内容,此时可以使用 locate 命令来查找,使用方法如下。

【示例】　使用 locate 命令查找文档路径

```
#查找前面创建的以 tedu_开头的文件
os@tedu:~ $ locate tedu_
/home/os/tedu_>.txt
/home/os/tedu_>>.txt
/home/os/tedu_cat.txt
```

```
/home/os/tedu_cp.txt
/home/os/tedu_cp_1.txt
/home/os/tedu_cp_2.txt
/home/os/tedu_cp_3.txt
/home/os/tedu_fifo
/home/os/tedu_nano.txt
/home/os/tedu_touch.txt
/home/os/tedu/tedu_mv.txt
/home/os/tedu/tedu_mv.txt~
```

上述示例中,使用 locate 命令查找文件名中包含"tedu_"关键词的文件,并将所有查找到的内容完整路径输出出来。

【示例】 使用 locate 命令 -c 选项输出查找到的文件个数

```
# 输出查找到的文件的个数
os@tedu:~ $ locate - c tedu_
12
```

上述示例中,使用 locate 命令查找文件名中包含"tedu_"关键词的文件,但是并没有输出查找结果,而是将查找结果进行统计,并输出统计结果。

【示例】 使用 locate 命令 -l 选项输出查找到的前 n 个文档

```
# 输出找到的文件中的前 n 项,此处 n 为 3
os@tedu:~ $ locate - l 3 tedu_
/home/os/tedu_>.txt
/home/os/tedu_>>.txt
/home/os/tedu_cat.txt
```

> **注意** locate 命令 -r 选项支持使用正则表达式,有关正则表达式的内容会在后续章节中进行讲解,此处不再演示。

locate 命令使用比较简单,搜索速度也很快,但是在使用过程中,有时会出现有些文件查找不到的情况,这是因为 locate 查找文件时是查找的"/var/lib/mlocate/mlocate.db"数据库(该数据库的位置可以在 locate 命令帮助文件中找到)中的内容,而不是在硬盘上查找,数据库的内容会一天更新一次,所以当天创建的文件一般是搜索不到的。可以手动执行 updatedb 命令来手动更新数据库。

3. find 命令

相比于 locate 命令,find 命令的功能要强得多,但是由于其搜索时是直接在硬盘上搜索,所以速度要慢。

【示例】 使用 find 命令查找最近三天修改过的文件

```
os@tedu:~ $ find ~    - mtime  - 3    |    grep tedu
#            命令    修改时间 3天内 管道符 grep 指令对结果进行筛选
```

```
#输出所有查找到的文件及目录的完整路径
/home/os/tedu_>>.txt
/home/os/tedu_nano.txt
/home/os/tedu_cp_2.txt
/home/os/tedu_fifo
/home/os/tedu_cp_1.txt
/home/os/tedu_cat.txt
/home/os/tedu_touch.txt
/home/os/tedu_cp.txt
/home/os/tedu_cp_3.txt
/home/os/tedu_>.txt
/home/os/tedu
/home/os/tedu/tedu_mv.txt
/home/os/tedu/tedu_mv.txt~
/home/os/tedu/test
/home/os/tedu/test/test1
```

除了 mtime 修改时间选项外,还有 atime(访问时间)、ctime(状态改变时间)、newer(相对某文件更新的时间)等时间选项。示例中的时间为"-3",代表 3 天内,如果是"＋3",则代表 3 天前,"3"则代表向前数第 3 天,需要注意正负符号的使用,否则可能搜索不到文件。

find 命令除了根据时间查询外,还可以根据文件名、文件类型、文件所属用户、文件大小等信息来查找,使用方法如下。

【示例】 查找某路径下属于某用户(此处为 os)的所有文件

```
os@tedu:~ $   find    /home   - user     os
#            命令     路径    用户选项   用户名
#由于输出文件比较多,此处不再展示,请读者自行尝试查看
```

【示例】 根据文件名查找文件路径

```
os@tedu:~ $ find - name tedu_cp.txt
#未添加查找路径的情况下,默认在当前目录搜索,输出结果为当前目录的相对目录
./tedu_cp.txt
os@tedu:~ $ find /home - name tedu_cp.txt
#添加查找路径的情况下,在指定目录中查找,输出结果以指定目录开始
/home/os/tedu_cp.txt
```

【示例】 查找当前目录下所有的管道类型文件

```
os@tedu:~ $ find    - type       p
#           命令    文件类型     管道类型
#输出的管道类型的文件
./tedu_fifo
```

💡 **注意**　find 命令在查找文件名时,是精确匹配的,需要输入完整文件名才可以,在文件名不确定的情况下,可以使用通配符进行匹配。

3.5　显示文件内容

在 Linux 操作系统中,与用户关系较密切的文件大多为文本文件,比如配置文件、日志文件、代码文件等,如何查看这些文件,是用户必须掌握的一项技能。查看文件主要使用的是 cat 命令,还有一些其他命令能够实现不同的查看模式,例如 more、less、grep 等。

3.5.1　cat 命令

cat 命令的作用是将两个或两个以上文件的内容拼接起来并输出到终端,配合上文提到的重定向操作符使用可以实现多个文件的合并。当 cat 命令中只包含一个文件时,就实现了将这一个文件内容输出到终端窗口。

前面新建文件时利用重定向操作符和 nano 编辑器创建了两个文件,利用 cat 将两个文件中的内容拼接到一起并输出到 tedu_cat.txt 文件中,操作如下。

【示例】　使用 cat 命令拼接两个文件

```
os@tedu:~ $    cat       tedu_\>.txt    tedu_nano.txt > tedu_cat.txt
#              命令      第一个文件      第二个文件      输出的文件
#可见文件创建成功
os@tedu:~ $ ls
tedu              tedu_touch.txt        tedu.txt      视频    下载
tedu_cat.txt      'tedu_>>.txt'$ '\n\n'  公共的        图片    音乐
tedu_nano.txt     'tedu_>.txt'           模板          文档    桌面
```

上述示例中,使用 cat 命令将 tedu_\>.txt 和 tedu_nano.txt 两个文件进行合并,通常合并后的内容会被输出到终端中,通过使用重定向符号,将输出的内容输出到了 tedu_cat.txt 文件中。

以刚创建的 tedu_cat.txt 文件为例,可以使用 cat 命令直接输出文件内容到终端窗口。

【示例】　使用 cat 命令查看文件内容

```
os@tedu:~ $ cat tedu_cat.txt
tedu_1.txt
tedu_nano.txt
tedu_.save
...
桌面
使用 nano 打开 tedu_nano.txt 文件,由于该文件并不存在,所以 nano 会新建该文件并打开
之后只需要执行保存操作即可
(1) Ctrl + X
(2) 当询问是否保存时输入 y 并回车
(3) 当询问文件名时,可以默认并回车,也可以修改文件名再回车
(4) 文件创建完成
```

【示例】 使用 **cat** 命令 **-n** 选项查看文件内容及行号

```
# cat 命令添加 - n 选项会打印出文件行号,包括空行的行号
os@tedu:~ $ cat - n tedu_cat.txt
     1  tedu_1.txt
     2  tedu_nano.txt
     3  tedu_.save
     4  tedu_>>.txt
     5
     6
     7  tedu_>.txt
     8  tedu.txt
     9  test
...
```

通过上面的示例可以看出,tedu_\>.txt 和 tedu_nano.txt 两个文件的内容已经合并为一个文件,在内容较少的情况下,这种显示方法简单、快捷,终端窗口中一屏就可以查看完整,多出的几行内容可以用鼠标滚轮滚动查看。但是当文件内容较长时,且在纯文本字符窗口中时鼠标是无法使用的,此时在屏幕上只会显示文件最后几行的内容,无法查看完整内容,很显然这是不能接受的。下面继续介绍如何实现文件内容的分屏显示。

3.5.2　more 命令

接下来将以 .bashrc 文件为例,演示当文件内容较长时,如何分页显示。.bashrc 文件的绝对路径是"/home/用户名/.bashrc",该文件保存在用户对应的 home 目录中,主要存放用户环境变量设定、个性化设定、命令别名等内容,只对相应的用户起作用,对别的用户没有影响。

当显示较长的文件时,cat 命令只会显示最后一部分内容,如果想查看上边输出的那部分内容,可以使用 more 命令来进行内容分页,之后采用翻页的方式查看完整的内容。more 命令使用方法如下。

【示例】 使用 **more** 命令分页查看文件内容

```
# 执行 more 文件名,进入 more 环境,进行文件阅读
os@tedu:~ $ more .bashrc
# ~/.bashrc: executed by bash(1) for non - login shells.
# see /usr/share/doc/bash/examples/startup - files (in the package bash - doc)
# for examples

# If not running interactively, don't do anything
case $ - in
    *i* ) ;;
      * ) return;;
esac

# don't put duplicate lines or lines starting with space in the history.
# See bash(1) for more options
HISTCONTROL = ignoreboth
```

```
# append to the history file, don't overwrite it
shopt - s histappend

# for setting history length see HISTSIZE and HISTFILESIZE in bash(1)
HISTSIZE = 1000
HISTFILESIZE = 2000

# check the window size after each command and, if necessary,
# update the values of LINES and COLUMNS.
-- 更多 -- (17%)    # 当前已显示的内容为全部内容的 17%

# 以下为添加 -d 选项后显示的内容,输出的部分快捷键
-- 更多 -- (17%) [按空格键继续,"q"键退出.]
```

进入 more 环境后,可以通过以下快捷键进行操作。

- 空格键(Space):显示下一屏内容。
- 回车键(Enter):显示下一行内容。
- 斜线(/):斜线后输入一串字符串,可以在文本中查找下一个匹配的字符串位置并显示。
- H 键(Help):显示帮助信息。
- B 键(Back):显示上一屏的内容。
- Q 键(quit):退出 more 命令。

> **注意**　有两种情况可以退出 more 命令,一是在查看文件内容时按 Q 键,另一种是当文件内容全部看完时,more 命令会自动退出。

除了直接显示外,more 命令也提供了一些比较实用的选项供用户使用,如下所示。

- -d:输出内容时同时显示常用的快捷键。
- -f:计算逻辑行数,而非屏幕行数。
- -l:屏蔽换页后的暂停。
- -c:不滚动,显示文本并清理行末。
- -p:不滚动,清除屏幕并显示文本。
- -s:将多行空行压缩为一行。
- -u:屏蔽下画线。
- -<数字>:指定每屏显示的行数。
- +<数字>:从指定行开始显示文件。
- +/<字符串>:从匹配搜索字符串的位置开始显示文件。
- -s:压缩空白行,将两个及以上的空行压缩为 1 个空行。

3.5.3　less 命令

相对于 cat 命令,more 命令已经足够强大,但是其操作逻辑并不是特别人性化,比如对于管道文件等只能查看之后的内容,无法查看已经看过的内容。与 more 相比,less 的使用

就更加弹性化,功能也更强大。对于大文件,less 不需要将文件内容一次性读入到内存中,所以打开更快,操作更流畅。less 常用快捷键和 more 相同。less 命令的使用方法如下。

【示例】　使用 less 命令查看文件内容

```
# 执行 less 文件名,进入 less 环境,进行文件阅读
os@tedu:~ $ less .bashrc

# ~/.bashrc: executed by bash(1) for non-login shells.
# see /usr/share/doc/bash/examples/startup-files (in the package bash-doc)
# for examples

# If not running interactively, don't do anything
case $- in
    *i*) ;;
      *) return;;
esac

# don't put duplicate lines or lines starting with space in the history.
# See bash(1) for more options
HISTCONTROL = ignoreboth

# append to the history file, don't overwrite it
shopt -s histappend

# for setting history length see HISTSIZE and HISTFILESIZE in bash(1)
HISTSIZE = 1000
HISTFILESIZE = 2000

# check the window size after each command and, if necessary,
# update the values of LINES and COLUMNS.
:    # 此处会变成":"等待用户输入指令
```

常用指令如下。

- e 或^E 或 j 或^N 或回车：向下滚动一行。
- y 或^Y 或 k 或^K 或^P：向上滚动一行。
- f 或^F 或^V 或 Space：向下滚动一屏。
- b 或^B 或 Esc-v：向上滚动一屏。
- Space：向下滚动一屏,即使文件已经结束,继续滚动。
- d 或^D：向下滚动半屏。
- u 或^U：向上滚动半屏。
- →：文档内容整体左移,显示右边部分内容,适用于一行内容过长显示不全时。
- ←：文档内容整体右移,和上述方向相反。

less 命令功能非常强大,还有一些其他的指令由于篇幅原因不再一一列出。

3.5.4　head、tail 命令

如果只想查看文件中的前几行内容或者后几行内容,利用以上几个命令输出全部内容

很显然是非常麻烦的,此时可以使用 head、tail 来输出前几行或后几行内容。

head 命令常用的选项有以下两个。

- -n:指定输出的行数。
- -c:指定输出的字符数。

head 命令的使用方法如下。

【示例】 输出 .bashrc 文件前 5 行内容

```
os@tedu:~ $ head - n  5 .bashrc
# ~/.bashrc: executed by bash(1) for non-login shells.
# see /usr/share/doc/bash/examples/startup-files (in the package bash-doc)
# for examples

# If not running interactively, don't do anything
```

【示例】 输出 .bashrc 文件前 100 个字符

```
os@tedu:~ $ os@tedu:~ $ head - c 100 .bashrc
# ~/.bashrc: executed by bash(1) for non-login shells.
# see /usr/share/doc/bash/examples/startup-fi
```

> **注意** 当 head 命令没有指定行数时,默认显示文件前 10 行内容;如果 -n 参数后边指定行数为负数(如 -5),则最后 5 行不会输出。

tail 命令常用的选项也有两个。

- -n:指定输出的行数,指定输出的行数(文件的最后几行)。
- -f:持续检测文件内容,如果目标文件有新的内容输入,则将新增加的内容输出。

tail 命令的使用方法如下。

【示例】 输出文件最后 5 行内容

```
os@tedu:~ $ tail - n 5 .bashrc
    . /usr/share/bash-completion/bash_completion
  elif [ - f /etc/bash_completion ]; then
    . /etc/bash_completion
  fi
fi
```

【示例】 输出文件第 115 行至最后

```
os@tedu:~ $ tail - n + 115 .bashrc
    . /etc/bash_completion
  fi
fi
```

上述示例中,使用 tail 命令显示第 115 行至最后的内容,在数字 115 前需要加"+"符号,否则该命令会输出倒数 115 到最后的内容,使用时需要注意。

3.5.5   grep 命令

前面的内容介绍了一些文件显示的方法,但是很多时候并不需要显示所有内容,而需要显示指定的内容,Linux 同样提供了一些强大的工具来实现这些需求。

grep 命令是一个非常强大的文本处理命令,主要功能是根据关键词对文本内容进行筛选,查找匹配指定关键词的行并输出,grep 命令提供了很多选项,常用选项如下所示。

- -a:不要忽略二进制数据。
- -b:除显示查找到的行号外,还显示匹配字符所在的整个文档的位置。
- -c:显示匹配关键词的内容的行数合计。
- -e:指定关键词,使用该选项可以指定多个关键词。
- -E:指定正则表达式。
- -i:查找时不区分大小写。
- -n:显示匹配行的行号。
- -w:显示和关键词完全匹配的内容。
- -o:只输出文件中匹配到的内容。

依然以. bashrc 文件为例,grep 命令使用方法如下所示。

【示例】   搜索. bashrc 文件中包含 if 的内容

```
os@tedu:~ $ grep "if" .bashrc
# 输出搜索结果
# check the window size after each command and, if necessary,
# set variable identifying the chroot you work in (used in the prompt below)
if [ - z "${debian_chroot: - }" ] && [ - r /etc/debian_chroot ]; then
# uncomment for a colored prompt, if the terminal has the capability; turned
if [ - n "$force_color_prompt" ]; then
    if [ - x /usr/bin/tput ] && tput setaf 1 > &/dev/null; then
if [ "$color_prompt" = yes ]; then
if [ - x /usr/bin/dircolors ]; then
alias alert = 'notify - send -- urgency = low - i "$([ $? = 0 ] && echo terminal || echo error)"
"$(history|tail - n1|sed - e '\''s/^\s * [0 - 9]\+\s * //;s/[;&|]\s * alert$//'\'')"'
if [ - f ~/.bash_aliases ]; then
# this, if it's already enabled in /etc/bash.bashrc and /etc/profile
if ! shopt - oq posix; then
  if [ - f /usr/share/bash - completion/bash_completion ]; then
  elif [ - f /etc/bash_completion ]; then
```

【示例】   不检查大小写的搜索

```
os@tedu:~ $ grep  - i "if" .bashrc
# If not running interactively, don't do anything
# check the window size after each command and, if necessary,
# If set, the pattern " ** " used in a pathname expansion context will
# set variable identifying the chroot you work in (used in the prompt below)
```

```
...
if [ "$color_prompt" = yes ]; then
# If this is an xterm set the title to user@host:dir
if [ -x /usr/bin/dircolors ]; then
...
    elif [ -f /etc/bash_completion ]; then
```

【示例】 输出包含关键词的内容共有多少行

```
os@tedu:~ $ grep -c -i "if" .bashrc
17
```

【示例】 关键词完全匹配

```
os@tedu:~ $ grep -w "if" .bashrc
# check the window size after each command and, if necessary,
if [ -z "${debian_chroot:-}" ] && [ -r /etc/debian_chroot ]; then
# uncomment for a colored prompt, if the terminal has the capability; turned
if [ -n "$force_color_prompt" ]; then
    if [ -x /usr/bin/tput ] && tput setaf 1 >&/dev/null; then
if [ "$color_prompt" = yes ]; then
if [ -x /usr/bin/dircolors ]; then
if [ -f ~/.bash_aliases ]; then
# this, if it's already enabled in /etc/bash.bashrc and /etc/profile
if ! shopt -oq posix; then
  if [ -f /usr/share/bash-completion/bash_completion ]; then
```

【示例】 输出关键词匹配行在文件中的行号

```
os@tedu:~ $ grep -n -w "if" .bashrc
22:# check the window size after each command and, if necessary,
34:if [ -z "${debian_chroot:-}" ] && [ -r /etc/debian_chroot ]; then
...
111:if ! shopt -oq posix; then
112:  if [ -f /usr/share/bash-completion/bash_completion ]; then
```

【示例】 输出匹配内容的行号和关键词在整个文件中的字符位置

```
os@tedu:~ $ grep -n -w -b "if" .bashrc
22:544:# check the window size after each command and, if necessary,
34:1034:if [ -z "${debian_chroot:-}" ] && [ -r /etc/debian_chroot ]; then
...
111:3558:if ! shopt -oq posix; then
112:3585:  if [ -f /usr/share/bash-completion/bash_completion ]; then
```

【示例】 只输出匹配的内容，不输出整行内容

```
os@tedu:~ $ grep -n -w -o "if" .bashrc
22:if
```

```
34:if
43:if
48:if
49:if
59:if
76:if
104:if
109:if
111:if
112:if
```

除了可以搜索文本内容外,grep 还可以和管道符搭配,将其他命令输出的结果当作输入进行后续处理,前面章节中已经用过该方法,在这里再简单介绍一下。

【示例】　使用管道符连接 ls 和 grep 命令实现关键词筛选

```
# 正常使用 ls 命令会列出当前文件夹下的所有文件
# 如果只需要显示文件命中含有"cp"关键词的文件时,可以使用 grep 对 ls 命令的输出结果进行
筛选
os@tedu:~ $    ls      |        grep    cp
#              命令    管道符   命令     关键词
tedu_cp_1.txt
tedu_cp_2.txt
tedu_cp_3.txt
tedu_cp.txt
```

3.6　文件压缩与备份

当文件需要传输、发送邮件的时候,经常需要将多个文件压缩为一个压缩包,然后再进行传输,这样不仅数量减少,大小也会变小,方便文件的传输和储存。Linux 平台上提供了许多命令来完成压缩、解压的操作。

3.6.1　文件压缩原理

当一个文件过大时,不仅会占用大量的存储空间,而且会对文件的传输造成障碍,增加文件传输所需的时间,所以人们发明了文件压缩技术。文件压缩技术通过一定的算法,将文件内容进行可恢复的压缩,减小文件,多个文档压缩到一起还可以起到归档的作用。也可以将一个大文件在压缩时分割成一定大小的压缩包,解压时再合并为一个压缩包进行解压,方便光盘刻录等。

文件压缩大体可以分为有损压缩和无损压缩,算法有几十种,人们根据不同的应用场景发明了不同的压缩算法,例如,图像文件 jpeg、视频文件 H.264、音频文件 MP3 等,都是常见的压缩算法。下面简单介绍下最简单的压缩算法实现。

众所周知,计算机中所有的文件都以"0""1"两个数字进行存储,1B 数据中有 8 位,每一位(bit)可以是"0"或"1"。当一个文件中有 96 个"0"时,该文件占用 12B 的硬盘空间。

在这里讲述一种压缩算法,可以计算连续的"0"或"1"的个数,并将该个数存储在 1B 数据中,如图 3-5 所示。1B 数据中,前 7b 用来保存个数,最后 1b 用来保存该字节数据代表的是"0"或"1"。共可以保存 0~127 个"0"或"1"。上述示例中,96 个"0"压缩后保存为"11000000",如图 3-6 所示,只需要 1B 就可以保存原本需要占用 12B 空间的文件内容。解压缩时,只需要创建一个文件并写入 96 个"0"即可完成文件解压还原。

图 3-5　压缩算法

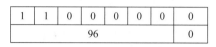

图 3-6　压缩结果

3.6.2　gzip 压缩命令

gzip 是 GNU 计划中的一部分,一般认为是 GNU zip 的缩写。gzip 是一个应用较广泛的命令,可以实现文件的压缩与解压缩,常用的命令选项有如下几个。

- -c:将压缩的内容输出到屏幕上,源文件保持不变,可以通过重定向处理输出的内容。
- -d:解压缩文件。
- -l:输出压缩包内存储的原始文件信息,如解压缩后的文件名、压缩率等。
- -#:指定压缩等级,可以为 1~9,压缩率依次增大,速度依次减慢,默认压缩等级为 6。

接下来以 tedu_cat.txt 文件演示 gzip 命令的使用方法,具体操作如下。

【示例】　使用 gzip 命令进行文件压缩

```
#查看 tedu_cat.txt 文件的属性信息,文件大小为 443B
os@tedu:~ $ ls -l | grep tedu_cat
-rw-r--r-- 1 os os  443 8月   4 11:23 tedu_cat.txt


#执行压缩命令
os@tedu:~ $ gzip tedu_cat.txt
#重新输出文件的属性信息,可以看到该文件大小已经变成 342B,且文件名后缀变为".gz"
os@tedu:~ $ ls -l | grep tedu_cat
-rw-r--r-- 1 os os  342 8月   4 11:23 tedu_cat.txt.gz
```

【示例】　使用 gzip 命令对压缩文件解压缩

```
#解压缩文件
os@tedu:~ $ gzip -d tedu_cat.txt.gz
os@tedu:~ $ ls -l | grep tedu_cat
-rw-r--r-- 1 os os  443 8月   4 11:23 tedu_cat.txt
```

3.6.3　bzip2 压缩命令

bzip2 是 Julian Seward 按照自由软件/开源软件协议发布的数据压缩算法开发的压缩

程序。Seward 在 1996 年 7 月第一次公开发布了 bzip2 0.15 版,在随后几年中这个压缩工具的稳定性得到改善并且日渐流行,目前的版本是在 2010 年发布的 1.0.6 版本。

bzip2 在使用方法上与 gzip 基本保持一致,命令选项也基本一致,此处不再一一列出,示例代码如下所示。

【示例】　使用 bzip2 命令进行文件压缩

```
♯直接执行命令压缩文件
os@tedu:~ $ bzip2 tedu_cat.txt
os@tedu:~ $ ls -l | grep tedu_cat
-rw-r--r-- 1 os os  373 8月   4 11:23 tedu_cat.txt.bz2
```

【示例】　使用 bzip2 命令对压缩文件解压缩

```
♯使用-d选项解压缩文件
os@tedu:~ $ bzip2 -d tedu_cat.txt.bz2
os@tedu:~ $ ls -l | grep tedu_cat
-rw-r--r-- 1 os os  443 8月   4 11:23 tedu_cat.txt
```

【示例】　使用 bzip2 命令进行文件压缩并保留源文件

```
♯使用-k选项压缩文件并保留源文件
os@tedu:~ $ bzip2 -k tedu_cat.txt
os@tedu:~ $ ls -l | grep tedu_cat
-rw-r--r-- 1 os os  443 8月   4 11:23 tedu_cat.txt
-rw-r--r-- 1 os os  373 8月   4 11:23 tedu_cat.txt.bz2
```

> 💡 **注意**　通常 bzip2 的压缩率比 gzip 的压缩率要高一些,但是由于测试文件 tedu_cat.txt 本身较小且为纯文本内容等原因,导致 bzip2 压缩后的文件反而比 gzip 压缩后的文件要大。

3.6.4　tar 归档命令

前面介绍的 gzip 和 bzip2 两个命令只能对单文件进行压缩,并不能将多个文件压缩为一个压缩包,很显然这样的压缩有很大的局限性。

tar 命令可以将多个文件合并为一个压缩包,但是该命令并没有压缩功能,需要与 gzip 或 bzip2 一同使用,来实现文件的压缩和打包。tar 命令也提供了很多有用的选项,如下所示。

- -c:新建打包文件。
- -t:查看打包文件中包含哪些文件。
- -x:解包文件包。
- -j:通过 bzip2 的支持进行压缩/解压缩。
- -z:通过 gzip 的支持进行压缩/解压缩。

- -C：指定解包目标路径。
- -p：打包过程中保留源文件的属性和权限。
- -v：输出打包过程中正在处理的文件名。

下面以 tedu 目录为例演示 tar 命令的使用。

【示例】　使用 tar 命令打包文件夹

```
os@tedu:~ $    tar    - zcv - f   tedu_tar.tar.gz   tedu
#              命令    选项       输出的文件名        要打包的目录
#选项的意义是通过 gzip 对文件进行压缩、创建压缩包、输出信息、输入文件名
#输出需要打包的目录与文件
tedu/
tedu/tedu_mv.txt
tedu/tedu_mv.txt~
tedu/test/
tedu/test/test1/


#输出打包后的文件信息
os@tedu:~ $ ls - lh | grep - w tedu_tar
- rw - r -- r -- 1 os os  198 8月   6 16:26 tedu_tar.tar.gz
```

【示例】　使用 tar 命令查看打包后的压缩包的内容

```
#查看打包文件中的文件名,可以看到和上述打包过程中输出的文件名相同,目录结构也相同
os@tedu:~ $ tar - ztv - f tedu_tar.tar.gz
drwxr - xr - x os/os           0 2018 - 08 - 04 14:20 tedu/
- rw - r -- r -- os/os         0 2018 - 08 - 04 14:20 tedu/tedu_mv.txt
- rw - r -- r -- os/os         0 2018 - 08 - 04 14:14 tedu/tedu_mv.txt~
drwxr - xr - x os/os           0 2018 - 08 - 03 14:53 tedu/test/
drwxr - xr - x os/os           0 2018 - 08 - 03 14:53 tedu/test/test1/
```

【示例】　使用 tar 命令对打包文件进行解包和解压缩

```
#解压缩打包文件到指定文件夹,此处将刚打包的文件解压缩到"文档"路径下
os@tedu:~ $ tar - zxvf test.tar.gz - C 文档
tedu/
tedu/tedu_mv.txt
tedu/tedu_mv.txt~
tedu/test/
tedu/test/test1/
#查看解压缩之后的文件
os@tedu:~ $ ls - lh 文档
总用量 4.0K
os@tedu:~ $ ls - lhR 文档
文档:
总用量 4.0K
drwxr - xr - x 3 os os 4.0K 8月    4 14:20 tedu

文档/tedu:
总用量 4.0K
```

```
- rw - r -- r --  1 os os     0 8 月   4 14:20 tedu_mv.txt
- rw - r -- r --  1 os os     0 8 月   4 14:14 tedu_mv.txt~
drwxr - xr - x 3 os os 4.0K 8 月    3 14:53 test

文档/tedu/test:
总用量 4.0K
drwxr - xr - x 2 os os 4.0K 8 月    3 14:53 test1

文档/tedu/test/test1:
总用量 0
```

经常使用 tar 命令备份系统"/etc"目录是一个很好的习惯,方法如下。

【示例】　使用 tar 命令备份/etc 目录

```
# sudo 的作用是以 root 权限执行 tar 命令对 etc 文件夹进行备份
os@tedu:~ $  sudo tar - zpvcf etc.tar.gz /etc
[sudo] os 的密码:
#输出的信息中第一行提示删除"/"
tar: 从成员名中删除开头的"/"
#输出添加到打包文件中的文件
/etc/
/etc/securetty
/etc/presage.xml
/etc/ppp/
…

os@tedu:~ $ ls - lh | grep etc
- rw - r -- r --  1 root root 1.8M 8 月   6 17:12 etc.tar.gz

#查看打包文件中的文件名
os@tedu:~ $  tar - ztv - f etc.tar.gz
#文件名均已"etc"开头,而不是"/etc"
drwxr - xr - x root/root           0 2018 - 08 - 06 08:48 etc/
- rw - r -- r -- root/root        4141 2018 - 01 - 25 23:09 etc/securetty
- rw - r -- r -- root/root        5877 2016 - 12 - 08 17:54 etc/presage.xml
drwxr - xr - x root/dip           0 2018 - 04 - 27 02:23 etc/ppp/
…
```

使用 tar 命令备份文件时,默认采用相对路径进行文件的保存,如果需要采用绝对路径可以使用"-P"选项,但是一般不推荐使用绝对路径保存,因为当解压缩该文件时可能会造成解压出的文件直接覆盖掉相应位置的文件,导致系统崩溃等。所以如上示例中,在对绝对路径进行打包且没有使用"-P"选项时,tar 命令会默认去掉"/",将绝对路径变为相对路径。

本章小结

- Linux 当前默认的文件系统是 EXT4 日志型文件系统。
- Linux 操作系统强大的 VFS 虚拟文件系统使其能够轻易地支持其他各类文件系统。

- Linux 中文件系统层次结构遵循 FHS 标准。
- Linux 目录树只有一个"/"根目录。
- PATH 环境变量中存放着许多目录,这些目录中的命令可以在任意目录位置使用。
- Linux 终端中可以实现目录的创建、删除、复制、移动。
- Linux 中文件大约分为 7 种,其中,普通文件和管道是经常会用到的文件类型。
- 有许多方法来创建新文件,包括重定向和应用程序内新建。
- touch 命令不仅能够更改文件修改时间,也能创建新文件。
- cat 命令可以用来拼接两个或更多的文件并将合并的内容显示到终端中。
- 如果参数中只有一个文件,cat 将显示该文件内容。
- 通过 more、less 命令可以实现文件内容的分页查看。
- head、tail 命令能够显示文件的开头或末尾的几行信息。
- grep 可以筛选文件内容并显示行号等信息。
- 文件压缩技术能够减小文件,方便文件传输。
- gzip、bzip2 文件压缩命令只能压缩单个文件,不能作为打包文件使用。
- tar 命令可以实现多文件的打包,但是自身并不能实现文件的压缩。
- tar 命令常和 gzip 或 bzip 搭配进行文件的压缩打包。
- tar 命令配合压缩命令可以实现系统文件的备份。

 本章习题

1. 目前 Linux 默认的文件系统是(　　)文件系统。
   A. EXT4　　　　　　B. NTFS　　　　　　C. EXT3　　　　　　D. FAT32
2. Linux 操作系统目录树有(　　)个根。
   A. 1　　　　　　　　B. 2　　　　　　　　C. 3　　　　　　　　D. 和硬盘分区有关
3. 管道分为_____管道和_____管道两种。
4. 使用命令完成创建、移动、删除目录与文件操作。
5. 使用命令完成文件创建、添加内容、复制、删除等操作。
6. 使用查看命令查看第 5 题中创建的文件内容。
7. 使用压缩命令对第 5 题中创建的文件进行压缩。

第 4 章　用户与权限

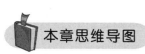 本章思维导图

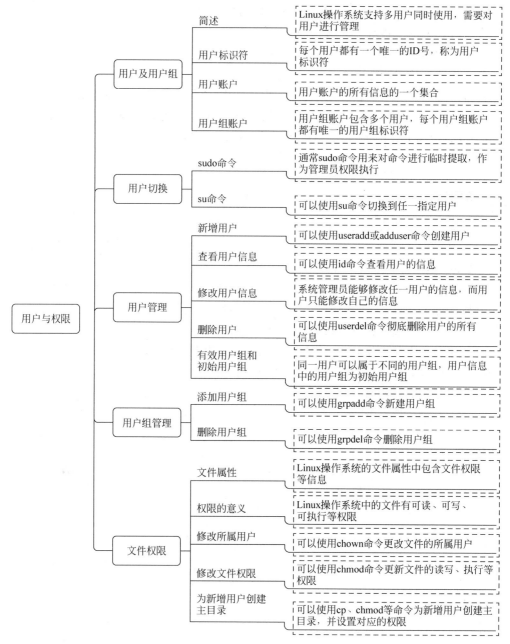

	简述	Linux操作系统支持多用户同时使用，需要对用户进行管理
	用户标识符	每个用户都有一个唯一的ID号，称为用户标识符
用户及用户组	用户账户	用户账户的所有信息的一个集合
	用户组账户	用户组账户包含多个用户，每个用户组账户都有唯一的用户组标识符
用户切换	sudo命令	通常sudo命令用来对命令进行临时提取，作为管理员权限执行
	su命令	可以使用su命令切换到任一指定用户
	新增用户	可以使用useradd或adduser命令创建用户
	查看用户信息	可以使用id命令查看用户的信息
用户管理	修改用户信息	系统管理员能够修改任一用户的信息，而用户只能修改自己的信息
	删除用户	可以使用userdel命令彻底删除用户的所有信息
	有效用户组和初始用户组	同一用户可以属于不同的用户组，用户信息中的用户组为初始用户组
用户组管理	添加用户组	可以使用grpadd命令新建用户组
	删除用户组	可以使用grpdel命令删除用户组
	文件属性	Linux操作系统的文件属性中包含文件权限等信息
	权限的意义	Linux操作系统中的文件有可读、可写、可执行等权限
文件权限	修改所属用户	可以使用chown命令更改文件的所属用户
	修改文件权限	可以使用chmod命令更新文件的读写、执行等权限
	为新增用户创建主目录	可以使用cp、chmod等命令为新增用户创建主目录，并设置对应的权限

（用户与权限）

本章目标

- 了解用户及用户组概念；
- 了解文件权限分类；
- 熟悉用户切换的方法；
- 熟悉用户及用户组的管理方法；
- 掌握文件权限更改方法。

4.1 用户及用户组

前面的内容中曾多次提到，Linux 操作系统是一个多用户、多任务的操作系统，可以同时允许多用户登录使用，为解决多用户之间的权限问题，Linux 操作系统提供了完善的用户及用户组管理功能。

4.1.1 简述

Linux 操作系统允许多用户同时登录，每个用户都需要有自己的"隐私空间"，未经允许其他用户不能访问或修改文件内容。而对于一个团队来说，许多文件或目录是共享在"公共空间"的，用户属于该团队时，就可以访问共享的文件，而不在该团队的用户，则不可以访问，因此产生了用户组。

用户与用户组的关系如图 4-1 所示。Linux 操作系统中，可以包含多个用户组，比如用户组 1 和用户组 2；每个用户组可以包含多个用户，比如用户组 1 包含用户 A 和用户 B；每个用户可以属于多个用户组，比如用户 A 可以同时属于用户组 1 和用户组 2。

通常用户与用户、用户组与用户组之间未经允许并不能访问或修改其他人的文件或目录，但是 root 用户作为 Linux 操作系统的终极管理员，可以查看并修改任何用户、用户组的文件内容，所以在使用 root 账户时需要特别小心，尤其要防止误删系统文件，造成系统崩溃。

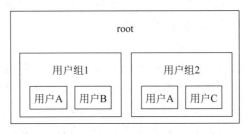

图 4-1 用户与用户组关系

4.1.2 用户标识符

当登录 Linux 操作系统时，需要输入用户名和密码。账号名称是在创建用户时指定的一串英文字符，以方便用户记忆。而在 Linux 操作系统中，会给该账号分配一个唯一的数字 ID 进行存储。该 ID 和账号名称是一一对应的，被称为 UID(User ID)。类似地，每个用户组也都有属于自己的用户组 ID,称为 GID(Group ID)。账号和 ID 对应的关系存储在/etc/passwd 和/etc/group 两个文件中。可以通过查看这两个文件来确定用户的 ID,如下所示。

【示例】 查看用户组 GID

```
os@tedu:~ $ cat /etc/group
root:x:0:
...
avahi:x:122:
colord:x:123:
geoclue:x:124:
gdm:x:125:
♯名为 os 的用户组的 ID 为 1000
os:          x:          1000:
♯用户组名    密码        GID
sambashare:x:126:os
```

【示例】 查看用户 UID

```
os@tedu:~ $ cat /etc/passwd
root:x:0:0:root:/root:/bin/bash
daemon:x:1:1:daemon:/usr/sbin:/usr/sbin/nologin
...
gdm:x:120:125:Gnome Display Manager:/var/lib/gdm3:/bin/false
♯名为 os 的用户 ID 为 1000,注意和用户组的区别
os:      x:      1000:      1000:OS,,,:/home/os:/bin/bash
♯用户名 密码   ID          GID
cups − pk − helper:x:121:116:user for cups − pk − helper service,,,:/home/cups − pk − helper:/usr/sbin/nologin
```

在前面章节中,经常会用到"ls -l"命令来查看文件的属性,其中,属性中包含用户和用户组名称。实际上,在保存文件属性时,这两项内容保存的是 UID 及 GID 两项数字,而不是用户名或用户组名,在显示属性时,系统会查询/etc/passwd 和/etc/group 两个文件,将 UID 和 GID 翻译成相对应的用户名和用户组名显示。

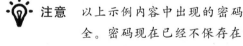 **注意**   以上示例内容中出现的密码部分都为 x,并不是密码被隐藏掉了,而是为了安全。密码现在已经不保存在该位置了,目前用户密码保存在/etc/shadow 文件中。passwd 和 group 文件中包含许多用户(组)名,除了 root 和当前用户名外,还有很多不常用但是很重要的用户(组)名,一定不要删除。

4.1.3   用户账户

Linux 操作系统的登录过程包含如下几个步骤。Linux 操作系统接收到用户名和密码后,会首先在/etc/passwd 中查找输入的用户名,找到该用户名后会读取该用户的 UID 和 GID 以及该用户的主目录、个性化设置等内容。之后根据查找到的 UID,在/etc/shadow 文

件中查询用户密码,如果密码匹配,则完成登录过程,进入用户界面或用户 Shell。可以看出/etc/passwd 和/etc/shadow 这两个文件的重要性,本节就简单介绍这两个文件的内容,从底层配置文件了解用户账户在系统中的详细信息。

【示例】 查看用户 UID

```
os@tedu:~$ cat /etc/passwd
root:x:0:0:root:/root:/bin/bash
daemon:x:1:1:daemon:/usr/sbin:/usr/sbin/nologin
...
gdm:x:120:125:Gnome Display Manager:/var/lib/gdm3:/bin/false
os:      x:      1000:    1000:    OS,,,:      /home/os:      /bin/bash
#1       2       3        4        5           6              7
cups - pk - helper:x:121:116:user for cups - pk - helper service,,,:/home/cups - pk - helper:/
usr/sbin/nologin
```

在 passwd 文件中每一行代表一个账户信息,每一行以“:”(英文冒号)为分隔符,共 7 段。passwd 文件第一行信息为 root 账户信息,该账户是最重要的一个账户,对 Linux 文件系统中的所有文件和设备拥有绝对控制权。root 账号之后有许多系统运行必备的账号,如 bin、daemon、gdm 等。再之后是一般用户账户,此处以 os 用户为例,说明每个一行中每字段的意义。

(1)账户名称:用户用来登录使用的名称,方便记忆,一般为英文、数字的组合。

(2)账户密码:用户登录时使用的密码,但是该文件是所有用户都可读的,显然如果可以查看任意用户的密码是很不安全的,所以该字段已经被替换成了“x”,真实的密码已经加密并保存到/etc/shadow 文件中。

(3)UID(用户标识符):常用用户标识符规范如表 4-1 所示。

表 4-1 UID 标识符说明

UID	说 明
0	root 账户,对整个系统拥有绝对控制权
1~1000	系统账户,一般不可登录,主要用来执行特定的任务
1000~65 535	一般账户,可以登录并调用应用程序,是最常见的一种账户

(4)GID(用户组 ID):标识用户所在组,组名和 GID 的对应关系存放在/etc/group 文件中。可根据 GID 查找到该用户组的名称。

(5)用户信息说明:该字段主要是解释账号的意义,比如姓名、家庭住址、工号工位信息等。

(6)用户默认主目录:用户主目录的绝对路径,例如,用户 root 的主文件夹在/root,用户 os 的主文件夹在/home/os,可以通过修改该路径将用户主文件夹移动到别的目录中。

(7)用户默认 Shell:前面章节中提到 Ubuntu 操作系统中打开终端操作时是打开的 bash 环境,因为 Ubuntu 默认的 Shell 是 bash。对不同用户来说,可以通过修改该字段,设置自己喜欢的 Shell 环境。

同 passwd 文件类似,shadow 文件中也是每一行代表一个账户信息,其中每一行用":"分隔,共分为 9 个字段,如下所示。

【示例】 查看 shadow 文件中的用户密码

```
os@tedu:~ $ sudo cat /etc/shadow
root:!:17729:0:99999:7:::
daemon: * :17647:0:99999:7:::
bin: * :17647:0:99999:7:::
...
os: $6$6YKe.../cbvit.mCWmeeuceQMO:   17729:   0:99999:  7  :  :  :
#1  #2                               #3   4   5      6   7  8  9
cups - pk - helper: * :17729:0:99999:7:::
```

每个字段的意义如下。

(1)账户名称:用户用来登录使用的名称,方便记忆。

(2)密码:账户的真实密码,一般会加密之后再进行保存,很难被破解。另外,在不同的 Linux 发行版中,采用的加密算法可能也不相同,但对某一种加密算法来说,加密后的密码长度是一定的,可以通过改变加密后的密码长度来使密码失效,达到限制用户登录的目的。

(3)最近更新密码的日期:该字段保存的是上一次更改密码的日期,该日期以天为单位,表示从 1970 年 1 月 1 日至今累加的天数。示例中显示"17729"转换成日期为 2018 年 7 月 17 日,说明是在 7 月 17 日更改的密码。

(4)密码不可被更改的天数:该字段表示上次密码更改后,至少多少天后才可以再更改密码。示例中该字段是 0,表示随时可以更改密码。该字段可以限制用户或管理员频繁更改密码。

(5)密码需要重新更改的天数:该字段表示上次更改密码后,最多多少天后需要更改密码,用户或管理员必须在规定的时间内修改密码,否则密码会过期。密码过期后,用户依然是可以登录系统并进行其他工作的,不过密码过期后会在用户登录时强制要求更改密码才可以继续使用。示例中该字段是 99999,换算为年大约为 273 年,表示必须在 273 年之内修改密码,一般即可认为不需要修改密码。

(6)密码需要更改期限前的警告天数:和第 5 个字段相配合,该字段表示在密码过期前多少天进行警告。示例中该字段为 7,表示密码到期前 7 天会弹出提醒,提醒用户或管理员更改密码。

(7)密码过期后账户宽限日期:该字段和第 5 个字段配合,表示当密码过期后几天内如果用户没有登录更改密码,则密码会失效,密码失效后则该账户将无法使用该密码进行登录。

(8)账户失效日期:和第 3 个字段类似,也是从 1970 年 1 月 1 日开始累积的天数,表示该账户在规定日期之后将失效,此时无论密码是否过期,都不能再使用。

(9)保留:该字段保留,以后添加新功能时可能会使用到。

4.1.4 用户组账户

同用户账户类似,用户组账号同样有两个相关的文件/etc/group 和/etc/gshadow,下面简单介绍这两个文件内容。

【示例】　查看 group 文件

```
os@tedu:~ $ cat /etc/group
root:x:0:
daemon:x:1:
bin:x:2:
...
gdm:x:125:
os:  x:  1000  :
#1   2    3     4
sambashare:x:126:os
```

group 文件中每一行代表一个用户组,也是用":"分隔,共分为 4 段,每个字段的意义如下。

(1) 用户组名:该用户组的用户组名,示例中内容为"os"。

(2) 用户组密码:该字段也是以"x"替代,真实的密码已经移至/etc/gshadow 文件中。用户组密码通常是给"用户组管理员"使用的。

(3) GID(用户组 ID):/etc/passwd 文件中第 4 项对应的 GID 就是该字段,示例中为"1000"。

(4) 此用户组包含的账户:每个用户可以属于多个用户组,该字段保存的是当前组中包含的用户账户。不同的用户之间用","(英文逗号)隔开。此处为空的原因在后面的内容中会进行介绍。

【示例】　查看 gshadow 文件

```
os@tedu:~ $ sudo cat /etc/gshadow
[sudo] os 的密码:
root:*::
daemon:*::
...
gdm:!::
os        :!        :            :
#用户组名   密码       用户组管理员账户   组内账户
sambashare:!::os
```

该文件同样以":"分隔,共 4 段,每一段意义如下。

(1) 用户组名:用户组的名称,此例中为 os。

(2) 用户组密码:当用户组有管理员时,该字段会有相应的管理密码,此处"!"表示没有管理密码,也即没有用户组管理员。

(3) 用户组管理员账户:如果用户组有管理员,则相应的管理员账户名称在此处显示。

(4) 组内账户:与 group 内用户组包含的账户作用相同。

4.2　用户切换

本书从开始到目前为止,一直都是以普通用户的身份在使用相关的指令,但是对于一些需要修改系统配置文件或信息的操作,经常会用到系统管理员权限,此时需要将用户切换为系统管理员。本节将简单介绍 Linux 操作系统中常用的两个用户切换命令。

4.2.1 sudo 命令

sudo 命令是比较常用的一个用来切换用户的命令,通常用来执行需要系统管理员权限的指令或操作。sudo 命令只需要知道自己的账户密码即可使用,但是为了防止 sudo 命令被滥用,并非所有用户都可以执行 sudo 指令,只有/etc/sudoers 文件内指定的用户可以执行这个命令。

比如前面提到的 shadow 文件中,root 账户的密码是"!",表示 root 账户是没有密码的,即 root 账户是无法被登录使用的,可以采用更改密码的方式启用 root 账户。但是更改账户密码的命令(passwd)又需要 root 权限才可以运行,此时就可以使用 sudo 命令在只登录当前普通用户的情况下,执行拥有 root 权限才可以执行的命令,完成修改 root 账户密码的操作,方法如下。

【示例】 使用 passwd 命令更改 root 账户密码

```
os@tedu:~ $ sudo passwd root
#输入 os 用户的密码,注意,终端窗口中密码不会有任何提示
[sudo] os 的密码:
#密码正确,开始输入 root 账户的新密码,依然不会有任何提示
输入新的 UNIX 密码:
重新输入新的 UNIX 密码:
#提示成功更改密码
passwd: 已成功更新密码

os@tedu:~ $  sudo grep root /etc/shadow
[sudo] os 的密码:
#密码不再是"!"
root: $ 6 $ elugeX...5YGI.u14/:17756:0:99999:7:::
```

前面提到只有/etc/sudoers 文件中的账户才可以使用 sudo 命令,可以查看该文件中的内容来确定可以执行 sudo 命令的账户。

【示例】 查看 sudoers 文件内容

```
#该文件属于系统文件,所以需要系统管理员权限查看,也可以使用 sudo 命令来查看
os@tedu:~ $ sudo cat /etc/sudoers
[sudo] os 的密码:    #输入当前用户的密码
#
# This file MUST be edited with the 'visudo' command as root.
#
# Please consider adding local content in /etc/sudoers.d/ instead of
# directly modifying this file.
#
# See the man page for details on how to write a sudoers file.
#
Defaults    env_reset
Defaults    mail_badpass
```

```
Defaults
    secure_path = "/usr/local/sbin:/usr/local/bin:/usr/sbin:/usr/bin:/sbin:/bin:/snap/bin"
# Host alias specification
# User alias specification
# Cmnd alias specification
# User privilege specification
rootALL = (ALL:ALL) ALL
# Members of the admin group may gain root privileges
% admin ALL = (ALL) ALL
# 允许 sudo 用户组的组内用户执行 sudo 命令
# Allow members of group sudo to execute any command
% sudo   ALL = (ALL:ALL) ALL
# See sudoers(5) for more information on "# include" directives:
# includedir /etc/sudoers.d

# 查找 group 文件中 sudo 用户组的内容,可以看出其包含 os 用户,因此 os 用户可以执行 sudo 命令
os@tedu:~ $ sudo grep sudo /etc/group
sudo:x:27:os
```

该文件由特定的语法和变量组成,因此不推荐直接编辑 sudoers 文件。如果想要某用户可以执行 sudo 命令,可以将其加入到 sudo 用户组中。也可以使用 visudo 命令编辑 sudoers 文件。

visudo 命令本意就是使用 vi 编辑器对 sudoers 进行编辑,但是随着 nano 编辑器的兴起,Ubuntu 18.04 系统中,visudo 是使用的 nano 编辑器,visudo 不仅可以编辑 sudoers 文件,还可以对 sudoers 中的语法进行检查,防止出现修改错误的情况。

【示例】　使用 visudo 命令打开 sudoers 文件

```
  GNU nano 2.9.3                     /etc/sudoers.tmp

#
# This file MUST be edited with the 'visudo' command as root.
#
…
# Members of the admin group may gain root privileges
% admin ALL = (ALL) ALL


# Allow members of group sudo to execute any command

^G 求助     ^O 写入     ^W 搜索     ^K 剪切文字   ^J 对齐      ^C 游标位置
^X 离开     ^R 读档     ^\ 替换      ^U 还原剪切   ^T 拼写检查   ^_ 跳行
```

【示例】　任意更改 sudoers 文件引发错误

```
# 任意更改文件内容,造成人为错误并保存该文件退出 nano 编辑器
os@tedu:~ $ sudo visudo
[sudo] os 的密码:
# 提示文件内容语法错误,并提示错误在第几行,以及对该错误的处理方法
```

```
>>> /etc/sudoers:语法错误 near line 32 <<<
现在做什么?
选项有:
  重新编辑 sudoers 文件(e)
  退出,不保存对 sudoers 文件的更改(x)
  退出并将更改保存到 sudoers 文件(危险!)(Q)

现在做什么? x
```

💡 **注意** 通常,第一次用 sudo 指令的时候会要求输入当前用户的密码,第二次使用的时间如果和第一次使用不超过 5 分钟且在同一终端中,则不需要再次输入密码。

4.2.2 su 命令

与 sudo 命令相比,su 命令功能更加强大,不仅可以将用户切换为 root 账户,还可以进行任何身份的切换,常用命令选项如下所示。

- -c:该选项后接命令,执行完该命令后退出登录的用户。
- -l:该选项输入要切换到的用户,代表切换到该用户。
- -m:由于不同的用户默认的 Shell 可能并不相同,通常用户切换时,也会切换到该用户默认的 Shell 环境中,使用该选项则代表保持在当前 Shell 环境。

【示例】 **su 命令直接切换到 root 用户**

```
#如果 su 命令后边没有指定的用户名,则默认为切换到 root 用户,此处输入 root 账户的密码
os@tedu:~ $ su -
密码:
#切换成功,可见用户名已经变为 root,执行 pwd 命令,可以看出 root 用户的主目录为/root 路径
root@tedu:~ # pwd
/root
```

【示例】 **su 命令 -l 选项切换到 root 用户**

```
os@tedu:~ $ su - l root
密码:
root@tedu:~ #
```

【示例】 **exit 命令退出当前登录用户**

```
#退出当前切换到的用户,可以直接执行 exit 命令退出
root@tedu:~ #exit
exit
#可见用户返回到最初的登录用户
os@tedu:~ $
```

【示例】 su 切换 root 账户后查看 gshadow 文件

```
# 切换 root 权限
os@tedu:~ $ su -
密码:
# 直接查看文件内容,不需要再使用 sudo 切换用户
root@tedu:~ # cat /etc/shadow
root:$6$elugeXnz$iuRiA4vBLVdLyJCO7M8im.DDRgMOV1kSwQHr5AKLBm8xQVJxarp7EheIpmZpLmIHRrmi-
MGF279mqoi5YGI.u14/:17756:0:99999:7:::
...
cbvit.mCWmeeuceQM0:17729:0:99999:7:::
cups-pk-helper:*:17729:0:99999:7:::
```

除了"-"选项外,su 命令还提供了一些很方便的命令选项,比如"-c",可以在执行一次命令后,自动切换回之前的账户。

【示例】 使用-c 选项执行一次命令

```
# -c 选项后需要紧跟需要执行的命令,如果命令由几部分组成各部分之间由空格隔开,则需要将整
个命令使用英文引号括起来,最后跟上需要执行这个命令的用户的用户名,在这里是 root 用户
os@tedu:~ $ su-c "cat /etc/shadow" root
密码:
root:$6$elugeXnz$iuRiA4vBLVdLyJCO7M8im.DDRgMOV1kSwQHr5AKLBm8xQVJxarp7EheIpmZpLmIHRrmiMG
...
cbvit.mCWmeeuceQM0:17729:0:99999:7:::
cups-pk-helper:*:17729:0:99999:7:::
# 命令执行后会自动返回到登录用户
os@tedu:~ $
```

由于执行 su 切换用户时需要知道目标用户的密码,很容易造成安全隐患,比如切换到 root 用户需要知道 root 用户的密码,很容易就会造成 root 用户密码的泄漏。

> **注意** 直接执行 su 命令也可以达到切换到 root 账户的目的,但是这种切换并不是完全的,许多用户配置信息仍然是原用户信息,所以,如果是切换到 root 用户,建议使用 su-命令。

4.3 用户管理

如果希望成为一个合格的系统管理员,用户管理是必须掌握的一项技能。本节内容主要讲解如何创建、删除用户,以及修改用户信息。

4.3.1 新增用户

用户登录 Linux 操作系统时,需要提供用户名和密码两项内容,这两项也是创建用户时必需的内容,创建用户采用的是 useradd 命令。useradd 命令常用选项如下所示。

- -u:指定新创建用户的 UID 值,该值为一串数字。

- -g：指定新创建用户所属的用户组，该用户组 GID 会被添加到用户 passwd 文件第 4 个字段。
- -G：指定新创建用户可以加入的用户组，该用户名会添加到指定的用户组 group 文件第 4 个字段。
- -M：不创建用户主目录。
- -m：创建用户主目录。
- -c：用户信息说明，该信息会添加到 passwd 文件中第 5 个字段。
- -d：指定新创建用户的用户主文件夹，而不是使用默认位置，需要使用绝对路径。
- -r：创建系统账户。
- -s：指定新创建用户的默认 Shell，不指定则默认为/bin/bash。
- -e：指定账户过期日期，该字段填写到 shadow 文件第 8 个字段。

【示例】　**useradd 以默认值添加用户**

```
# 创建名为 tedu_os 的用户
os@tedu:~ $ sudo useradd tedu_os
[sudo] os 的密码：       # 输入当前用户的密码

# 查看 tedu_os 用户是否创建成功
os@tedu:~ $ sudo grep tedu_os /etc/passwd  /etc/shadow /etc/group
/etc/passwd:tedu_os:x:1001:1001::/home/tedu_os:/bin/sh
/etc/shadow:tedu_os:!:17756:0:99999:7:::
/etc/group:tedu_os:x:1001:
```

从以上示例可以看出，采用 useradd 命令默认配置创建的用户具有以下几个特点。

- 在 passwd 文件中添加一项与账号信息相关的数据，UID 为 1001，GID 也为 1001。因为普通用户的 ID 是从 1000 开始的，而本机安装时创建的 os 用户 UID 为 1000，所以用户 tedu_os 的 UID 会自行加 1，用户组同理。
- 在 shadow 文件中添加一项与账号密码相关的数据，此时密码为"!"，即账号未启用。在讲解 sudo 命令时，提到了通过更改密码来启用 root 账户，在此处启用 tedu_os 账户的方法也相同。
- 在 group 文件中添加了一行新的与 tedu_os 账户同名的用户组信息，GID 为 1001。

使用默认选项会创建和新账户同名的用户组，其实很多时候这是没有必要的，可以使用-g 选项指定新建用户所属的用户组。

【示例】　**添加用户并将该用户添加到某个用户组**

```
os@tedu:~ $ sudo useradd - g tedu_os tedu_1
[sudo] os 的密码：
os@tedu:~ $ sudo grep tedu /etc/passwd  /etc/shadow /etc/group
/etc/passwd:tedu_os:x:1001:1001::/home/tedu_os:/bin/sh
/etc/passwd:tedu_1:x:1002:1001::/home/tedu_1:/bin/sh
/etc/shadow:tedu_os:!:17756:0:99999:7:::
/etc/shadow:tedu_1:!:17756:0:99999:7:::
/etc/group:tedu_os:x:1001:
```

通过上面的示例可以看出,新创建的 tedu_1 用户 UID 在 tedu_os 用户的基础上加 1,而 GID 则和 tedu_os 的 GID 是相同的,说明 tedu_1 和 tedu_os 两个用户在一个用户组内。

> **注意** 使用 -g 选项指定用户组时,指定的用户组必须是已存在的,如果该用户组不存在,将导致用户创建失败。

使用默认选项创建的用户,并没有创建用户主目录,可以使用 -m 选项在创建新用户时,同时创建该用户的主目录。

【示例】 使用 useradd 命令 -m 创建用户及主目录

```
# 添加用户
os@tedu:~ $ sudo useradd - m - g tedu_os tedu_2
[sudo] os 的密码:
# 查看 tedu_2 用户默认主目录位置
os@tedu:~ $ grep tedu_2 /etc/passwd
tedu_2:x:1003:1001::/home/tedu_2:/bin/sh
# 查看 tedu_2 用户主目录
os@tedu:~ $ ls /home
os tedu_2 tedu_os
# 查看 tedu_2 用户主目录中默认的内容
os@tedu:~ $ ls - lR /home/tedu_2
/home/tedu_2:
总用量 4
drwxr-xr-x 2 tedu_2 tedu_os 4096 7 月  21 15:00 模板

/home/tedu_2/模板:
总用量 88
-rw-r--r-- 1 tedu_2 tedu_os     0 7 月  21 15:00 'DOCX 文档.docx'
-rw-r--r-- 1 tedu_2 tedu_os  9216 7 月  21 15:00 'DOC 文档.doc'
-rw-r--r-- 1 tedu_2 tedu_os 28966 7 月  21 15:00 'PPTX 演示文稿.pptx'
-rw-r--r-- 1 tedu_2 tedu_os 20992 7 月  21 15:00 'PPT 演示文稿.ppt'
-rw-r--r-- 1 tedu_2 tedu_os 10417 7 月  21 15:00 'XLSX 工作表.xlsx'
-rw-r--r-- 1 tedu_2 tedu_os  6656 7 月  21 15:00 'XLS 工作表.xls'
```

每个使用 -m 选项创建的用户主目录都以 /etc/skel 这个目录作为模板进行创建,创建主目录时将该目录复制到用户主目录(一般为 /home)目录下,并改为目标用户的名称,修改相应的权限及所属用户和用户组,所以如果在创建用户时,并没有创建用户主目录,也可以手动进行创建。这部分内容在后面讲解 Linux 文件权限时再进行演示。

4.3.2 查看用户信息

用户创建完毕,信息修改之后,如果想要查看用户信息,可以使用 id 命令,该命令可以显示用户的 UID 和所属用户组等信息。id 命令常用选项有如下几个。

- -g:显示初始用户组 GID。
- -G:显示所有用户组 GID。
- -u:显示用户 UID。

- -n：与 u、g、G 选项配合输出用户名称。

【示例】 输出用户信息

```
#直接执行 id 指令,输出当前登录用户的信息
os@tedu:~ $ id
uid = 1000(os)        gid = 1000(os)          组 = 1000(os),4(adm),24(cdrom)...
#用户 UID           初始用户组 GID          所有包含该用户的组


#输出指定用户的信息
os@tedu:~ $ id tedu_os
uid = 1001(tedu_os) gid = 1001(tedu_os)   组 = 1001(tedu_os)
```

【示例】 输出用户所属用户组

```
#输出 tedu_os 用户初始用户组的 GID
os@tedu:~ $ id - g tedu_os
1001
#输出 tedu_os 用户初始用户组的名称
os@tedu:~ $ id - gn tedu_os
tedu_os
#输出所有包含当前登录用户的用户组的 GID
os@tedu:~ $ id - G
1000 4 24 27 30 46 116 126
#输出所有包含当前登录用户的用户组的名称
os@tedu:~ $ id - Gn
os adm cdrom sudo dip plugdev lpadmin sambashare
```

4.3.3　修改用户信息

新创建的账户是被封锁的,并不能使用,需要更改用户密码才可以使用。前面修改 root 用户密码时使用的是 passwd 命令,接下来详细讲解一下该命令的使用方法。

【示例】 更改用户密码

```
os@tedu:~ $ sudo passwd tedu_os
输入新的 UNIX 密码:          #输入密码不会显示任何信息
重新输入新的 UNIX 密码:
passwd: 已成功更新密码
os@tedu:~ $ sudo grep tedu_os /etc/shadow
#tedu_os 用户密码创建成功
tedu _ os: $ 6 $ jZTbOGzn $ R3InYH2Qm2e. OoB. QaheYOj1Qvddi7haIMOcNOUMFOQqUocDUCyivQlhPwSM/
ILBODx44Ue6YApU7297p5UXT1:17756:0:99999:7:::
```

更改用户密码后,用户便可以登录。

【示例】 登录新创建的用户

```
#用户切换成功,但是提示没有用户主目录
os@tedu:~ $ su - l tedu_os
```

```
密码：
没有目录,将以 HOME = / 登录
$
# 确实只有 os 用户的主目录,没有 tedu_os 用户的主目录
os@tedu:~ $ ls /home
os
```

除了修改用户的密码以外,passwd 命令还提供了一些其他的选项,如下所示。

- -l：lock,将 shadow 文件中相应用户的密码前加上"!",达到锁定账户的作用。
- -u：将 shadow 文件中相应用户密码前的"!"去掉,达到取消锁定账户的作用。
- -n：选项后接天数,修改 shadow 文件的第 4 个段。
- -x：选项后接天数,修改 shadow 文件的第 5 个字段。
- -w：选项后接天数,修改 shadow 文件的第 6 个字段。
- -i：选项后接日期,修改 shadow 文件的第 7 个字段,密码失效日期。

【示例】 锁定用户

```
os@tedu:~ $ sudo passwd - l tedu_os
[sudo] os 的密码：
passwd：密码过期信息已更改.
os@tedu:~ $ sudo grep tedu_os /etc/shadow
# 添加上"!"
tedu_os:! $ 6 $ jZTbOGzn $ R... 56:0:99999:7:::
```

【示例】 解锁用户

```
os@tedu:~ $ sudo passwd - u tedu_os
[sudo] os 的密码：
passwd：密码过期信息已更改.
os@tedu:~ $ sudo grep tedu_os /etc/shadow
# 去掉了"!"
tedu_os: $  $ 6 $ jZTbOGzn $ R... 56:0:99999:7:::
```

用户信息更改使用的命令一般分为两种,一种是 root 管理员使用的命令,一种是用户自行修改信息的命令,命令的执行权限不同,所实现的功能也略有区别,下面就介绍一下这些命令的使用。

如果在使用 useradd 命令时,添加了错误的用户信息,可以使用 usermod 命令来进行更改。usermod 的常用参数如下所示。

- -c：修改 passwd 文件中第 5 个字段内容。
- -d：修改 passwd 文件中第 6 个字段内容。
- -e：修改 shadow 文件中第 8 个字段内容。
- -f：修改 shadow 文件中第 7 个字段内容。
- -g：修改 passwd 文件中第 4 个字段内容,即 GID 编号。
- -G：修改 group 文件中第 4 个字段内容,将该用户添加到相应的用户组中。
- -l：修改 passwd 文件第 1 个字段内容,即用户名称。

- -s：修改 passwd 文件第 7 个字段内容，即默认的用户 Shell。
- -u：修改 passwd 文件第 3 个字段内容，即用户 UID。
- -L：修改 shadow 文件中第 2 个字段内容，即用户密码，达到暂时冻结用户的目的。
- -U：修改 shadow 文件中第 2 个段内容，取消用户密码冻结，使用户恢复使用。

【示例】 修改用户信息

```
#修改 tedu_os 用户的用户信息为 tedu linux
os@tedu:~ $ sudo usermod - c "tedu linux " tedu_os
[sudo] os 的密码：
os@tedu:~ $ sudo grep tedu_os /etc/passwd
#修改成功
tedu_os:x:1001:1001:tedu linux:/home/tedu_os:/bin/sh
```

【示例】 锁定用户

```
#修改 tedu_os 用户的用户信息为 tedu linux
os@tedu:~ $ sudo usermod - L tedu_os
os@tedu:~ $ sudo grep tedu_os /etc/shadow
#锁定用户即是在其用户密码列最前加上"!"字符,这样密码加密后的长度改变,达到无法正常登录
的目的
tedu _ os:! $ 6 $ jZTbOGzn $ R3InYH2Qm2e. OoB. QaheYOj1Qvddi7haIM0cN0UMF0QqUocDUCyivQlhPwSM/
ILBODx44Ue6YApU7297p5UXT1:17756:0:99999:7:::
```

在以上示例中,usermod 需要使用管理员权限(sudo)才可以运行,Linux 系统本身也提供了一些普通用户即可使用的命令,如 chfn 命令,可以用来修改用户的信息,而且其采用了交互的方式进行修改,使用方便简捷。

【示例】 chfn 进行用户信息修改

```
os@tedu:~ $ chfn
密码：    #输入当前用户密码
正在改变 os 的用户信息
请输入新值,或直接按回车键以使用默认值
    全名：OS      #默认用户名
    #以下内容,依次填写
    房间号码 []：401
    工作电话 []：123456789
    家庭电话 []：987654321
os@tedu:~ $ grep os /etc/passwd
#修改后的信息会直接填在 passwd 文件的第 5 个字段中,用","进行分隔
os:x:1000:1000:OS,401,123456789,987654321:/home/os:/bin/bash
```

4.3.4 删除用户

除了添加用户外,当用户不再使用其账户时,有时需要将该用户的所有设置项、文件数据删除。可以使用 userdel 来实现该操作,该命令使用方法非常简单,如下所示。

【示例】 删除用户

```
＃删除 tedu_1 用户
os@tedu:～ $ sudo userdel tedu_1
[sudo] os 的密码：
＃已经删除，各文件中已经没有相应的信息
os@tedu:～ $ sudo grep tedu_1 /etc/passwd /etc/shadow /etc/group
os@tedu:～ $
```

userdel 除了直接删除用户外，还提供了-r 选项，可以用来删除对应用户的主文件夹，当主文件夹被删除后，该用户的所有信息将被删除无法恢复。

💡 注意　如果不想要某用户使用计算机，可以直接在 shadow 文件中将其密码失效日期更改为 0 即可，这样账号就已经无法使用，但是所有的数据都还是存在的，userdel 命令一般使用在需要彻底删除该用户的情况下。

4.3.5　有效用户组和初始用户组

前面的内容中提到不同的用户组可以包含同一个账户，但是每个用户的信息中只会出现一个 GID，因此对某个用户来说，其所属的用户组是有区别的，分为有效用户组和初始用户组。

passwd 文件每个用户的第 4 个字段填写的 GID，就是该用户的初始用户组，其他包含该用户的用户组为该用户的有效用户组。通常，用户登录后会自动获取初始用户组的所有权限，所以并不需要将该用户添加到 group 文件中初始用户组第 4 项的位置。

【示例】 查看当前登录用户（os）用户组

```
os@tedu:～ $ grep －w os /etc/passwd /etc/group
/etc/passwd:os:x:1000:1000:OS,401,123456789,987654321:/home/os:/bin/bashsamba
/etc/group:adm:x:4:syslog,os
/etc/group:cdrom:x:24:os
/etc/group:sudo:x:27:os
/etc/group:dip:x:30:os
/etc/group:plugdev:x:46:os
/etc/group:lpadmin:x:116:os
/etc/group:os:x:1000:
/etc/group:sambashare:x:126:os
```

上述示例中，在 passwd 文件中可以看出，os 用户的初始用户组 GID 为"1000"，对应于 group 文件中的用户组名为"os"，也因此用户组"os"中第 4 个字段并没有写上用户"os"。除去"os"用户组外，其他用户组为用户"os"的有效用户组，第 4 个字段上都要写上用户"os"的用户名。

4.4 用户组管理

前面主要讲解了用户管理的一些方法,当需要团队合作时,通常是多用户同时在一台计算机上进行工作,此时需要对同一团队的用户进行编组,统一进行管理。

4.4.1 添加用户组

在安装 Ubuntu 过程中需要创建一个用户,虽然没有显示创建用户组的一些功能,但是在创建该用户时,系统默认为该用户创建了一个同名的用户组,用户组中只包含该用户。显然不能每次添加用户组时都进行操作系统重装,因此,类似于 useradd 命令,Linux 提供了 groupadd 命令来进行用户组的创建。

【示例】 使用 **groupadd** 命令添加用户组

```
＃添加名为 tedu_group 的用户组
os@tedu:~ $ sudo groupadd tedu_group
＃添加成功
os@tedu:~ $ sudo grep tedu_group /etc/group /etc/gshadow
/etc/group:tedu_group:x:1002:          ＃用户组 GID 为 1002
/etc/gshadow:tedu_group:!::
```

通常,使用 groupadd 命令的默认选项创建用户组即可,如果需要创建系统用户组,可以使用 -r 选项,这一点和 useradd 命令相同。

4.4.2 删除用户组

类似于删除用户命令,用户组也提供了 groupdel 命令来进行用户组的删除。

【示例】 删除没有用户的用户组

```
＃删除 4.4.1 节中创建的 tedu_group
os@tedu:~ $ sudo groupdel tedu_group
＃查询不到该用户组的信息,可见已经删除成功
os@tedu:~ $ sudo grep tedu_group /etc/group /etc/gshadow
```

【示例】 删除含有用户的用户组

```
＃删除 4.3.1 节中创建的用户,该用户的初始用户组为 tedu_os
os@tedu:~ $ sudo groupdel tedu_os
groupdel: 不能移除用户"tedu_os"的主组
```

由以上示例可以看出,当被删除的用户组是某个用户的初始用户组时,该用户组是无法被删掉的,否则当用户登录时,会找不到其初始用户组,造成获取不到相应的权限。如果用户组内包含以该用户组为有效用户组的用户或不包含任何用户,则该用户组将会被直接删除掉。

4.5 文件权限

文件权限是 Linux 操作系统中相当重要的一个概念,对 Linux 操作系统中文件安全、系统安全、隐私保护等起到了相当重要的作用,本节内容主要结合第 3 章和本章前述用户部分的内容介绍文件权限的相关操作。

4.5.1 文件属性

前面简单介绍了如何使用 ls- 查看文件属性,下述内容进一步详细介绍文件属性信息。

【示例】 使用 ls 命令查看文件属性

```
os@tedu:~ $ ls -l
总用量 1884
- rw-r--r-- 1 root root 1869212 8 月   6 17:12  etc.tar.gz
- rw-r--r--1      os       os      309      8 月     4 09:28  tedu_nano.txt
#文件权限    节点 所属用户  所属用户组    文件大小    修改时间       文件名
...
drwxr-xr-x 2 os     os        4096 7 月  17 16:51  音乐
drwxr-xr-x 2 os     os        4096 7 月  21 16:44  桌面
```

以上示例中,以 tedu_nano.txt 文件为例,该文件属性共分为七大块:文件权限、节点、所属用户、所属用户组、文件大小、修改时间、文件名等。其中,节点、文件大小、修改时间和文件名在这里不再详述,主要讲解文件权限、所属用户、所属用户组 3 项属性值。

1. 文件权限

文件权限项由 10 个字符组成,如"-rw-r--r--"。每一个字符的意义如下所示。

(1)第 1 个字符,文件类型,"-"表示为普通文件。

(2)第 2~4 个字符,代表文件所属用户的权限。常见的为 rwx 三个权限,分别对应可读、可写、可执行,在这里为 rw-,表示文件所属用户拥有可读写的权限,没有执行权限。

> **注意** 文件是否可执行,和文件后缀名无关。比如上例中文件扩展名为 txt,为纯文本文档,并不一定就不能执行,文件是否可以执行,需要看其是否有相应的解释器或是否为正确编译的文件,还需要看当前用户是否有可执行权限,当两项要求都满足时,程序可以正常执行,否则无法执行。

(3)第 5~7 个字符,代表文件所属用户组的权限,该用户组在本例中是文件拥有者所在的初始用户组,实际上不一定是初始用户组,也有可能是有效用户组。此处对应的用户组权限为 r--,即代表同一用户组中其他成员拥有可读权限,不能修改文件内容,也不能执行该文件。

(4)第 8~10 个字符,代表除了文件所属用户及用户组外,其他用户所拥有的权限,示例中 r--代表其他用户拥有对该文件的可读权限,也是不能修改,不能执行。

2. 所属用户

该文件所属用户,通常即是该文件的创建用户。

3. 所属用户组

通常,用户都会依附于一个或多个用户组,文件所属用户组则是该文件拥有者所在的用户组名称。

以上内容对于文件的权限来说非常重要,理解并掌握好文件权限对于 Linux 操作系统的使用非常有帮助。在 Linux 操作系统中,合理地使用文件权限对文件属性进行配置,能够起到保护系统文件的作用。比如,前面提到的 shadow 文件等,只有系统管理员才可以查看并修改,这样就加强了整体系统的安全性。如果每个人都可以随便修改其他任何人的文件,那系统安全性则无从谈起。

4.5.2 权限的意义

权限在 Linux 操作系统中具有非常重要的意义,主要体现在文件和目录的操作权限上。

1. 权限对文件的意义

文件是用来存放数据的地方,可以存储纯文本内容、数据库、二进制内容等,对于文件来说,rwx 三个权限具有如下意义。

(1) r:read 读权限,用于读取文本文件的内容。

(2) w:write 写权限,如果拥有该权限,就可以对文件进行编辑、修改、新增、删除内容等操作,但不一定能删除该文件。

(3) x:execute 执行权限,如果该文件是应用程序、脚本等文件,当前用户拥有该文件的可执行权限时,可以实现该程序的执行。和 Windows 操作系统不同的是,一般在 Windows 操作系统中,可以使用扩展名来区分该文件是否可执行,比如 exe、bat、cmd 等都是可执行文件,但 txt 却不可执行。而在 Linux 操作系统中,无论该文件的后缀名称是什么,只要其拥有可执行权限,就是可执行文件,当然,最终是否能够输出执行结果,则要看文件的内容是什么。

2. 权限对目录的意义

权限相对于文件的意义相对还好理解一些,对于目录的意义可能并不是那么好理解,接下来就简单介绍一下权限对目录的意义。

(1) r:read 读取目录结构权限。前面讲过多次,ls 命令可以输出指定目录的内容,一个前提条件就是当前用户拥有对该目录的 r 权限,如果当前用户并没有对该目录的 r 权限,则 ls 命令无法输出该目录的目录结构及内部的文件名。

(2) w:write 更改目录结构权限。在指定目录中进行文件或目录的增加、删除、复制、移动等操作时,首先需要获取对该目录的更改权限,否则以上操作都无法执行。

(3) x:execute 访问目录权限。对于文件的可执行权限是很容易理解的,目录既不是程序也不是脚本,对目录来说肯定是不可执行。所以对目录来说,x 权限代表该目录是否可以访问。比如,常用的 cd 命令,如果拥有对某目录的访问权限,则可以用 cd 命令切换工作目录到该目录下,否则不可以。

4.5.3 修改所属用户

前面讲解了文件权限的重要性,接下来简单讲解如何修改文件的属性或权限。Linux 操作系统提供了很多命令来管理用户和用户组,相应地也提供了很多实用的命令来管理文件的权限。常用的更改权限的命令有两个,如下所示。

- chgrp：change group,改变文件所属用户组。
- chown：change owner,改变文件所属用户。

接下来就讲解一下上述两个指令的使用方法。

1. chgrp 改变文件所属用户组

正常情况下,文件所属用户组就是创建该文件的用户所在的初始用户组。例如,前面介绍的 tedu_nano.txt 文件,该文件创建用户为 os,其所属用户组就是 os 的初始用户组,名为 os 的用户组。但是如果将该文件共享给其他用户组的用户,就会造成接收用户组没有相应的权限而无法查看修改。此时,可以使用 chgrp 来实现文件所属用户组的修改。

【示例】 使用 chgrp 命令修改文件所属用户组

```
os@tedu:~ $ sudo      chgrp      tedu_os      tedu_nano.txt
#                     命令        目标用户组     要切换用户组的文件
[sudo] os 的密码:
#使用 ls 命令查看,可见用户组已经更改
os@tedu:~ $ ls -l | grep tedu_nano.txt
-rw-r--r-- 1 os   tedu_os      309 8月   4 09:28 tedu_nano.txt
```

【示例】 使用 chgrp 命令-R 选项修改目录所属用户组

```
os@tedu:~ $ ls -l | grep -w tedu
drwxr-xr-x 3 os   os           4096 8月   4 14:20 tedu
os@tedu:~ $ sudo chgrp -R tedu_os tedu
[sudo] os 的密码:
#使用 ls 查看目录属性,可以看出 tedu 目录及内部所有的文件或目录都已经更改为 tedu_os 用
户组
os@tedu:~ $ ls -l | grep -w tedu
drwxr-xr-x 3 os   tedu_os      4096 8月   4 14:20 tedu
os@tedu:~ $ cd tedu
os@tedu:~/tedu $ ls -l
总用量 4
-rw-r--r-- 1 os   tedu_os       0 8月   4 14:20 tedu_mv.txt
-rw-r--r-- 1 os   tedu_os       0 8月   4 14:14 tedu_mv.txt~
drwxr-xr-x   3 os  tedu_os    4096 8月   3 14:53 test
```

💡 **注意** 用户组名称必须是在 group 文件中存在的,如果该用户组不存在,则更改时会产生找不到该用户组的错误。

2. chown 改变文件所属用户

除了更改用户组外,还可以更改文件所属的用户,而且这种情况比更改用户组要更常见一些,更改所属用户可以使用 chown 命令,使用方法和 chgrp 类似。

【示例】 使用 chown 命令更改文件所属用户

```
os@tedu:~ $ sudo      chown      tedu_os      tedu_nano.txt
#                     命令        目标用户      文件
```

```
[sudo] os 的密码:
#可见所属用户已经改为 tedu_os
os@tedu:~ $ ls -l | grep -w tedu_nano.txt
-rw-r--r-- 1 tedu_os tedu_os      309 8月   4 09:28 tedu_nano.txt
```

除了更改文件所属用户外,chown 还可以修改文件所属用户组,比如以上示例中,将 tedu_os 文件的所属用户组和所属用户都改回原来的 os,操作方法如下。

【示例】　使用 chown 命令同时修改文件的所属用户和用户组

```
os@tedu:~ $ sudo chown    os      :     os  tedu_nano.txt
#                命令    所属用户  :   所属用户组
os@tedu:~ $ ls -l | grep -w tedu_nano.txt
-rw-r--r-- 1 os  os         309 8月   4 09:28 tedu_nano.txt
```

4.5.4　修改文件权限

一般文件都有可读写、可执行等权限,修改这些权限,使用的是 chmod 命令。使用 chmod 命令设置权限有两种方式,一种是数字的方式,一种是符号的方式。接下来就简单介绍这两种修改文件权限的方式。

1. 数字方式

典型的文件权限是类似"rwx rwx rwx"的 9 个字符,前三个代表用户权限,中间三个代表用户组权限,后三个代表其他用户权限。每个字符的意义如下所示。

(1) r: read 读权限,用于控制相应的用户是否可以进行读取内容。

(2) w: write 可写权限,用于控制相应的用户是否可以对文件进行内容修改或增加新内容。

(3) x: execute 可执行权限,用于控制相应的用户是否可以执行该文件。

单独看其中一组权限是 rwx 三个权限,该文件有相应的权限则表示相应的符号,没有则表示"-"符号。如果采用二进制的思路来对文件的权限进行标记,将 9 个字符看作空位,将有权限的位置记为"1",没有权限的位置记为"0",就将权限设置问题转换为数字问题了。下面就以 tedu_nano.txt 文件为例,使用 chmod 数字的方式来修改文件的权限。

【示例】　查看 tedu_nano.txt 文件的权限

```
os@tedu:~ $ ls -l | grep -w tedu_nano.txt
-rw-r--r-- 1 os  os         309 8月   4 09:28 tedu_nano.txt
```

其中,文件权限是第一列 10 个字符中后 9 个字符,可以看出 tedu_nano.txt 文件的权限为"rw-r--r--",所代表的意义如下。

(1) 所属用户拥有可读、可编辑权限,没有可执行权限。

(2) 所属用户组拥有可读权限,没有可编辑、可执行权限。

(3) 其他用户拥有可读权限,没有可编辑、可执行权限。

以上示例权限用二进制表示则为"110 100 100",每 3 位二进制为一组翻译为十进制为"644",这就是 tedu_nano.txt 文件当前所拥有的权限。假设将该文件的用户及用户组权限全部开启,而将其他用户权限全部关闭,计算过程如下。

(1) 对所属用户来说,权限更改为 rwx,二进制形式为 111,十进制形式为 7。

(2) 对所属用户组来说,权限更改为 rwx,二进制形式为 111,十进制形式为 7。

(3) 对其他用户来说,权限更改为---,二进制形式为 000,十进制形式为 0。

【示例】 使用 chmod 数字方式设置文件权限

```
os@tedu:~ $ sudo chmod 770 tedu_nano.txt
os@tedu:~ $ ls -l | grep tedu_nano
- rwxrwx--- 1 os   os        309 8月   4 09:28 tedu_nano.txt
```

 注意 使用数字方式对文件权限进行修改,需要先知道文件原有的权限才可以,否则可能会造成权限的错误修改。网络上许多教程会直接将文件的权限改为 777(所有用户可读、可编辑、可执行),这是一种不安全的做法,使用时需要根据具体要求具体分析,合理使用 chmod 命令修改文件的权限。

2. 符号方式

除了使用数字方式更改权限外,使用符号更改文件权限的方式更加灵活与高效,甚至可以在不知道原来文件权限的基础上对文件的权限进行更改。学习使用符号方式修改文件权限,首先需要了解需要用到的几个符号。

用户符号如下:

(1) u:user 文件所属用户。

(2) g:group 文件所属用户组。

(3) o:other 其他用户。

(4) a:all 所有用户。

设置符号如下:

(1) +:文件增加权限。

(2) -:文件去除权限。

(3) =:给文件设置权限。

权限符号如下:

(1) r:可读权限。

(2) w:可编辑权限。

(3) x:可执行权限。

合理使用上述符号进行搭配作为 chmod 命令的选项,即可实现文件权限的修改。

【示例】 使用 chmod 命令去掉所属用户及用户组的可执行权限

```
os@tedu:~ $ sudo  chmod   ug - x           tedu_nano.txt
#            命令   所属用户、用户组减掉可执行权限   文件名
os@tedu:~ $ ls -l | grep tedu_nano
- rw - rw---- 1 os   os        309 8月   4 09:28 tedu_nano.txt
```

【示例】　使用 chmod 命令增加其他用户可读权限

```
os@tedu:~ $ sudo chmod o + r tedu_nano.txt
os@tedu:~ $ ls -l | grep tedu_nano
- rw- rw- r-- 1 os   os          309 8月   4 09:28 tedu_nano.txt
```

通过以上示例可见,"+""－"符号只会更改相应的文件权限位置,而保持其他位置权限不变,比如去掉所属用户的可执行权限并不会影响到其可读、可编辑的权限。"＝"符号的使用和"+""－"符号不太相同,对应的用户只有拥有"＝"符号指定的权限,没有指定的权限则默认没有。

例如当前文件中,所属用户拥有可读、可编辑的权限,此时给文件所属用户增加可执行的权限,需要在"＝"右边将所有的权限写全(rwx)才可以。

【示例】　使用"＝"设置文件所属用户拥有可执行权限

```
os@tedu:~ $ sudo chmod u = rwx tedu_nano.txt
os@tedu:~ $ ls -l | grep tedu_nano
- rwxrw- r-- 1 os   os          309 8月   4 09:28 tedu_nano.txt
```

如果单纯只是使用"u=x"选项,也会给所属用户增加可执行权限,但同时由于没有指定可读、可编辑权限,所以会造成可读、可编辑权限的丢失。

【示例】　"＝"权限指示不全,造成权限丢失

```
os@tedu:~ $ sudo chmod u = x tedu_nano.txt
os@tedu:~ $ ls -l | grep tedu_nano
- -- xrw- r-- 1 os   os          309 8月   4 09:28 tedu_nano.txt
```

从以上示例可以看出,对某一用户来说,使用"＝"符号时,必须完整指明需要的权限,在对文件原本的权限不明确时,使用"＝"时需要更加注意。

4.5.5　为新增用户创建主目录

前面示例中创建的 tedu_1 用户并没有创建主目录,本节内容就详细说明手动创建用户主目录的过程。

1. /etc/skel 目录

默认的用户主目录都以/etc/skel 目录为模板来进行创建,所以只需要将该目录复制到用户指定的位置即可。但是该目录属性中所属用户及用户组都是 root,tedu_1 作为普通用户只能进行访问,不能进行修改。

【示例】　查看/etc/skel 目录权限

```
os@tedu:~ $ ls -l /etc | grep skel
drwxr- xr- x  3 root root    4096 7月   21 15:00 skel
os@tedu:~ $ ls -lR /etc/skel
/etc/skel:
总用量 4
```

```
drwxr-xr-x 2 root root    4096 7月  21 15:00 模板

#以下模板信息是安装 WPS Office 套件时,添加的办公文档模板,并非系统自带
/etc/skel/模板:
总用量 88
-rw-r--r-- 1 root root     0 7月  21 15:00 'DOCX 文档.docx'
-rw-r--r-- 1 root root  9216 7月  21 15:00 'DOC 文档.doc'
-rw-r--r-- 1 root root 28966 7月  21 15:00 'PPTX 演示文稿.pptx'
-rw-r--r-- 1 root root 20992 7月  21 15:00 'PPT 演示文稿.ppt'
-rw-r--r-- 1 root root 10417 7月  21 15:00 'XLSX 工作表.xlsx'
-rw-r--r-- 1 root root  6656 7月  21 15:00 'XLS 工作表.xls'
```

2. 查看用户主目录默认路径

创建用户时,用户信息中会包含该用户的默认用户主目录的路径信息,但是该路径并不一定存在。

【示例】 查看 tedu_1 用户的默认主目录路径

```
os@tedu:~ $ grep tedu_1 /etc/passwd
tedu_1:x:1002:1001::/home/tedu_1:/bin/sh
#该路径并不存在
os@tedu:~ $ ls /home/tedu_1
ls:无法访问'/home/tedu_1': 没有那个文件或目录
```

3. 复制模板

创建用户主目录可以直接在 home 目录下创建 tedu_1 目录,也可以直接复制"/etc/skel"到指定的位置,在这里采用复制模板目录的方法进行创建。

【示例】 复制模板目录到用户主目录

```
os@tedu:~ $ sudo cp -a /etc/skel /home/tedu_1
os@tedu:~ $ ls -l /home | grep tedu_1
#复制完成后的目录所属用户及用户组都是 root
drwxr-xr-x  3 root    root    4096 7月  21 15:00 tedu_1
```

4. 修改文件权限

上述步骤之后,已经为 tedu_1 创建了用户主目录,但是该主目录的所有人还不是 tedu_1 用户,接下来就用到修改文件权限的相关命令,将该文件夹及内容的所属用户、用户组、权限等信息更改为 tedu_1 即可。

【示例】 使用 chown 命令更改所属用户及用户组

```
#更改所属用户组及所属用户
os@tedu:~ $ sudo chown -R tedu_1:tedu_os /home/tedu_1
#查看更改
os@tedu:~ $ ls -l /home | grep tedu_1
drwxr-xr-x  3 tedu_1  tedu_os 4096 7月  21 15:00 tedu_1

os@tedu:~ $ ls -lR /home/tedu_1
```

```
/home/tedu_1:
总用量 4
drwxr-xr-x 2 tedu_1 tedu_os   4096 7月  21 15:00 模板
/home/tedu_1/模板:
总用量 88
-rw-r--r-- 1 tedu_1 tedu_os      0 7月  21 15:00 'DOCX 文档.docx'
-rw-r--r-- 1 tedu_1 tedu_os   9216 7月  21 15:00 'DOC 文档.doc'
-rw-r--r-- 1 tedu_1 tedu_os  28966 7月  21 15:00 'PPTX 演示文稿.pptx'
-rw-r--r-- 1 tedu_1 tedu_os  20992 7月  21 15:00 'PPT 演示文稿.ppt'
-rw-r--r-- 1 tedu_1 tedu_os  10417 7月  21 15:00 'XLSX 工作表.xlsx'
-rw-r--r-- 1 tedu_1 tedu_os   6656 7月  21 15:00 'XLS 工作表.xls'
```

通过以上步骤,完成了用户主目录的创建。

本章小结

- Linux 操作系统具有多用户的特性,可以使用用户组管理用户。
- 每个用户都只有一个初始用户组,同时可以有多个有效用户组。
- 每个用户都有自己的 UID,每个用户组也都有自己的 GID。
- 当前用户可以执行 sudo 或 su 命令切换为其他用户。
- 系统管理员可以新增、删除用户,并修改用户信息。
- 新增用户并不会被立即启用,需要使用 passwd 命令修改密码才可以正常登录。
- 系统管理员可以修改用户信息,用户可以修改自己的信息。
- Linux 操作系统中有一套完整的文件权限控制方式。
- Linux 操作系统中每个文件和目录都有自己的权限。
- 权限可分为所属用户、所属用户组、其他用户三大类。
- 常用权限包括可读、可编辑、可执行权限。
- 可以通过 chmod 命令修改文件权限。

本章习题

1. 创建一个用户,修改该用户密码并为其创建用户主目录。
2. 创建一个用户,并指定该用户所属用户组为第 1 题中默认创建的用户组。
3. 查看当前用户工作目录中的文件权限,并列出每个权限的含义。
4. 使用 chmod 命令的数字方式,修改当前用户主目录中任一文件的权限,使该文件所属用户外任何人不可读、不可编辑,但拥有可执行权限。
5. 同第 4 题,但是使用 chmod 命令的符号方式。
6. 修改当前用户主目录中任一文件的所属用户为第 1 题中创建的用户。

第 5 章 程序与进程管理

 本章思维导图

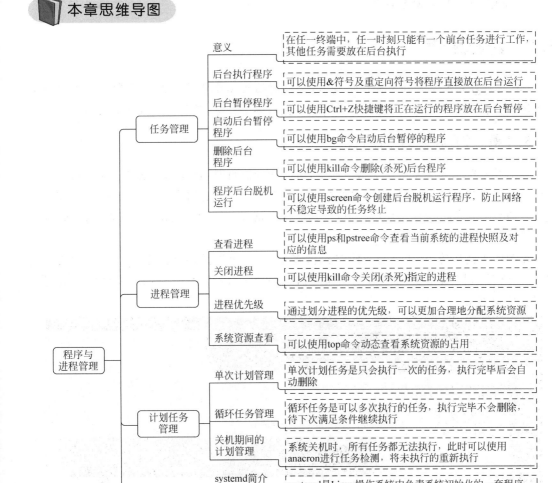

	意义	在任一终端中，任一时刻只能有一个前台任务进行工作，其他任务需要放在后台执行
	后台执行程序	可以使用&符号及重定向符号将程序直接放在后台运行
	后台暂停程序	可以使用Ctrl+Z快捷键将正在运行的程序放在后台暂停
任务管理	启动后台暂停程序	可以使用bg命令启动后台暂停的程序
	删除后台程序	可以使用kill命令删除(杀死)后台程序
	程序后台脱机运行	可以使用screen命令创建后台脱机运行程序，防止网络不稳定导致的任务终止
	查看进程	可以使用ps和pstree命令查看当前系统的进程快照及对应的信息
进程管理	关闭进程	可以使用kill命令关闭(杀死)指定的进程
	进程优先级	通过划分进程的优先级，可以更加合理地分配系统资源
	系统资源查看	可以使用top命令动态查看系统资源的占用
	单次计划管理	单次计划任务是只会执行一次的任务，执行完毕后会自动删除
计划任务管理	循环任务管理	循环任务是可以多次执行的任务，执行完毕不会删除，待下次满足条件继续执行
	关机期间的计划管理	系统关机时，所有任务都无法执行，此时可以使用anacron进行任务检测，将未执行的重新执行
	systemd简介	systemd是Linux操作系统中负责系统初始化的一套程序
	systemctl简介	systemctl是systemd程序的主命令，主要用来管理服务
	查看服务信息	通常服务包含运行、暂停、关闭等状态
系统服务管理	服务启动与关闭	可以使用systemctl命令对服务进行启动、重启、关闭等操作
	服务配置文件说明	每个服务都有其对应的配置文件信息，可以更改配置文件改变服务执行
	设置开机启动任务	可以通过systemctl命令以创建服务的方式来创建开机启动任务

程序与进程管理

 **本章目标**

- 了解任务管理的意义；
- 了解系统服务概念；
- 理解进程概念；
- 掌握计划任务的设定；
- 掌握进程管理相关命令；
- 掌握 systemctl 服务管理。

5.1　任务管理

Linux 操作系统是多任务操作系统，可以同时执行多个程序。但是通常每个用户登录服务器后只有一个终端环境，要在一个终端中执行多个任务，就需要进行任务管理。

5.1.1　任务管理的意义

在前几章中已经学习使用了很多命令，有些命令执行时间比较短，基本上输入命令后回车就可以返回执行结果，之后就可以继续输入其他命令。也有些命令，如 nano 文本编辑器，执行该命令后会进入编辑器环境，再执行其他命令就需要先退出 nano 编辑器，返回到终端中才可以。

在图形界面环境中，如果需要同时执行多个命令，可以采用开启多个终端的做法来实现，每个终端执行一个命令即可，例如同时执行两个 nano 程序，打开两个文件同时进行编辑，如图 5-1 所示。

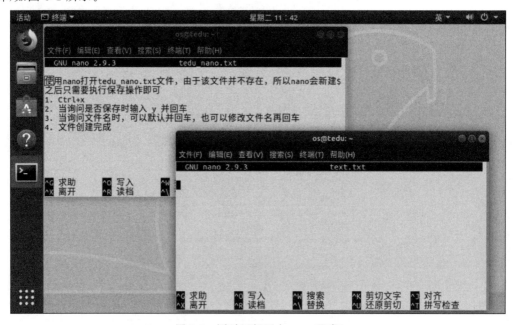

图 5-1　同时运行两个 nano 程序

在字符界面环境中只有一个终端,如图 5-2 所示。此时如果需要执行两个 nano 编辑器是无法再打开一个终端的,Linux 操作系统提供了很多实用的命令来实现任务管理,也可以将运行的程序在前台和后台之间切换,以达到多任务同时运行的目的。

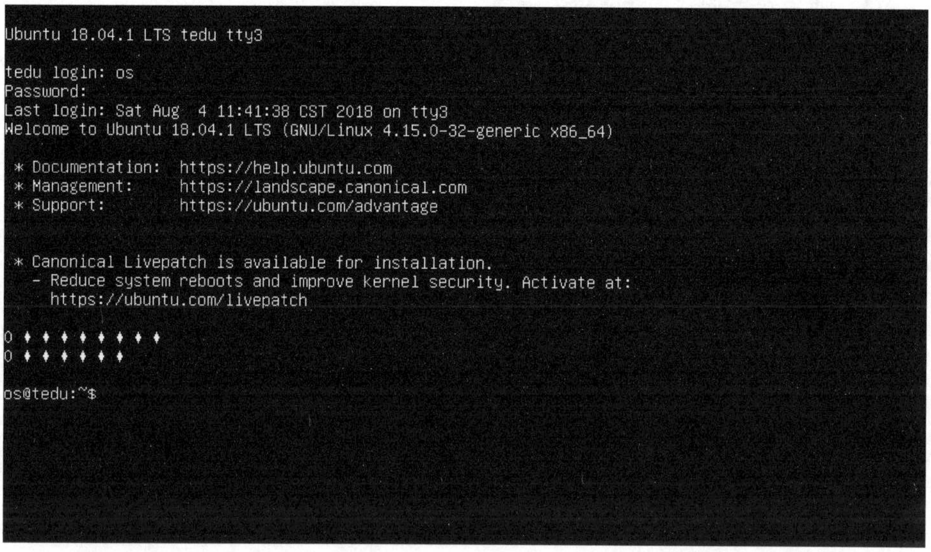

```
Ubuntu 18.04.1 LTS tedu tty3

tedu login: os
Password:
Last login: Sat Aug  4 11:41:38 CST 2018 on tty3
Welcome to Ubuntu 18.04.1 LTS (GNU/Linux 4.15.0-32-generic x86_64)

 * Documentation:  https://help.ubuntu.com
 * Management:     https://landscape.canonical.com
 * Support:        https://ubuntu.com/advantage

 * Canonical Livepatch is available for installation.
   - Reduce system reboots and improve kernel security. Activate at:
     https://ubuntu.com/livepatch

0 ♦ ♦ ♦ ♦ ♦ ♦ ♦
0 ♦ ♦ ♦ ♦ ♦ ♦ ♦

os@tedu:~$
```

图 5-2　字符界面环境

5.1.2　后台执行程序

当执行一个耗时比较长的程序时,如果还希望做一些其他的工作,可以直接让该程序在后台运行,bash 环境中可以使用"&"符号来做到这一点。

【示例】　使用 tar 命令在后台打包 tedu 目录

```
# 在命令最后添加 & 符号,该命令切换到后台进行执行
os@tedu:~ $ tar - zcvf tedt.gz.tar tedu &
# 方括号内显示该命令的工作号码,一般是指带的第几个后台程序,此处为第一个,所以是 1
# 方括号后的数字是该命令执行时创建的 PID(Process ID),有关 PID 的内容会在后续章节中介绍
[1] 6232
# 输出工作号码后,程序在后台开始执行,bash 返回到初始状态
# bash 输出命令执行完毕信息
os@tedu:~ $ tedu/
tedu/tedu_mv.txt
tedu/tedu_mv.txt~
tedu/test/
tedu/test/test1/
# 方括号为该后台任务的工作号码
[1]+ 已完成                tar - zcvf tedt.gz.tar tedu
os@tedu:~ $
```

上述示例中,实现了 tar 命令在后台执行,并返回工作号码的功能。但是需要注意示例中斜体加粗的部分,这部分内容是 tar 命令执行过程中的输出信息。虽然 tar 命令是在后台执行,但其运行过程中所产生的信息依然会输出到屏幕上。如果此时还在执行别的命令,将

会造成两条命令的输出信息冲突,信息显示混乱。因此对于有输出的程序,直接添加"&"符号进行后台执行并不是非常完美。此时可以同时使用重定向">"符号进行解决,将 tar 命令的所有输出重定向到一个日志文件中即可,示例如下所示。

【示例】　使用重定向接收 tar 命令信息

```
os@tedu:~ $ tar - zcvf tedu.gz.tar tedu > /tmp/tar.log      2 > &1                &
#              命令                    重定向 tar 信息   重定向错误信息    后台执行
#工作号码及 PID
[1] 6535
os@tedu:~ $
#查看/tmp/tar.log 文件内容
os@tedu:~ $ cat /tmp/tar.log
tedu/
tedu/tedu_mv.txt
tedu/tedu_mv.txt~
tedu/test/
tedu/test/test1/
[1] + 已完成                    tar - zcvf tedu.gz.tar tedu > /tmp/tar.log 2 > &1
```

上述示例中,tar 命令实现了后台执行,屏幕上也并没有输出任何 tar 命令运行过程中的信息,且所有信息都已经被重定向到了/tmp/tar.log 文件中。该命令主要由 4 部分组成,接下来就简单介绍下每一部分的作用。

1. 命令

命令的作用就是将 tedu 文件夹进行打包,并保存为 tedu.gz.tar 文件。

2. 重定向 tar 信息

将 tar 命令运行过程中输出的所有标准输出信息重定向到/tmp/tar.log 文件中。

3. 重定向错误信息

第 2 项重定向中,只是重定向了 tar 命令运行过程中的标准输出信息,此条命令中并没有输出错误信息,所以第 3 部分并不是必需的。但是对于一些输出含有错误信息的任务,必须加上该部分,实现错误信息的重定向。

该例中实现了将错误信息重定向到标准输出中,而标准输出在之前已经被重定向到了/tmp/tar.log 文件,所以错误信息经过两次重定向就被重定向到了/tmp/tar.log 文件中,实现了错误信息的记录。

4. 后台执行符号

指示该命令为后台执行,执行后会输出工作号码和进程 PID 并将程序切换到后台。

5.1.3　后台暂停程序

实现两个 nano 编辑器同时运行的问题,除了可以在命令后加"&"符号外,还可以使用 Ctrl+Z 组合键将正在执行的程序切换到后台,之后再使用 jobs、fg 等命令对后台程序进行管理。切换后台程序操作方法如下。

【示例】　打开第一个 nano 程序并切换到后台

```
#执行 nano 程序,创建 test.txt 文件
```

```
os@tedu:~ $ nano test.txt
# 进入 nano 环境
  GNU nano 2.9.3                         test.txt                    已更改


第一个 nano 程序

...

^G 求助          ^O 写入          ^W 搜索          ^K 剪切文字          ^J 对齐
^X 离开          ^R 读档          ^\ 替换          ^U 还原剪切          ^T 拼写检查
# 在 nano 环境下,按快捷键 Ctrl + Z,即可将 nano 切换到后台,并返回终端窗口并同时输出工作
号码
os@tedu:~ $ nano test.txt
使用"fg"返回 nano

  [1]+       已停止                      nano test.txt
#  工作号码   运行状态                    任务内容
```

上述示例中,实现了打开 nano 程序并将其切换到了后台运行,切换之后前台输出信息中主要包含一个提示信息"使用 fg 返回 nano"和一条状态信息"[1]+已停止 nano test.txt"。第一条提示信息中 fg 是一个命令,作用是将后台程序切换到前台,之后将演示其用法。状态信息主要显示了当前运行状态为"已停止",通过该命令可以看出当前程序在后台已经暂停,而不是继续运行。

同样的方法可以创建第二个 nano 程序,并切换到后台执行,此处不再演示,第二个 nano 程序的工作号码应为 2。当创建了许多后台程序后,可以使用 jobs 命令来查看后台程序。

【示例】 使用 jobs 查看后台程序

```
# 直接使用 jobs 命令显示所有后台程序
os@tedu:~ $ jobs
[1]- 已停止                   nano test.txt
[2]+ 已停止                   nano test2.txt
# 使用 -l 选项显示后台程序的 PID
os@tedu:~ $ jobs -l
[1]- 7267 停止 (信号)          nano test.txt
[2]+ 7511 停止 (信号)          nano test2.txt
# 使用 -r 选项输出所有正在后台运行的程序,此时两个后台程序都是停止状态,所以没有输出
os@tedu:~ $ jobs -r
# 使用 -s 选项输出所有已停止的后台程序
os@tedu:~ $ jobs -s
[1]- 已停止                   nano test.txt
[2]+ 已停止                   nano test2.txt
```

以上示例中,两个后台程序除了工作号码不同外,工作号码之后的两个符号也不相同,即"+"和"-"。其中,"+"的意义为最后被切换到后台的程序,也是执行单独 fg 命令而不指定工作号码时默认切换到前台的程序;"-"的意义为倒数第二个被切换到后台的程序。

在该示例中,2号程序是最后被切换到后台的,所以是"＋",1号程序在2号程序之前,所以是"－"。如果有3个以上的后台程序,则最早切换到后台的程序不再标注"＋""－"符号,统一空白。

下述示例演示如何使用fg命令将后台程序切换到前台执行。

【示例】 使用 fg 命令将后台程序切换到前台执行

```
＃直接输入fg命令,将默认的后台程序,即第二个nano程序,切换到前台
os@tedu:~ $ fg

  GNU nano 2.9.3                    test2.txt              已更改

第二个 nano 程序


...

^G 求助        ^O 写入        ^W 搜索        ^K 剪切文字      ^J 对齐
^X 离开        ^R 读档        ^\ 替换        ^U 还原剪切      ^T 拼写检查

＃输入fg工作号码,此处是工作号码为1的程序,即第一个nano程序,将该程序切换到前台
os@tedu:~ $ fg 1

  GNU nano 2.9.3                    test.txt               已更改

第一个 nano 程序


...

^G 求助        ^O 写入        ^W 搜索        ^K 剪切文字      ^J 对齐
^X 离开        ^R 读档        ^\ 替换        ^U 还原剪切      ^T 拼写检查
```

上述示例中,直接输入fg命令,将会把最近的切换到后台的程序重新切换到前台。如果在fg后面添加上数字参数,则会将指定的程序切换到前台。

5.1.4 启动后台暂停程序

使用Crtl＋Z组合键切换到后台的程序都会暂停运行,对于一些程序,比如nano编辑器来说,这是没有问题的。但是对于其他一些程序,例如下载任务,即使切换到后台,依然希望能够继续运行、继续下载,此时可以使用bg命令启动在后台已经暂停的程序。

【示例】 使用 wget 命令在后台下载 Ubuntu 镜像文件

```
＃使用wget命令下载Ubuntu镜像,并将所有的标准、错误信息输出到wget.log文件中
os@tedu:~ $ wget Ubuntu 下载链接 > wget.log 2 > &1
＃按Ctrl＋Z组合键将下载任务切换到后台,此时任务会暂停
[1]＋ 已停止                    wget Ubuntu 下载链接> wget.log 2 > &1
＃使用jobs查看任务状态,为已停止
os@tedu:~ $ jobs
[1]＋ 已停止                    wget Ubuntu 下载链接> wget.log 2 > &1
```

```
#使用 bg 命令重新启动
os@tedu:~ $ bg 1
[1] + wget Ubuntu 下载链接 > wget.log 2 >&1 &
os@tedu:~ $ jobs
[1] + 正在运行                   wget Ubuntu 下载链接> wget.log 2 >&1 &
```

wget 是一个从网络上自动下载文件的自由工具,支持通过 HTTP、HTTPS、FTP 三个最常见的 TCP/IP 下载,并可以使用 HTTP 代理。

在执行 bg 命令之后,可以看到在原来任务的基础上,最后添加了"&"符号,而该符号的作用之前提到过,就是将程序直接切换到后台执行的意思。所以使用 bg 命令的作用就是将指定的任务切换到前台,并在之后加上"&"后再将其切换到后台执行。最后执行 jobs 命令可以看出,wget 程序在后台正在运行,且最后也有"&"符号。

💡 **注意** 示例中,"Ubuntu 下载链接"内容实际上是 http://mirrors.neusoft.edu.cn/ubuntu/releases/18.04.1/ubuntu-18.04.1-desktop-amd64.iso,由于链接较长,所以使用"Ubuntu 下载链接"来进行代替。

5.1.5 删除后台程序

当后台程序执行错误或者其他原因不希望其继续执行时,可以将该程序切换到前台,再正常关闭该程序或者按 Ctrl+C 组合键,强制将程序进行关闭。但是这些方法都需要将任务切换到前台才可以进行,很多时候可能想直接结束掉一个程序,此时可以使用 kill 命令来将后台程序删除(或杀死)。

常用的 kill 选项有如下几个。

- -l:英文 L 小写,列出目前 kill 命令可用的信号(signal)。
- -1:数字 1,对应"SIGHUP"信号,重新读取一次参数配置。
- -2:数字 2,对应"SIGINT"信号,执行和 Ctrl+C 组合键相同的操作。
- -9:数字 9,对应"SIGKILL"信号,强制删除(杀死)一个程序。
- -15:数字 15,对应"SIGTERM"信号,以正常方式终止一个任务,也是 kill 命令的默认值。

【示例】 使用 kill 命令删除 wget 下载任务

```
#执行下载任务并将任务切换到后台
os@tedu:~ $ wget Ubuntu 下载链接 >wget.log 2 >&1
[1] +  Stopped                    wget Ubuntu 下载链接 > wget.log 2 >&1
#使用 kill 命令 -9 选项,直接强制结束该任务
os@tedu:~ $ kill -9 %1
#显示将被结束的任务信息
[1] +  Stopped                    wget Ubuntu 下载链接 > wget.log 2 >&1
os@tedu:~ $
#显示任务已经被结束的信息
[1] +  Killed                     wget Ubuntu 下载链接 > wget.log 2 >&1
```

```
# 使用 jobs 命令查看,已经没有该任务
os@tedu:~ $ jobs
os@tedu:~ $
```

使用 kill 命令时,需要注意的是,工作号码前需要加"%",示例中为"%1",如果不加
"%"符号,kill 会将该号码认为是进程的 PID,并结束 PID 为 1 的进程。在 Linux 操作系统
中,PID 为 1 的进程是 init 进程,init 进程是 Linux 操作系统内核启动后第一个启动的进程,
负责整个后续的服务启动任务,强制结束将导致系统崩溃,现在大多数 Linux 发行版已经能
够在系统层面禁止结束该进程。

5.1.6　程序后台脱机运行

上述所有示例中,即使一些程序已经切换到了后台运行,实际也只是在终端环境下的后
台,一旦关闭终端,无论是前台还是后台程序都会被结束掉。如果是远程连接的方式连接到
远程主机进行工作,一旦网络不稳定造成一次掉线脱机,那么所有工作都将被强制结束,下
次登录需要重新开始,很显然这是无法接受的。所以对于一些需要长时间运行的任务,可以
切换到系统后台中执行,终端关闭后,依然可以执行,该操作可以使用 screen 命令来实现。

screen 是一款由 GNU 计划开发的用于命令行终端切换的自由软件。用户可以通过该
软件同时连接多个本地或远程的命令行会话,并在其间自由切换。只要 screen 本身没有被
终止掉,其中运行的所有任务都是可以被恢复的,即使网络中断,只要再次登录,使用 screen
命令就可以找回上次正在运行的程序。常用的 screen 选项如下所示。

- -A:将所有的视窗都调整为目前终端机的大小。
- -d:将指定的 screen 作业离线。
- -r:恢复离线的 screen 作业。
- -R:先试图恢复离线的作业。若找不到离线的作业,即建立新的 screen 环境。
- -S:指定 screen 环境的名称。
- -x:恢复之前离线的 screen 环境。
- -ls 或--list:显示目前所有的 screen 环境。

screen 命令可以创建多个环境,从一个 screen 环境中退出,通常使用 Ctrl＋A＋Z 组合
键。接下来依然以下载 Ubuntu 镜像为例,演示如何使用 screen 命令实现任务的后台运行
且不会因终端关闭而结束的过程。

【示例】　在 screen 环境中创建后台下载任务

```
# 使用 screen 命令新建一个名为 wget 的 screen 环境
os@tedu:~ $ screen - S wget
# 进入 screen 环境后,和原终端使用方法相同,直接执行 wget 命令进行下 Ubuntu 下载
# 注意此时并不需要将 wget 任务切换到后台执行,直接在 screen 环境中执行即可
os@tedu:~ $ wget Ubuntu 下载链接
── 2018 - 08 - 22 11:04:40 ── Ubuntu 下载链接
正在解析主机 mirrors.neusoft.edu.cn (mirrors.neusoft.edu.cn)... 219.216.128.25, 2001:da8:
a807::25
正在连接 mirrors.neusoft.edu.cn (mirrors.neusoft.edu.cn)|219.216.128.25|:80... 已连接。
```

```
已发出 HTTP 请求,正在等待回应...200 OK
长度:1953349632 (1.8G) [application/octet-stream]
正在保存至:"ubuntu-18.04.1-desktop-amd64.iso"

# 该行显示正在下载的文件的下载进度
64.iso                    0%[                    ] 568.36K   40.4KB/s 剩余 11h 13m


# 在任务运行过程中,直接按 Ctrl + A + Z 组合键,退出 screen 环境,返回原终端环境
# 提示该 screen 环境已停止
[1] + 已停止                  screen - S wget
```

在切换出 screen 环境后,关闭终端对 screen 环境中正在进行的下载任务不会产生任何
影响,等待下次再登录时,所有在 screen 环境中执行的任务都可以恢复。

【示例】　返回上一示例中 screen 环境

```
# 使用 screen 切换回名称为 wget 的 screen 环境
os@tedu:~ $ screen - r wget
# 可以看到 screen 环境中的任务仍在执行
os@tedu:~ $ wget http://mirrors.neusoft.edu.cn/ubuntu-releases/18.04.1/ubuntu-18.04.1
-desktop-amd64.iso
-- 2018-08-22 11:04:40 --   http://mirrors.neusoft.edu.cn/ubuntu-releases/18.04.1/
ubuntu-18.04.1-desktop-amd64.iso
正在解析主机 mirrors.neusoft.edu.cn (mirrors.neusoft.edu.cn)... 219.216.128.25, 2001:da8:
a807::25
正在连接 mirrors.neusoft.edu.cn (mirrors.neusoft.edu.cn)|219.216.128.25|:80... 已连接。
已发出 HTTP 请求,正在等待回应... 200 OK
长度:1953349632 (1.8G) [application/octet-stream]
正在保存至:"ubuntu-18.04.1-desktop-amd64.iso"
# 下载并没有暂停,一直在下载
ubuntu-18.   25%[ ===>            ] 474.94M   532KB/s      剩余 67m 59s
```

> **注意**　screen 命令在 Ubuntu 操作系统中没有默认安装,可以使用 sudo apt install
> screen 命令进行安装,对于 apt 命令的使用方法会在后续的章节中进行详细的
> 讲解,此处了解即可。

5.2　进程管理

　　每一个程序在执行时,都会需要占用一定的系统资源,如 CPU 时间、内存空间等,所有
的系统资源称为进程,进程是系统进行资源分配的基本单位。

5.2.1　查看进程

　　Linux 操作系统提供了许多命令来进行进程的查看及管理,常用的有 ps、pstree 和 top
命令。

1. ps 命令

ps 命令的作用是将命令执行一瞬间的进程运行情况获取并显示出来,常用的选项如下所示。

- -A：显示所有进程,-e 与-A 作用相同。
- -a：显示与终端无关的进程。
- -f：显示稍微完整的信息,比-l 显示的信息要少。
- -l：详细显示进程信息。

【示例】 使用 ps 命令显示进程

```
os@tedu:~ $ ps
    PID TTY          TIME CMD
   2148 pts/0    00:00:00 bash
   3120 pts/0    00:00:00 screen
   3268 pts/0    00:00:00 screen
   6971 pts/0    00:00:00 ps
```

单纯执行 ps 命令,会显示和当前用户有关的进程信息,可以看到当前有 4 个进程,一个 bash 进程,即当前终端默认的 Shell 环境；ps 进程,即 ps 命令运行时的进程；screen 进程,即 screen 程序运行时的进程。

【示例】 使用 ps -l 命令显示进程的详细信息

```
os@tedu:~ $ ps - l
F S  UID   PID  PPID  C PRI  NI ADDR    SZ  WCHAN   TTY        TIME CMD
0 S  1000  2148  2139  0  80   0   -   7446  wait    pts/0   00:00:00 bash
0 T  1000  3120  2148  0  80   0   -   9634  signal  pts/0   00:00:00 screen
0 T  1000  3268  2148  0  80   0   -   9634  signal  pts/0   00:00:00 screen
0 R  1000  7080  2148  0  80   0   -   9006  -       pts/0   00:00:00 ps
```

以上示例中,每一项进程信息都包含 14 项信息,其中每一项的意义如下所示。

- F：flag,代表进程标志,说明这个进程的权限。
- S：stat,当前进程状态。其中,S 代表睡眠,R 代表运行,T 代表停止,D 不可被唤醒的睡眠,Z 表示僵尸状态,僵尸状态一般认为是进程已经结束,但是仍然占用着内存空间。
- UID：进程所属用户 UID,“1000”是 os 用户的 UID。
- PID：process id,进程运行时的 id 号。
- PPID：运行进程的父进程的 id 号。
- C：CPU 使用率,单位是百分比,目前这几个程序 CPU 占有率都接近 0。
- PRI：priority,进程优先级,优先级越高数字越小,越快被执行。
- NI：nice,和 PRI 项一起构成进程的优先级。
- ADDR：进程在内存中所占的位置,如果正在运行,则表示为“-”。
- SZ：进程所占用的内存量。
- WCHAN：代表目前进程是否运行,运行则表示为“-”。
- TTY：登录者的终端机位置,远程登录使用动态终端接口(pts/n)。

- TIME：进程占用的 CPU 时间。
- CMD：进程是由 CMD 程序执行而来。

除了-l 选项外,还有-aux 等选项也可以查看进程的详细信息,篇幅关系此处不再演示,可以自己练习,并对比输出信息的异同点。

2. pstree 命令

上面所讲的 ps 命令可以显示所有的进程,但是每个进程都是单独的,并不能显示进程的归属,即使能够显示父进程号,查找起来也比较麻烦,pstree 命令则很好地解决了这个问题,pstree 命令的作用就是以树形方式显示进程的归属信息。pstree 命令使用方法比较简单,直接执行 pstree 命令可以输出进程信息,"-p"选项能够在进程名称后输出相对应的 PID。

【示例】 使用 pstree 命令显示进程树

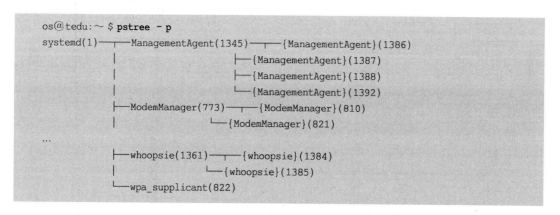

3. top 命令

之前的两个命令都是以静态的方式显示 Linux 系统中的进程信息,只能显示某个时间点的状态,而 top 命令则是动态的、可定时刷新的、可交互的进程查看器。

在 top 命令的执行过程中,可以使用键盘和 top 进行交互,常用的按键如下所示。

- ?：显示 top 执行过程中可以按的按键。
- P：按 CPU 资源占有率进行排序。
- M：按内存资源占有率进行排序。
- N：以 PID 进行排序。
- T：由该进程使用 CPU 的累计时间进行排序。
- q：退出 top 命令。

【示例】 使用 top 命令查看进程

```
os@tedu:~ $ top
#进入 top 命令执行环境,此时可以使用键盘和 top 命令进行交互
top - 16:04:02 up  5:06,  1 user,  load average: 0.09, 0.03, 0.01
任务: 294 total,   1 running, 215 sleeping,   0 stopped,   0 zombie
%Cpu(s):  0.6 us,  1.7 sy,  0.0 ni, 97.5 id,  0.0 wa,  0.0 hi,  0.1 si,  0.0 st
KiBMem :  4015748 total,   817668 free,  1250768 used,  1947312 buff/cache
KiB Swap:  969960 total,   969960 free,        0 used.  2499884 avail Mem
```

进程 USER	PR	NI	VIRT	RES	SHR	% CPU	% MEM	TIME + COMMAND
1748 os	20	0	3702716	204876	93164 S	4.0	5.1	1:01.37 gnome – she +
1633 os	20	0	414280	66352	39988 S	3.7	1.7	0:24.80 Xorg
7848 os	20	0	746004	42456	31848 S	1.7	1.1	0:00.87 gnome – ter +
1252 gdm	20	0	3421076	149120	88056 S	0.3	3.7	0:07.76 gnome – she +
8236 os	20	0	51356	4164	3452 R	0.3	0.1	0:00.09 top
...								

top 命令执行时也会输出进程的一些基本信息,内容和"ps -l"命令的输出基本一致,此处不再赘述。下面简单讲解 top 命令输出的前 5 行内容。

1) 第一行

第一行主要显示系统信息,以上述示例为例,各项内容如下所示。

- 16:04:02　当前时间。
- up 5:06　从开机到现在经过的时间。
- 1 user　本机当前登录的用户数。
- load average　系统负载,之后的"0.09,0.03,0.01"分别代表 1 分钟、5 分钟、15 分钟的平均系统负载,越小代表系统空闲时间越多。

2) 第二行

第二行主要显示系统进程数量的统计信息,各项内容意义如下所示。

- 294 total:合计共 294 个进程。
- 1 running:其中 1 个进程正在运行。
- 215 sleeping:其中 215 个进程处于睡眠状态。
- 0 stopped:其中没有处于停止状态的进程。
- 0 zombie:没有处于僵尸状态的进程。

3) 第三行

第三行主要显示 CPU 状态信息,各项内容意义如下所示。

- 0.6 us:用户空间占用 CPU 的百分比。
- 1.7 sy:内核空间占用 CPU 的百分比。
- 0.0 ni:改变过优先级的进程占用 CPU 的百分比。
- 97.5 id:空闲 CPU 百分比。
- 0.0 wa:I/O 等待占用 CPU 的百分比。
- 0.0 hi:硬中断(Hardware IRQ)占用 CPU 的百分比。
- 0.1 si:软中断(Software Interrupts)占用 CPU 的百分比。
- 0.0 st:和虚拟 CPU 有关,虚拟 CPU 等待主机 CPU 的时间的百分比,越低代表等待时间越短,虚拟机响应更快。

4) 第四行、第五行

第四行代表物理内存的使用比率,第五行代表虚拟内存的使用比率。这两项不需要详细说明,只需注意两点即可。

- 为了能够更快地启动常用应用程序,Linux 操作系统会将一些程序缓存到内存中,造成内存占用率很高,可用内存很少。实际上不必担心,在内存不够时,Linux 操作系统会主动释放缓存的内容,内存空闲较多反而造成浪费。

- 虚拟内存是在硬盘上开辟的一块空间,读取和写入速度和内存相差甚远,通常是不会用到虚拟内存的。一旦开始使用虚拟内存,将会造成系统运行缓慢等问题,需要及时升级物理内存才行。

在 top 命令的运行过程中,是不断检测系统信息的,默认是 5 秒钟检测一次,可以使用 -d 选项指定刷新间隔。由于 top 命令的可交互性,通常只能按顺序显示有限数量的进程,如果希望查看的进程按常规排序方法无法看到,可以直接指定 PID 号码来进行查看。

【示例】 使用 top 命令查看 bash 程序的资源占用率

```
#使用 ps 命令查看 bash 程序的 PID
os@tedu:~ $ ps | grep bash
7856 pts/0    00:00:00 bash
#使用 top -p 及 PID 查看 bash 的资源占用率
os@tedu:~ $ top -p 7856
#top 环境中只包含这一项程序信息
top - 17:13:11 up 6:16, 1 user, load average: 0.05, 0.04, 0.00
任务:  1 total,  0 running,  1 sleeping,  0 stopped,  0 zombie
%Cpu(s):  0.5 us,  1.0 sy,  0.0 ni, 98.5 id,  0.0 wa,  0.0 hi,  0.0 si,  0.0 st
KiBMem :  4015748 total,  811880 free,  1254096 used,  1949772 buff/cache
KiB Swap:  969960 total,  969960 free,        0 used.  2496424 avail Mem


进程 USER     PR  NI   VIRT    RES    SHR  % CPU % MEM   TIME +  COMMAND
   7856 os    20   0  29700   4992   3532 S   0.0  0.1  0:00.02 bash
```

5.2.2 关闭进程

之前的内容中提到使用 kill 程序删除后台程序的操作,实际上只是关闭了该后台程序的进程,达到了删除的目的。

【示例】 使用 kill 命令关闭指定 PID 程序

```
#创建一个 nano 程序并将其切换到后台执行
os@tedu:~ $ nano test
使用"fg"返回 nano

[1]+ 已停止                nano test
#查找刚创建的 nano 程序的 PID
os@tedu:~ $ ps -e | grep nano
10041 pts/0    00:00:00 nano
#使用 kill 命令直接杀死上述创建的 nano 程序
os@tedu:~ $ kill -9 10041
#nano 程序已被杀死
os@tedu:~ $ jobs
[1]+ 已杀死                nano test
os@tedu:~ $ fg
bash: fg:当前: 无此任务
```

上述示例中,首先创建一个后台任务,之后使用 ps 和 grep 命令查找 nano 命令查看 nano 进程的 PID。之后使用 kill 命令根据 PID 值直接杀死对应的进程。

5.2.3 进程优先级

通过进程查看指令可以看出,Linux 操作系统中同时运行着非常多的进程。虽然大部分是处在睡眠的状态,但是对于其他处在运行状态的进程,由于任务不同,所需要的硬件资源也不同,很有可能造成多个任务同时运行,系统资源耗尽,造成系统崩溃等问题。所以在所有的操作系统中对进程都会有优先级的分配,在系统资源紧张时,确保优先级高的进程获得充足的资源。

Linux 操作系统也会根据进程优先级进行排序,之后再分配 CPU、内存等资源。Linux 进程的优先级由两部分构成,即内核优先级和 NI 值,最终的优先级 PRI 值是内核优先级的值与 NI 值的和,优先级值越低,则该进程的优先级越高。其中,内核优先级是内核动态调整的,用户无法调整。用户可以调整的是进程的 NI 值,同时为了防止用户随意更改进程优先级,抢占系统资源或恶意降低他人优先级,一般用户只能调整自己进程的 NI 值,且只能加不能减(即优先级只能调低)。但 root 可以调整任意用户的进程,且可以加也可以减。新执行的命令可以使用 nice 命令更改 NI 值,已经运行的程序可以使用 renice 命令来进行 NI 值的更改。

【示例】 使用 nice 命令为新创建的进程修改 NI 值

```
＃使用 nice 命令创建为 nano 命令修改 NI 值为 10
os@tedu:～ $ nice - n 10 nano &
[1] 2207
＃nano 进程最终的优先级为 80＋10＝90
os@tedu:～ $ ps - l
F S  UID    PID   PPID  C  PRI  NI ADDR SZ WCHAN  TTY       TIME CMD
0S 1000   2182   2172  0   80   0 -   7449 wait    pts/0    00:00:00 bash
0T 1000   2207   2182  1   90  10 -   5468 signal  pts/0    00:00:00 nano
0R 1000   2208   2182  0   80   0 -   9006 -       pts/0    00:00:00 ps
```

【示例】 使用 renice 命令调整 bash 的 NI 值

```
＃查看原来的优先级,优先级 PRI 值为 80,NI 值为 0,此时 PRI 值就是内核优先级
os@tedu:～ $ ps - l
F S  UID    PID   PPID  C  PRI  NI ADDR SZ WCHAN  TTY       TIME CMD
0S 1000   7856   7848  0   80   0 -   7490 wait    pts/0    00:00:00 bash
0R 1000  11178   7856  0   80   0 -   9006 -       pts/0    00:00:00 ps
＃执行 renice 命令,以 bash 的 PID 为参数,修改其进程 NI 值为 5
os@tedu:～ $ renice 5 7856
7856 (process ID)旧优先级为 0,新优先级为 5
＃查看修改后的优先级,PRI 值为 80＋5＝85
os@tedu:～ $ ps - l
F S  UID    PID   PPID  C  PRI  NI ADDR SZ WCHAN  TTY       TIME CMD
0S 1000   7856   7848  0   85   5 -   7490 wait    pts/0    00:00:00 bash
0R 1000  11227   7856  0   85   5 -   9006 -       pts/0    00:00:00 ps
```

在上述示例中,更改 bash 进程的 NI 值,ps 进程的 NI 值被更改为 5,这说明 NI 值的调整是可以在"父进程→子进程"之间传递的,即 ps 进程继承了父进程 bash 的 NI 值。

5.2.4 系统资源查看

之前讲到可以使用 top 命令查看系统资源占用率的一些概况,同时也显示了总体的一些信息。除此之外,Linux 还提供了其他专门用来查看系统资源的命令。

1. 查看内存使用量

查看内存使用量可以使用 free 命令,free 命令非常简单,只包含几个单位选项,如下所示。

- -b:以 Byte 为单位显示信息。
- -k:以 KB 为单位显示信息。
- -m:以 MB 为单位显示信息。
- -g:以 GB 为单位显示信息。

【示例】 使用 free 命令查看内存使用情况

```
＃使用 MB 为单位显示信息
os@tedu:~ $ free - m
              总计      已用      空闲      共享    缓冲/缓存      可用
内存：       3921      1174      2045      10       702         2510
交换：        947         0       947
```

2. 查看系统与内核相关信息

一台计算机安装完成以后,系统和内核信息基本不会有太大的变化,可以使用 uname 命令进行查看,常用的命令选项有如下几个。

- -s:内核名称。
- -r:内核版本。
- -m:硬件信息,主要是 CPU 架构信息,如 i386、x86_64 等。
- -a:显示所有信息,包括以上选项输出的内容。

【示例】 使用 uname 命令查看系统及内核信息

```
os@tedu:~ $ uname - r
4.15.0 - 32 - generic
os@tedu:~ $ uname - s
Linux
os@tedu:~ $ uname - m
x86_64
os@tedu:~ $ uname - a
Linux tedu 4.15.0 - 32 - generic ＃35 - Ubuntu SMP Fri Aug 10 17:58:07 UTC 2018 x86_64 x86_64
x86_64 GNU/Linux7
```

3. 查看系统启动时间和工作负载

uptime 可以查看系统启动时间和工作负载,和 top 命令第一行的信息相同。

【示例】　使用 uptime 查看系统负载

```
os@tedu:~ $ uptime
09:23:37 up 18 min,  1 user,  load average: 0.03, 0.10, 0.23
# 此处内容和 top 命令第一行信息相同
```

除了以上命令外,Linux 操作系统还提供了很多其他的命令来查看系统资源使用情况,比如强大的 vmstat 等。

5.3　计划任务管理

熟悉 Windows 操作系统的人会对"计划任务"或"开机启动项"有所了解,这些计划任务在满足预定的触发条件(时间、事件等)时就会执行相应的任务。在 Linux 操作系统中,也可以实现类似的计划任务。

5.3.1　单次计划管理

单次计划只会执行一次,执行完毕后,该计划会自动删除,是比较常用的一种方式。在 Linux 操作系统中,可以使用 at 命令来创建单次计划。

at 命令的使用非常简单,主要是时间参数的指定,语法格式如下。

【语法】

```
at 选项 时间参数
```

其中,at 命令的常用选项如下。

- -m：当 at 命令指定的任务完成后,以 Email 的方式通知用户任务完成。
- -l：列出目前系统中当前用户的 at 调度中的任务。
- -d：取消 at 调度中的任务。
- -c：显示某项任务的实际命令内容。

另外,at 命令的时间参数设置很灵活,有多种方式可以选择,常用的时间参数如下。

- HH：MM　时间格式,如 13：00,在 13：00 时执行任务,如果设置任务时已经超过 13：00,则明天执行。
- HH：MM YYYY-mm-dd　日期加时间的格式,在指定日期的指定时间执行任务。
- HH：MM[am|pm]＋数字[minutes|hours|days|weeks]　在某个时间点加上时间段才开始。比如：04pm+3days 表示三天后的下午四点执行。

【示例】　使用 at 命令创建定时任务

```
# 设置 at 任务执行的时间
os@tedu:~ $ at 13:15
# 进入 at 命令环境,在该环境中输入的命令都将作为任务内容执行
# 警告,在 at 环境中执行的命令都将使用/bin/sh 作为默认 shell 执行,一般默认 shell 为/bin/bash
# 由于默认 shell 不同,所以在 at 环境中执行的命令最好写绝对路径
warning: commands will be executed using /bin/sh
# at 环境中以 at>开头,在之后直接输入命令即可
```

```
at > echo "hello world" > /dev/pts/0
#退出 at 环境,需要按快捷键 Ctrl + D,此时会出现< EOT >( End Of Terminal)字样,
at > < EOT >
#退出 at 环境前,会显示任务号及任务执行时间,之后进入普通终端环境
job 2 at Thu Aug 23 13:15:00 2018
os@tedu:~ $
```

上述示例中,at 命令设定的任务是在其默认的 shell 中执行的,是独立于用户终端环境的,任务将被系统直接接管。也就是说,设置好 at 任务之后,该任务就会在系统后台存在,即使用户脱机之后,任务同样可以定时执行,所以当执行比较耗时的程序时,也可以使用 at 命令将其作为系统后台程序执行。

接下来简单介绍"echo "hello world" > /dev/pts/0"任务的作用。该任务可以分为两部分,第一部分使用 echo 命令将之后的"hello world"输出到标准输出窗口中,第二部分是">"重定向符号,将 echo 命令的输出重定向到/dev/pts/0 终端中。

【示例】　查看当前登录用户的终端名称

```
os@tedu:~ $ tty
/dev/pts/0
```

之前提到 at 执行任务时是在 at 默认的 Shell 环境中,该环境和当前登录用户的终端环境并不是一个环境,因此 echo 命令执行时,之后的字符串只能在 at 命令默认的 Shell 中输出,在当前登录用户的终端中是看不到的。所以需要重定向,将信息重定向到当前用户的终端环境中来,这样在用户的终端中,就可以看到任务执行时输出的信息。

除了将信息输出到用户终端中,也可以使用重定向方式将任务执行信息输出到自定义的日志文件中。

查看当前 at 设置的任务列表可以使用-l 选项,也可以使用 atq(at queue)命令。

【示例】　查看 at 命令设置的任务内容

```
#执行该命令将输出任务列表,每一项信息包含任务号,任务时间和任务创建者等
#已经执行过的任务不会再显示
os@tedu:~ $ at - l
5       Thu Aug 23 14:00:00 2018 a os
#创建该任务时间是 8 月 23 日 13:30,因此该任务会默认到第二天执行,其他任务当天执行
3       Fri Aug 24 13:17:00 2018 a os
6       Thu Aug 23 16:00:00 2018 a os
os@tedu:~ $ atq
5       Thu Aug 23 14:00:00 2018 a os
3       Fri Aug 24 13:17:00 2018 a os
6       Thu Aug 23 16:00:00 2018 a os
```

删除 at 任务可以使用-d 选项,或者是 atrm(at remove)命令。如上例中显示了任务列表中包含任务号,可以使用 atrm 加任务号的方式直接删除对应任务。

【示例】 删除任务

```
#删除任务号为3的任务
os@tedu:~ $ at - d 3
#删除任务号为6的任务
os@tedu:~ $ atrm 6
#只剩下任务号为5的任务
os@tedu:~ $ atq
5    Thu Aug 23 14:00:00 2018 a os
```

由于 at 命令的执行并不是在某个特定用户的 Shell 环境中,且 at 设置的任务在用户离线时仍能执行,很容易对系统安全产生威胁,所以 Linux 操作系统并不是所有用户都可以运行 at 命令来创建计划任务的。

通常会采用/etc/at.allow 和/etc/at.deny 两个文件来控制哪些用户可以使用 at 命令,在不同的发行版中,并不一定是两个文件都存在。比如本书中 Ubuntu 18.04 只有一个 at.deny 文件,而没有 at.allow 文件,只要 at.deny 文件中没有的用户都是可以使用 at 命令的。

 注意　在本书的 Ubuntu 18.04 发行版中,并没有 at 命令,需要执行 sudo apt install at 来进行 at 程序的安装。其他发行版中可能会存在 at 程序,但是没有启用该功能,所以具体情况需要具体分析。

5.3.2　循环任务管理

在工作过程中,经常会遇到任务需要循环执行的情况,比如工作日定时打卡上班、定时发送工作日报等。

循环任务的管理可以使用 crontab 命令,和 at 命令使用不太相同,crontab 命令主要的作用是修改/var/spool/cron/crontabs 目录中的任务列表文件,该任务列表文件名称与当前用户名同名。任务列表文件中记录了任务执行时间、命令内容等信息。

【示例】 使用 crontab 命令编辑任务列表

```
#初次使用 crontab 命令会提示选择使用哪个编辑器,通常选择 nano 编辑器使用较为简单
os@tedu:~ $ crontab - e
#当前用户还没有任务列表,使用一个空的进行编辑
no crontab for os - using an empty one

Select an editor.   To change later, run 'select - editor'.
  1. /bin/nano          <---- easiest
  2. /usr/bin/vim.basic
  3. /usr/bin/vim.tiny
  4. /bin/ed

Choose 1 - 4 [1]: 1
No modification made
```

```
# 正常输入 crontab - e 命令后会进入 nano 编辑器环境
os@tedu:~ $ crontab - e
  GNU nano 2.9.3                  /tmp/crontab.98pslT/crontab              已更改
…
# 示例,可以以如下方式每周早 5 点备份用户主目录
# For example, you can run a backup of all your user accounts
# at 5 a.m every week with:
# 0 5 ** 1 tar - zcf /var/backups/home.tgz /home/
#
# For more information see the manual pages ofcrontab(5) and cron(8)
#
# 每个任务对应的信息顺序
#  分   时   日      月      周      命令
#  m   h   dom    mon    dow    command

# 示例,每天 15:10 输出 tedu 字符串到 pts/0 终端
10 15 *** echo "tedu" > /dev/pts/0



^G 求助        ^O 写入        ^W 搜索        ^K 剪切文字   ^J 对齐              ^C 游标位置
^X 离开        ^R 读档        ^\ 替换        ^U 还原剪切   ^T 拼写检查        ^_ 跳行
# 以正常方式退出 nano 编辑器环境后,crontab 会对该文件进行语法检查
# 如果没有错误,会显示以下信息
crontab: installing new crontab
```

第一次执行 crontab 命令时,会提示没有示例中的任务列表文件,之后在添加了一项任务计划后,该文件会自动创建并保存在/var/spool/cron/crontabs 目录中,名称为当前用户的名称,比如当前用户为 os,则任务列表完整的路径是/var/spool/cron/crontabs/os。

【示例】 查看 os 用户的任务列表文件

```
# 任务列表文件是受系统保护的文件,普通用户需要使用 sudo 命令进行查看
os@tedu:~ $ sudo cat /var/spool/cron/crontabs/os
[sudo] os 的密码:
# DO NOT EDIT THIS FILE - edit the master and reinstall.
# For more information see the manual pages ofcrontab(5) and cron(8)
…
# m h  dom mon dow   command

10 15 *** echo "tedu" > /dev/pts/0
```

crontab 除了可以调用编辑器编辑任务列表文件外,还提供了一些选项对任务列表进行简单的管理,如-l 和-r 选项。

- -l:查阅任务列表的内容。
- -r:清空任务列表。

使用-l 选项查看任务列表和上述示例中使用 cat 命令输出的信息完全相同,只是不需要使用 sudo 执行,所以在此不再演示。使用-r 选项时需要注意,-r 是清空整个任务列表(将任务列表文件删除),并不能删除某一个任务,如果需要删除单独的任务,最好使用-e 选项

对任务列表进行重新编辑。

【示例】　清空任务列表

```
#清空列表
os@tedu:~$ crontab -r
#查看清空后的任务列表
os@tedu:~$ crontab -l
no crontab for os　#没有计划任务
#用户 os 的任务列表文件已被删除
os@tedu:~$ sudo ls /var/spool/cron/crontabs
os@tedu:~$
```

> 💡 **注意**　使用 crontab 命令时需要注意,日期(月、日)信息和周信息,只可以填写其中一项,否则系统可能会只按日期执行或只按周信息执行,而不会按照日期和周信息都满足时执行。

5.3.3　关机期间的计划管理

无论 at 还是 crontab 任务管理,都是在开机情况下才有效的,如果任务触发时间恰好在关机期间,那么开机后因为时间已经过去,任务便不再执行。对于 7×24 小时无休的服务器来说,影响不是很大,但是对于个人计算机,由于关机时间并不固定,将会造成任务执行失败等问题。

为了解决这样的问题,Linux 操作系统提供了 anacron 命令来对任务进行检测,一旦检测到有任务在关机期间应该执行而没有执行,便会重新执行该任务。anacron 会以一天、一周、一个月为单位去检测系统中未进行的 crontab 任务,所以 anacron 本身并不具有管理任务计划的能力,只是能够检测 crontab 的任务计划而已。实际上,anacron 命令的执行,也已经被安排到了 crontab 任务计划中。

【示例】　查看 crontab 任务计划中的 anacron 计划

```
#查看 crontab 任务计划
os@tedu:~$ ls -l /etc/cron*/*ana*　#"*"为通配符,在后续章节中会讲到
-rwxr-xr-x 1 root root 311 5月   30 2017 /etc/cron.daily/0anacron
-rw-r--r-- 1 root root 285 5月   30 2017 /etc/cron.d/anacron
-rwxr-xr-x 1 root root 313 5月   30 2017 /etc/cron.monthly/0anacron
-rwxr-xr-x 1 root root 312 5月   30 2017 /etc/cron.weekly/0anacron
#查看计划任务内容
os@tedu:~$ cat /etc/cron.daily/0anacron
...
test -x /usr/sbin/anacron || exit 0
anacron -u cron.daily
```

由上述示例可以看出,anacron 命令会按天、周、月执行,执行命令为"anacron -u ＋对应的文件",该命令的作用是更新对应文件的时间戳。

对于 anacron 命令,时间戳是一个非常重要的信息,anacron 命令通过上述文件的时间戳与当前时间的对比来确定是否有关机等操作,然后判断是否需要进行某项任务计划。常用的 anacron 命令选项如下。

- -s:根据时间戳判断是否需要执行,需要执行则按顺序执行。
- -f:不判断时间戳,直接顺序执行所有任务计划。
- -n:立即执行还未执行的任务。
- -u:更新时间记录文件的时间戳,不进行任何工作。

上述示例中使用-u 选项更新了 cron.daily 文件的时间戳,而没有进行其他的工作。下一次将会以本次更新的时间戳为准判断是否需要执行。

5.4 系统服务管理

相信读者对 Windows 操作系统下的服务应用并不陌生,各种驱动程序、输入法、管家程序等都会在计算机开机后依次启动,并以系统服务的形式运行。在 Linux 操作系统中,也存在大量的服务,本节内容就简单介绍 Linux 操作系统中服务的管理。

5.4.1 systemd 简介

服务(service)是常驻在系统中提供特定功能的应用程序(daemon),例如,循环计划任务管理服务(service)由程序 crond(daemon)提供的。一般认为 service 和 daemon 是相同的。

init(initialization)是 UNIX 和类 UNIX 系统中用来产生其他所有进程的程序。init 进程的进程号为1,是 Linux 内核启动后第一个运行的程序,之后再由 init 进行加载服务、启动 Shell、启动图形化界面等工作。在关机时,init 又负责关闭服务等工作。

systemd 是 Ubuntu 操作系统中负责 init 工作的这样一套程序,systemd 提供了包括守护进程、程序库和应用软件等。目前绝大多数 Linux 发行版都已经采用了 systemd 代替 init 程序。

 注意 截至本书完稿时,systemd 最新版本是 systemd 239,而本书中 Ubuntu 18.04 LTS 使用的版本是 systemd 237。

---

systemd 将 daemon 统称为服务单元(unit),不同的 unit 按功能区分为不同的类型(type)。常见的基本类型包括系统服务、数据监听和 socket、储存系统等类型。

【示例】 查看 systemd 进程

```
os@tedu:~ $ ps -el
F S   UID   PID   PPID  C  PRI  NI  ADDR  SZ  WCHAN  TTY          TIME CMD
4 S     0     1      0  0   80   0  -  56366  -       ?        00:00:03 systemd
```

systemd 包含一组常用命令,实现对系统各项资源的查看与控制,部分命令如下。

- systemctl:systemd 主命令,本节内容对服务的管理主要使用该命令。
- systemd-analyze:查看启动耗时。

- hostnamectl：查看并修改当前主机信息。
- localectl：查看并设置本地化设置参数。
- timedatectl：查看并修改时间信息。
- loginctl：查看登录用户信息。

5.4.2　systemctl 简介

作为 systemd 主命令，systemd 服务的绝大多数管理命令都由 systemctl 实现。systemctl 命令的使用比较复杂，其主要作用是获取 systemd 服务返回的信息或发送控制命令到 systemd 服务。

systemctl 的众多功能大多依靠辅助指令来实现，辅助指令并不能独立执行，只能作为 systemctl 命令的参数传递到 systemd 服务中执行。辅助命令根据功能的不同共分为 7 大类：服务单元管理指令、服务单元文件管理指令、设备管理指令、工作计划管理指令、环境管理指令、daemon 生命周期管理指令、系统管理指令。

systemctl 常用的辅助指令如下。

- status：查看系统服务状态。
- list-units：列出所有运行中的服务。
- list-unit-files：列出所有可用服务。
- start：启动服务。
- stop：关闭服务。
- restart：重启服务。
- enable：启用服务，被启用的服务会在系统启动时自动启动。
- disable：禁用服务，被禁用的服务在系统启动时不会自动启动。
- kill：杀死某个服务。

【示例】　列出所有系统中正在运行的服务

```
os@tedu:~ $ systemctl list - units
UNIT                              LOAD   ACTIVE SUB       DESCRIPTION
sys - devices - platform - serial8250 - tty - ttyS1.device loaded active plugged /sys/de
sys - devices - platform - serial8250 - tty - ttyS10.device loaded active plugged /sys/d
sys - devices - platform - serial8250 - tty - ttyS11.device loaded active plugged /sys/d
sys - devices - platform - serial8250 - tty - ttyS12.device loaded active plugged /sys/d
...
```

【示例】　列出系统中所有的服务文件

```
os@tedu:~ $ systemctl list - unit - files
# 文件名称                          状态
UNIT FILE                         STATE
proc - sys - fs - binfmt_misc.automount   static
 - .mount                         generated
dev - hugepages.mount             static
snap - core - 4486.mount          enabled
snap - core - 4917.mount          enabled
...
```

5.4.3　查看服务信息

Windows 操作系统提供了"任务管理器"来查看服务的各项信息,即服务名称、描述、状态、所属组、PID 等。在 Linux 操作系统中,可以使用 systemctl 命令的辅助命令 status 来查看服务的信息。下面以 cron 任务计划服务来演示服务信息的查看。

【示例】　查看 cron 服务信息

```
# 执行查看命令
os@tedu:~ $ sudo systemctl status cron
# cron 服务,正常后台 daemon
• cron.service - Regular background program processing daemon
  # cron 服务配置文件位置
  Loaded: loaded ( /lib/systemd/system/cron.service; enabled; vendor preset: enabled)
  # cron 服务当前状态,已激活、正在运行
  Active: active (running) since Fri 2018 - 08 - 24 17:00:28 CST; 3min 1s ago
    Docs: man:cron(8)
# cron 服务的主进程
Main PID: 5130 (cron)
  Tasks: 1 (limit: 4635)
  # 主进程程序
  CGroup: /system.slice/cron.service
          └─5130 /usr/sbin/cron - f
# 其他信息
8 月 24 17:00:28 tedu systemd[1]: Started Regular background program processing daemon.
8 月 24 17:00:29 tedu cron[5130]: (CRON) INFO (pidfile fd = 3)
8 月 24 17:00:29 tedu cron[5130]: (CRON) INFO (Skipping @reboot jobs -- not system startip)
8 月 24 17:17:01 tedu CRON[5399]: pam_unix(cron:session): session opened for user root by (uid = 0)
8 月 24 17:17:01 tedu CRON[5399]: pam_unix(cron:session): session closed for user root
```

5.4.4　服务启动与关闭

服务作为一类应用程序,一般在系统启动时启动,同时也可以被手动关闭或重启。服务的启动、关闭使用 systemctl 中 start、stop 和 restart 三个辅助指令实现。下面以 cron 任务计划服务来演示服务的启动和关闭。

【示例】　关闭服务

```
# 查看 cron 服务进程,此时 PID 为 5066
os@tedu:~ $ ps - el | grep cron
4 S   0   5066     1  0  80  0 -  9607 -       ?           00:00:00 cron
# 关闭掉该服务
os@tedu:~ $ sudo systemctl stop cron
# cron 服务进程消失
os@tedu:~ $ ps - el | grep cron
```

【示例】　启动服务

```
# 启动 cron 服务
```

```
os@tedu:~ $ sudo systemctl start cron
# 查看 cron 服务进程,此时 PID 变为 5112
os@tedu:~ $ ps - el | grep cron
4 S    0    5112    1  0  80   0 -  9607 -         ?          00:00:00 cron
```

【示例】 重启服务

```
# 重新启动 cron 服务
os@tedu:~ $ sudo systemctl restart cron
# 查看 cron 服务进程,此时 PID 变为 5130
os@tedu:~ $ ps - el | grep cron
4 S    0    5130    1  0  80   0 -  9607 -         ?          00:00:00 cron
```

5.4.5 服务配置文件说明

由上述示例可知,每个服务都有对应的配置文件信息,该文件保存在"/lib/systemd/system/"目录下,以 service 为扩展名。除了 service 外,"/lib/systemd/system/"下还保存了其他一些扩展名的文件。

- socket:socket 通信使用的服务。
- target:执行环境类型,多个服务单元的集合,可以同时有多个服务。
- mount/automount:文件挂在相关的服务。
- path:检测特定的文件或目录类型。
- timer:功能类似 anacrontab,但是是由 systemd 提供并控制的。

其中,以 service 文件和 target 文件最为常见。下面就以 cron 服务的 service 文件为例,介绍服务配置文件的信息以及学习如何编写一个 service 文件。

【示例】 查看 cron.service 文件内容

```
# 切换当前工作目录到/lib/systemd/system
os@tedu:~ $ cd /lib/systemd/system
# 显示 cron.service 文件内容
os@tedu:/lib/systemd/system $ cat cron.service
[Unit]
Description = Regular background program processing daemon
Documentation = man:cron(8)

[Service]
EnvironmentFile = - /etc/default/cron
ExecStart = /usr/sbin/cron - f $ EXTRA_OPTS
KillMode = process

[Install]
WantedBy = multi - user.target
```

从以上示例可以看出,service 文件大体分 **Unit**、**Service** 和 **Install** 三部分。

1. Unit 部分

systemd 将系统中的服务分为多种单元,service 文件中第一大项就是该服务的单元信息以及与该服务相关的设置,常用的参数如下所示。

- Description:服务的详细信息、说明。
- Documentation:服务文档信息,一般是该服务的文档链接。
- After:服务启动顺序,用来指定服务在哪一个服务之后启动,但是启动顺序并非强制性的,即使上一个服务启动失败,该服务也是可以继续启动的。
- Before:服务启动顺序,和 After 的顺序相反,指定在哪个服务之前启动。同样地,启动失败,也不会影响后续服务的启动。
- Requires:明确指定服务启动顺序,必须在前一个服务启动后,才可以启动该服务。
- Wants:指定后续启动的服务,如果当前服务启动失败,则后续服务将不会启动,而后续服务启动失败与否对当前服务没有影响。
- Conflicts:冲突检查,指定后续启动的服务,且当前服务和后续服务只能启动一个。

上述示例中,“Description＝Regular background program processing daemon”是指该进程的说明信息,“Documentation＝man:cron(8)”是说明该进程的帮助信息可以使用 man 命令来进行查看。

2. Service 部分

示例中的 Service 是指单元类型,除了服务类单元外,systemd 还包含很多其他的单元,如 Socket、Timer、Mount 等,不同的单元在此处需要不同的名字。

这部分内容主要规范了服务启动的脚本位置、参数、关闭、停止方式等信息。常用的参数如下所示。

- Type:说明这个服务的启动方式。
- EnvironmentFile:指定启动脚本的环境配置文件。
- ExecStart:指定启动服务所需要的程序、指令、脚本等。
- ExecStop:指定关闭服务所需要的程序、指令、脚本等。
- ExecReload:指定重启服务所需要执行的程序、指令、脚本等。
- Restart:指定服务终止后,是否自动重启该服务。
- RemainAfterExit:当服务所属的所有进程都终止后,服务会尝试启动,一般和 type 设置为 oneshot 时配合使用。
- TimeoutSec:指定当服务启动失败或结束失败后,多久才会进入“强制结束”的状态。
- KillMode:指定服务终止方式,可以设定关闭服务产生的所有相关进程或是只关闭服务等模式。
- RestartSec:指定服务关闭后,多长时间后才可以重新启动。

3. Install 部分

target 是一堆服务的集合,选择执行特定的 target,就是执行其所包含的各类服务,在上述示例中,“WantedBy＝multi-user. target”就是将该服务加入到 multi-user. target 中,除了 WantedBy 之外,Install 还包括以下两个选项。

- Also:指定一个服务,在当前服务被设置为开机自动启动时,指定的服务也会被设置为开机服务。
- Alias:设置链接的别名,当将某个服务设置为开机启动时,systemctl 会为该服务创建一个同名的链接文件(类似快捷方式),当设置 Alias 参数后,新创建的链接文件会被命名为 Alias 之后的参数。

从上述示例可以看出,每一部分的参数实际都是只写一部分就可以,其他未设置的参数会自动采用默认值。每一项参数都可以重复设定,但是会以最后一次设定为准,比如设定了两次 ExecStart,则启动服务时,会以第二次设置为准启动相应程序,第一次设置自动被覆盖掉,所以在进行参数设定时,需要务必小心。

5.4.6　systemctl 设置开机启动任务

开机自启动是一项很方便的功能,Windows 操作系统中大部分软件都可以在安装时选择是否开机自启,而在 Linux 操作系统中大部分软件在非必要的情况下都不会自动启动,可以使用创建服务的方式间接实现程序的开机启动。

Ubuntu 18.04 LTS 直接使用 systemctl 对服务进行管理,正常创建开机启动项需要以下几个步骤。

1. 在/etc/目录下创建开机任务的脚本

【示例】　创建脚本文件

```
# 将工作目录切换至/etc 目录
os@tedu:~ $ cd /etc
# 创建 starton.sh 脚本文件,内容为输出"测试开机启动"信息到 starton.txt 文件
# /etc 目录需要使用管理员权限才可以创建文件
os@tedu:/etc $ sudo nano starton.sh
[sudo] os 的密码:
  GNU nano 2.9.3                        starton.sh                    已更改

# !/bin/sh

echo "测试开机启动" > /home/os/starton.txt

...

^G 求助      ^O 写入      ^W 搜索      ^K 剪切文字   ^J 对齐      ^C 游标位置
^X 离开      ^R 读档      ^\ 替换      ^U 还原剪切   ^T 转至代码语^_ 跳行
```

2. 在/lib/systemd/system 目录中创建启动服务

【示例】　创建启动服务

```
# 切换工作目录
os@tedu:/etc $ cd /lib/systemd/system
# 创建 starton.service 文件,该文件名并非必须和上例中的文件相同
os@tedu:/lib/systemd/system $ sudo nano starton.service
  GNU nano 2.9.3                        starton.service               已更改

[Unit]
Description = StartOn
After = network.target
```

```
[Service]
ExecStart = /etc/starton.sh

[Install]
WantedBy = multi-user.target
```

^G 求助　　　　^O 写入　　　　^W 搜索　　　　^K 剪切文字　^J 对齐　　　　^C 游标位置
^X 离开　　　　^R 读档　　　　^\ 替换　　　　^U 还原剪切　^T 拼写检查　^_ 跳行

3. 创建启动项

【示例】　将 **starton.service** 文件创建为启动项

```
os@tedu:/lib/systemd/system $ sudo systemctl enable starton.service
[sudo] os 的密码：
Created symlink /etc/systemd/system/multi-user.target.wants/starton.service → /lib/
systemd/system/starton.service.
```

4. 重启验证是否创建启动项成功

【示例】　重启验证

```
#查看文件是否存在
os@tedu:~ $ ls | grep starton
starton.txt
#查看内容
os@tedu:~ $ cat starton.txt
测试开机启动
```

删除开机启动任务比较简单，只需要将 service 取消使能，之后删除对应的文件即可。

【示例】　删除开机启动项

```
os@tedu:~ $ sudo systemctl disable starton.service
[sudo] os 的密码：
#取消开机启动也就是将对应服务的符号链接文件删除掉
Removed /etc/systemd/system/multi-user.target.wants/starton.service.
os@tedu:~ $ sudo rm /etc/starton.sh /lib/systemd/system/starton.service
```

本章小结

- Linux 操作系统支持程序后台运行。
- Linux 操作系统支持程序的脱机运行，即终端离线，程序依然可以运行。
- 每个程序在运行时都会生成一个属于自己的进程。
- 不同的进程优先级不同，用户可以通过调整进程的 NI 值微调进程的优先级。
- 可以使用 ps、kill 命令查看、关闭进程。
- Linux 操作系统支持创建单次、多次、循环等各类计划任务。
- 计划任务的运行不需要用户终端在线，可以以系统后台方式运行。

- 可以使用 anacron 管理关机期间的计划任务。
- Linux 操作系统使用 systemd 管理系统服务。
- systemd 将系统服务根据类型分为多种单元。
- systemctl 提供了多种命令来管理系统服务。
- 可以使用服务的方式间接实现程序的开机启动。

本章习题

1. 直接使用 fg 命令会将下述(　　　)进程切换到前台执行。
   A. 最后被切换到后台的程序　　　　　B. 最早被切换到后台的程序
   C. 已经在前台的程序　　　　　　　　D. 进程中不存在的程序

2. jobs 的作用是(　　　)。
   A. Linux 中某个开发者的姓名　　　　B. 创建一个工作任务
   C. 显示后台运行的工作任务　　　　　D. 批量删除进程

3. 正在执行的进程可以使用＿＿＿＿＿＿命令更改优先级。

4. 在终端中创建两个任务,并实现前后台切换。

5. 使用 renice 命令调整某个进程的优先级。

6. 使用 cron 命令创建一个循环任务,每周备份一次当前用户主目录。

7. 查看系统中每天、每周、每月各有什么计划任务。

8. 使用 systemctl 查看 crond 服务当前状态,并说明各项信息的意义。

9. 创建一个开机启动项,实现以下功能:开机后创建一个文件,该文件名称为当前时间,内容任意,保存到登录用户当前主目录下。

第 6 章 Ubuntu软件包管理

 本章思维导图

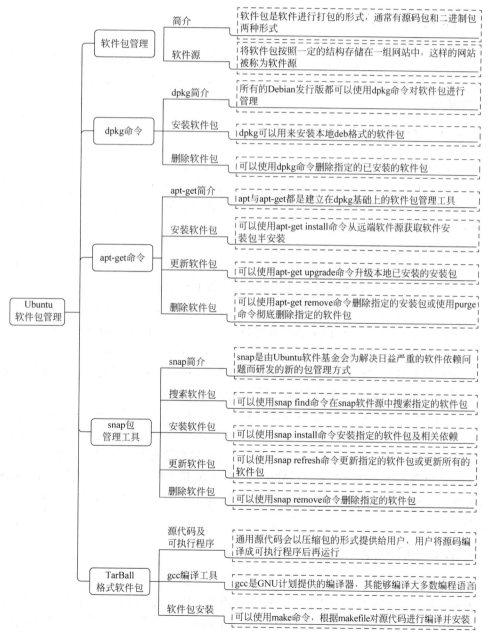

软件包管理	简介	软件包是软件进行打包的形式，通常有源码包和二进制包两种形式
	软件源	将软件包按照一定的结构存储在一组网站中，这样的网站被称为软件源
dpkg命令	dpkg简介	所有的Debian发行版都可以使用dpkg命令对软件包进行管理
	安装软件包	dpkg可以用来安装本地deb格式的软件包
	删除软件包	可以使用dpkg命令删除指定的已安装的软件包
apt-get命令	apt-get简介	apt与apt-get都是建立在dpkg基础上的软件包管理工具
	安装软件包	可以使用apt-get install命令从远端软件源获取软件安装包半安装
	更新软件包	可以使用apt-get upgrade命令升级本地已安装的安装包
	删除软件包	可以使用apt-get remove命令删除指定的安装包或使用purge命令彻底删除指定的软件包
snap包管理工具	snap简介	snap是由Ubuntu软件基金会为解决日益严重的软件依赖问题而研发的新的包管理方式
	搜索软件包	可以使用snap find命令在snap软件源中搜索指定的软件包
	安装软件包	可以使用snap install命令安装指定的软件包及相关依赖
	更新软件包	可以使用snap refresh命令更新指定的软件包或更新所有的软件包
	删除软件包	可以使用snap remove命令删除指定的软件包
TarBall格式软件包	源代码及可执行程序	通用源代码会以压缩包的形式提供给用户，用户将源码编译成可执行程序后再运行
	gcc编译工具	gcc是GNU计划提供的编译器，其能够编译大多数编程语言
	软件包安装	可以使用make命令，根据makefile对源代码进行编译并安装

Ubuntu软件包管理

本章目标

- 了解软件包分类；
- 了解 snap 软件包管理工具；
- 理解软件源的作用；
- 熟练使用 dpkg 命令；
- 熟练使用 apt-get 命令；
- 掌握 TarBall 软件包安装过程。

6.1 软件包管理

软件包是一种软件进行打包的形式,在不同的操作系统中安装包的形式也有很大的区别。在熟知的 Windows 操作系统中软件包一般以安装程序的形式出现,比如 QQ 安装包、微信安装包等。

6.1.1 Ubuntu 软件包管理简介

整个 Linux 操作系统都是由内核加上大量的软件包构成的,因此在 Linux 操作系统中,软件包的管理非常重要。同时,软件包之间还可能存在着大量的依赖、冲突等关系,单纯的手动管理很可能造成依赖损坏、安装冲突乃至系统崩溃,所以大多数 Linux 发行版都有类似的软件包管理方式。

常见的软件包大体分为以下三类。

- DEB 格式：在前面安装 WPS Office 时已经讲过,主要是 Debian 系列发行版在使用,Ubuntu 软件仓库中的软件包都是以此种格式提供的。
- RPM 格式：该格式是 RedHat 系发行版支持的标准软件包格式,用户可以通过 rpm、yum 等命令管理该类型的软件包,在 Ubuntu 操作系统中并不适用。
- Tarball 格式：该格式实际上是由 tar 和其他压缩命令生成的一类压缩包。大部分源代码形式的软件包是提供该格式的软件包,用户获取软件包后需要解压后运行,也有些软件需要重新编译并安装后方可运行。

Ubuntu 操作系统提供了应用商店,应用商店可以对一部分软件包进行管理,常用的软件都可以在应用商店中进行安装、升级、卸载等操作。同时,Ubuntu 也可以采用类似 Windows 操作系统的方式,下载二进制安装包进行安装,比如前面提到的 WPS Office 软件。

上述应用商店通常只有在桌面版的操作系统中能够使用,对 Ubuntu 操作系统来说,更常用的软件包管理方式是在终端中进行管理,常用的软件包管理工具有 dpkg、apt-get 和 snap 等。

6.1.2 软件源

通常 Ubuntu 操作系统常用的软件包都按照一定的结构存储在一组网站中,这样的网站称为软件源。世界各地都有 Ubuntu 软件源,国内阿里、网易、搜狐等商业公司,中国科技大学、清华大学、北京理工大学等教育机构也有 Ubuntu 软件源,用户可以挑选国内软件源进行软件包管理,安装时能够获取更快、更稳定的下载速度。

Ubuntu 操作系统中,软件源信息保存在/etc/apt/sources.list 文件中。

【示例】　查看软件源

```
os@tedu:~ $ cat /etc/apt/sources.list
# deb cdrom:[Ubuntu 18.04 LTS _ Bionic Beaver _ - Release amd64 (20180426)]/ bionic
main restricted

# See http://help.ubuntu.com/community/UpgradeNotes for how to upgrade to
# newer versions of the distribution.
deb http://cn.archive.ubuntu.com/ubuntu/ bionic main restricted
# deb-src http://cn.archive.ubuntu.com/ubuntu/ bionic main restricted
...
deb http://security.ubuntu.com/ubuntu bionic-security multiverse
# deb-srchttps://typora.io/linux ./
# deb-src http://security.ubuntu.com/ubuntu bionic-security multiverse
```

修改软件源直接替换上述示例中 sources.list 文件的内容即可,常用的软件源可以参考 http://wiki.ubuntu.org.cn/index.php?title=模板:18.04source&oldid=155264 链接中的内容。

6.2　dpkg 命令

Ubuntu 操作系统是 Debian 发行版中非常重要的一个分支,Debian 系发行版都会包含 dpkg 包管理工具,Ubuntu 操作系统则很好地继承了该管理工具。

6.2.1　dpkg 简介

在最初的 Linux 操作系统平台上,最常见的打包方式是 TarBall 格式,用户需要对文件进行解包、编译、安装等操作,安装过程烦琐易错。Linux 操作系统急需一种简单易用的安装包方式,随着 Debian 发行版的诞生,第一款真正意义上的包管理工具 dpkg 随之诞生。

dpkg 是 Debian 系发行版软件包管理器的基础,由伊恩·默多克(Ian Murdock)在 1993 年创建,主要用于安装、卸载、打包、解包和对软件包进行管理。

dpkg 作为底层的包管理工具,提供了许多实用的命令选项,如下所示。

- -i:安装本地 deb 格式的安装包。
- --unpack:解包本地 deb 格式安装包。
- -r:移除指定软件包。
- -P:彻底删除指定软件包。
- -p:显示指定安装包可安装的软件版本。
- -V:检查包完整性。
- -s:显示指定软件包的详细状态。
- -l:列出所有软件包的状态。
- -L:列出属于指定软件包的文件。

6.2.2　dpkg 安装软件包

dpkg 主要被用来管理 deb 包,比如前面提到的 WPS Office 软件的安装,可以直接双击使用应用商店来进行安装,也可以使用 dpkg 命令来进行安装。

【示例】　使用 dpkg 命令安装 deb 包

```
os@tedu:~/下载 $ ls
wps-office_10.1.0.6634_amd64.deb
os@tedu:~/下载 $ sudo dpkg -i wps-office_10.1.0.6634_amd64.deb
[sudo] os 的密码:
正在选中未选择的软件包 wps-office.
(正在读取数据库 ... 系统当前共安装有 165931 个文件和目录.)
正准备解包 wps-office_10.1.0.6634_amd64.deb ...
正在解包 wps-office (10.1.0.6634) ...
正在设置 wps-office (10.1.0.6634) ...
正在处理用于 gnome-menus (3.13.3-11ubuntu1.1) 的触发器 ...
正在处理用于 desktop-file-utils (0.23-1ubuntu3.18.04.1) 的触发器 ...
正在处理用于 mime-support (3.60ubuntu1) 的触发器 ...
正在处理用于 shared-mime-info (1.9-2) 的触发器 ...
正在处理用于 hicolor-icon-theme (0.17-2) 的触发器 ...
```

6.2.3　dpkg 删除软件包

使用 dpkg 命令删除软件包大体分为以下两个步骤。

1. 确定软件包是否存在

通常一个软件包安装完成后只有一项安装信息,也有部分软件在安装过程中会同时安装多个附加组件,删除软件时,不仅需要删除程序主文件,还需要删除该软件的附加组件包。

【示例】　获取含有 wps 关键字的软件包

```
os@tedu:~ $ dpkg -l | grep wps
ii  wps-office  10.1.0.6634  amd64  WPS Office, is an office productivity suite.
1   2           3            4      5
```

上述示例中,主要使用了 dpkg 命令中的-l 选项来输出所有已经安装的软件包,之后将结果导入到 grep 命令中进行匹配,最终输出含有 wps 关键词的软件包,可以看到当前计算机中只有一个 wps-office 软件包。输出的软件包状态共分为 5 个字段,每个字段的意义如下所示。

- 第 1 字段:ii 表示软件已安装成功,对应的还有 iu(软件未安装成功),rc(软件已卸载或删除,但是配置文件依然存在)。
- 第 2 字段:软件包名称。
- 第 3 字段:软件包版本。
- 第 4 字段:软件包平台,amd64 表示为 64 位平台。
- 第 5 字段:软件包描述。

2. 删除软件包

删除软件包使用-r 选项即可,dpkg 会自动寻找需要删除的软件包,删除之后会自动对系统进行相关配置文件的修改,示例如下。

【示例】　删除 wps-office 软件包

```
os@tedu:~ $ sudo dpkg - r wps - office
[sudo] os 的密码:
(正在读取数据库 ... 系统当前共安装有 176988 个文件和目录.)
正在卸载 wps - office (10.1.0.6634) ...
正在处理用于 hicolor - icon - theme (0.17 - 2) 的触发器 ...
正在处理用于 shared - mime - info (1.9 - 2) 的触发器 ...
正在处理用于 gnome - menus (3.13.3 - 11ubuntu1.1) 的触发器 ...
正在处理用于 desktop - file - utils (0.23 - 1ubuntu3.18.04.1) 的触发器 ...
正在处理用于 mime - support (3.60ubuntu1) 的触发器 ...
```

6.3　apt-get 命令

dpkg 管理工具功能已经足够强大,但是其只能管理本地的软件包,而且不能很好地管理软件包之间的依赖关系,由此导致软件包安装时会出现不可预知的错误。APT (Advanced Packaging Tool)在 dpkg 的基础之上,运用了快速、实用、高效的方法来安装软件包,当软件包更新时,还可以自动管理关联文件和维护已有配置文件。apt-get 和 apt 都是常用的 APT 提供的软件包管理命令。

6.3.1　apt-get 简介

apt-get 命令是较早的一个 APT 工具,能够在软件源中检索到目标软件包,并处理软件包安装、卸载过程中产生的依赖问题。apt-get 命令通常使用在 Debian 系发行版中,经过修改之后 apt-rpm 命令也可以用在红帽系发行版中。Ubuntu 的应用商店在后端即使用 apt-get 命令对软件包进行管理。

apt-get 采用主命令加辅助命令的方式执行,其基本语法如下。

【语法】

```
apt - get 选项 辅助命令
```

apt-get 常用的选项如下所示。

- -d：只下载软件包,不解压、不安装下载的软件包。
- -f：修复已安装软件包的依赖关系。
- -y：对于需要用户确认的请求,全部以 yes 作为回答。
- -c：指定 apt-get 命令默认配置文件之外的配置文件。
- -o：更改某一项或几项配置文件内容。

apt-get 常用的辅助命令如下所示。

- install：安装一个或多个软件包。

- update：同步本地和软件源之间的软件包索引。
- upgrade：升级软件包。
- remove：删除指定的软件包。
- autoremove：删除指定的软件包，并处理该软件包的依赖关系。
- purge：彻底删除指定的软件包，包括配置文件等内容。
- check：检查软件包依赖关系是否损坏。
- clean：清除软件包本地缓存。

6.3.2 apt-get 安装软件包

apt-get 命令可以直接从软件源中下载软件包并完成安装，所以在安装过程中必须保证 Ubuntu 操作系统处在联网状态中。

接下来以 Chromium 浏览器为例，演示如何使用 apt-get 命令完成软件包的管理。 Chromium 浏览器是 Chrome 浏览器的开源版本，所有的 Chrome 上的功能首先都会在 Chromium 版本的浏览器上进行测试，所以 Chromium 浏览器中的组件都是最新的，同时也保证了一定的稳定性，能够作为日常浏览器使用。

【示例】 使用 apt-get 安装 Chromium

```
os@tedu:~$ sudo apt-get install chromium-browser
#搜索软件源,确定软件包及其依赖
正在读取软件包列表… 完成
正在分析软件包的依赖关系树
正在读取状态信息… 完成
#输出软件包依赖关系
将会同时安装下列软件:
    chromium-browser-l10n chromium-codecs-ffmpeg-extra
建议安装:
    webaccounts-chromium-extension unity-chromium-extension adobe-flashplugin
下列【新】软件包将被安装:
    chromium-browser chromium-browser-l10n chromium-codecs-ffmpeg-extra
升级了 0 个软件包,新安装了 3 个软件包,要卸载 0 个软件包,有 38 个软件包未被升级。
需要下载 58.9MB 的归档。
解压缩后会消耗 221MB 的额外空间。
#用户确认是否需要安装
您希望继续执行吗? [Y/n] y
#自动联网下载所需的 3 个安装包
获取:1 http://cn.archive.ubuntu.com/ubuntu bionic-updates/universe amd64 chromium-codecs
-ffmpeg-extra amd64 68.0.3440.106-0ubuntu0.18.04.1 [1,103 kB]
获取:2 http://cn.archive.ubuntu.com/ubuntu bionic-updates/universe amd64 chromium-browser
amd64 68.0.3440.106-0ubuntu0.18.04.1 [55.0MB]
获取:3 http://cn.archive.ubuntu.com/ubuntu bionic-updates/universe amd64 chromium-browser
-l10n all 68.0.3440.106-0ubuntu0.18.04.1 [2,737 kB]
已下载 58.9MB,耗时 30 秒 (1,943 kB/s)
#开始安装第一个软件包
正在选中未选择的软件包 chromium-codecs-ffmpeg-extra。
(正在读取数据库 … 系统当前共安装有 176989 个文件和目录。)
```

正准备解包 .../chromium - codecs - ffmpeg - extra_68.0.3440.106 - 0ubuntu0.18.04.1_amd64.
deb ...
正在解包 chromium - codecs - ffmpeg - extra (68.0.3440.106 - 0ubuntu0.18.04.1) ...
#开始安装第二个软件包
正在选中未选择的软件包 chromium - browser.
正准备解包 .../chromium - browser_68.0.3440.106 - 0ubuntu0.18.04.1_amd64.deb ...
正在解包 chromium - browser (68.0.3440.106 - 0ubuntu0.18.04.1) ...
#开始安装第三个软件包
正在选中未选择的软件包 chromium - browser - l10n.
正准备解包 .../chromium - browser - l10n_68.0.3440.106 - 0ubuntu0.18.04.1_all.deb ...
正在解包 chromium - browser - l10n (68.0.3440.106 - 0ubuntu0.18.04.1) ...
#安装完毕,处理系统各个位置的配置信息
正在处理用于 mime - support (3.60ubuntu1) 的触发器 ...
正在处理用于 desktop - file - utils (0.23 - 1ubuntu3.18.04.1) 的触发器 ...
正在设置 chromium - codecs - ffmpeg - extra (68.0.3440.106 - 0ubuntu0.18.04.1) ...
正在处理用于 man - db (2.8.3 - 2) 的触发器 ...
正在处理用于 gnome - menus (3.13.3 - 11ubuntu1.1) 的触发器 ...
正在处理用于 hicolor - icon - theme (0.17 - 2) 的触发器 ...
正在设置 chromium - browser (68.0.3440.106 - 0ubuntu0.18.04.1) ...
正在设置 chromium - browser - l10n (68.0.3440.106 - 0ubuntu0.18.04.1) ...

6.3.3 apt-get 更新软件包

由于 apt-get 使用的是本地软件包索引,而且该索引通常并不会自动更新,所以在进行软件更新前,需要先更新本地软件包索引。

【示例】 **apt-get 命令更新本地软件包索引**

os@tedu:~ $ **sudo apt - get update**
[sudo] os 的密码:
#软件源使用的 ubuntu 默认官方软件源
#apt - get 命令会检索每个软件源,查找更新的内容
命中:1 http://archive.ubuntukylin.com:10006/ubuntukylin xenial InRelease
命中:2 http://cn.archive.ubuntu.com/ubuntu bionic InRelease
获取:3 http://security.ubuntu.com/ubuntu bionic - security InRelease [83.2 kB]
获取:4 http://cn.archive.ubuntu.com/ubuntu bionic - updates InRelease [88.7 kB]
命中:5 https://typora.io/linux ./ InRelease
获取:6 http://cn.archive.ubuntu.com/ubuntu bionic - backports InRelease [74.6 kB]
已下载 247 kB,耗时 2 秒 (112 kB/s)
正在读取软件包列表... 完成

软件包索引更新完毕后,可以使用 upgrade 辅助命令更新系统软件包。

【示例】 **使用 apt-get 命令更新软件包**

os@tedu:~ $ **sudo apt - get upgrade**
#读取软件包列表及依赖关系
正在读取软件包列表... 完成
正在分析软件包的依赖关系树

正在读取状态信息... 完成

正在计算更新... 完成

 # 输出需要更新的软件包

下列软件包将被升级:

　　apport apport - gtk avahi - autoipd avahi - daemon avahi - utils base - files

　　console - setup console - setup - linux gir1.2 - packagekitglib - 1.0

　　gnome - initial - setup gnome - software gnome - software - common

　　gnome - software - plugin - snap grub - common grub - pc grub - pc - bin grub2 - common

　　gstreamer1.0 - packagekit keyboard - configuration libavahi - client3

　　libavahi - common - data libavahi - common3 libavahi - core7 libavahi - glib1

　　libgpgme11 libgpgmepp6 libpackagekit - glib2 - 18 libsysmetrics1 packagekit

　　packagekit - tools python3 - apport python3 - distupgrade python3 - problem - report

　　typora ubuntu - release - upgrader - core ubuntu - release - upgrader - gtk

　　ubuntu - report ubuntu - software

升级了 38 个软件包,新安装了 0 个软件包,要卸载 0 个软件包,有 0 个软件包未被升级。

需要下载 44.2MB/58.1MB 的归档。

解压缩后会消耗 3,502 kB 的额外空间。

 # 提示用户是否继续

您希望继续执行吗? [Y/n] y

获取:1 https://typora.io/linux . / typora 0.9.57 - 1 [44.2MB]

89 % [1 typora 37.0MB/44.2MB 84 %]　　　　　　　　　　　　　13.6 kB/s 8 分 54 秒

已下载 35.4MB,耗时 25 分 44 秒(22.9KB/s)

正在从软件包中解出模板: 100 %

正在预设定软件包 ...

(正在读取数据库 ... 系统当前共安装有 177106 个文件和目录。)

 # 开始准备安装更新

正准备解包 .../base - files_10.1ubuntu2.3_amd64.deb ...

Warning: Stopping motd - news.service, but it can still be activated by:

motd - news.timer

正在将 base - files (10.1ubuntu2.3) 解包到 (10.1ubuntu2.2) 上 ...

正在设置 base - files (10.1ubuntu2.3) ...

motd - news.service is a disabled or a static unit, not starting it.

(正在读取数据库 ... 系统当前共安装有 177108 个文件和目录。)

正准备解包 .../00 - console - setup - linux_1.178ubuntu2.7_all.deb ...

正在将 console - setup - linux (1.178ubuntu2.7) 解包到 (1.178ubuntu2.6) 上 ...

正准备解包 .../01 - console - setup_1.178ubuntu2.7_all.deb ...

正在将 console - setup (1.178ubuntu2.7) 解包到 (1.178ubuntu2.6) 上 ...

正准备解包 .../02 - keyboard - configuration_1.178ubuntu2.7_all.deb ...

正在将 keyboard - configuration (1.178ubuntu2.7) 解包到 (1.178ubuntu2.6) 上 ...

正准备解包 .../03 - ubuntu - release - upgrader - gtk_1 % 3a18.04.25_all.deb ...

正在将 ubuntu - release - upgrader - gtk (1:18.04.25) 解包到 (1:18.04.21) 上 ...

...

正准备解包 .../36 - ubuntu - software_3.28.1 - 0ubuntu4.18.04.3_all.deb ...

正在将 ubuntu - software (3.28.1 - 0ubuntu4.18.04.3) 解包到 (3.28.1 - 0ubuntu4.18.04.2) 上 ...

 # 安装完成,配置系统变量

正在设置 ubuntu - report (1.3.0～18.04) ...

正在处理用于 libglib2.0 - 0:amd64 (2.56.1 - 2ubuntu1) 的触发器 ...

覆盖文件 /usr/share/glib - 2.0/schemas/50_sogoupinyin.gschema.override 中指定的方案 org.gnome.settings - daemon.plugins.xsettings 中没有键 Gtk/IMModule; 忽略对此键的覆盖。

```
正在设置 libpackagekit - glib2 - 18:amd64 (1.1.9 - 1ubuntu2.18.04.1) ...
正在设置 libgpgme11:amd64 (1.10.0 - 1ubuntu2) ...
正在设置 libsysmetrics1:amd64 (1.3.0~18.04) ...
...
正在设置 libavahi - client3:amd64 (0.7 - 3.1ubuntu1.1) ...
正在设置 avahi - utils (0.7 - 3.1ubuntu1.1) ...
正在处理用于 initramfs - tools (0.130ubuntu3.1) 的触发器 ...
update - initramfs: Generating /boot/initrd.img - 4.15.0 - 33 - generic
正在处理用于 libc - bin (2.27 - 3ubuntu1) 的触发器 ...
```

6.3.4　apt-get 删除软件包

使用 apt-get 命令删除软件包有多个辅助命令可以使用,不同的辅助命令作用并不相同。最常用的是 autoremove 和 purge 两个命令。autoremove 可以自动处理依赖关系,尽量保证软件包删除后对系统中其他软件包共用的依赖造成的危害小,而 purge 则可以彻底将软件包删除,包括配置文件等内容。

【示例】　查看 Chromium 浏览器安装包状态

```
os@tedu:~ $ dpkg - l | grep chromium
ii   chromium - browser            68.0.3440.106 - 0ubuntu0.18.04.1
amd64      Chromium web browser, open - source version of Chrome
ii   chromium - browser - l10n      68.0.3440.106 - 0ubuntu0.18.04.1
all        chromium - browser language packages
ii   chromium - codecs - ffmpeg - extra  68.0.3440.106 - 0ubuntu0.18.04.1
amd64      Extra ffmpeg codecs for the Chromium Browser
```

上述示例中显示了三个和 Chromium 有关的软件包,在满足依赖的条件下,每个软件包都是可以独立安装与卸载的。

【示例】　使用 apt-get 删除 chromium-browser-l10n 软件包

```
os@tedu:~ $ sudo apt - get autoremove chromium - browser
正在读取软件包列表... 完成
正在分析软件包的依赖关系树
正在读取状态信息... 完成
下列软件包将被【卸载】:
  chromium - browser chromium - browser - l10n chromium - codecs - ffmpeg - extra
升级了 0 个软件包,新安装了 0 个软件包,要卸载 3 个软件包,有 0 个软件包未被升级。
解压缩后将会空出 221MB 的空间。
您希望继续执行吗? [Y/n] y
(正在读取数据库 ... 系统当前共安装有 177239 个文件和目录。)
正在卸载 chromium - browser - l10n (68.0.3440.106 - 0ubuntu0.18.04.1) ...
正在卸载 chromium - browser (68.0.3440.106 - 0ubuntu0.18.04.1) ...
正在卸载 chromium - codecs - ffmpeg - extra (68.0.3440.106 - 0ubuntu0.18.04.1) ...
正在处理用于 mime - support (3.60ubuntu1) 的触发器 ...
正在处理用于 desktop - file - utils (0.23 - 1ubuntu3.18.04.1) 的触发器 ...
正在处理用于 man - db (2.8.3 - 2) 的触发器 ...
正在处理用于 gnome - menus (3.13.3 - 11ubuntu1.1) 的触发器 ...
```

```
正在处理用于 hicolor-icon-theme (0.17-2) 的触发器 …
os@tedu:~ $ dpkg -l | grep chromium
rc  chromium-browser                    68.0.3440.106-0ubuntu0.18.04.1
amd64        Chromium web browser, open-source version of Chrome
```

6.4 snap 包管理工具

为了解决日益严重的软件依赖问题,Ubuntu 基金会开发了一种新的包管理模式,即 snap 包管理方式。

6.4.1 snap 简介

snap 是一种全新的软件包管理方式,于 2016 年由 Ubuntu 基金会研制并发布。snap 类似一个容器,这个容器中包含一个应用程序所有的文件和库,并且各个应用程序之间完全独立。使用 snap 包的好处就是解决了应用程序之间的依赖问题,使应用程序之间更容易管理。但是由此带来的问题就是占用更多的磁盘空间。

snap 使用软件商店(snap store)管理软件包,同时提供了用户登录的功能。登录后的用户将获得更多的功能支持。比如可以直接管理其安装的 snap 软件包,而不需要使用 root 权限进行管理。不登录的情况下必须使用 root 权限才可以对软件包进行安装和删除。在 snap store 中,开发者可以发布付费软件,用户付费后才可以下载使用。

snap 的安装包扩展名是.snap。管理 snap 包使用的是 snap 命令,与常见的软件包管理工具相同,snap 工具也包含搜索、安装、更新、删除等功能。snap 不同功能的实现同样依靠丰富的辅助命令,常用的辅助命令如下所示。

- find:搜索指定软件包。
- list:列出系统中已安装的 snap 软件包。
- install:安装指定的软件包。
- refresh:更新指定的软件包,如果没指定软件包名称,则更新所有软件包。
- revert:还原软件包到上一个版本。
- remove:删除指定的软件包。
- login:登录。
- logout:退出。
- buy:购买指定软件包。

【示例】 查看系统中所有 snap 软件包

```
os@tedu:~ $ snap list
Name                  Version    Rev    Tracking    Publisher    Notes
core                  16-2.35    5328   stable      canonical    core
gnome-3-26-1604       3.26.0     70     stable/…    canonical    -
gnome-calculator      3.30.0     222    stable/…    canonical    -
gnome-characters      3.28.2     117    stable/…    canonical    -
```

```
gnome - logs               3.28.2    40    stable/…    canonical    -
gnome - system - monitor   3.28.2    54    stable/…    canonical    -
gtk - common - themes      0.1       319   stable      canonical    -
tree                       3.5       15    stable      psivaa       -
```

6.4.2 snap 搜索软件包

snap 可以在线搜索指定的软件包,此处同样以 Chromium 为例,使用搜索命令进行搜索。

【示例】 使用 snap 搜索 Chromium 软件包

```
os@tedu:~ $ snap find chromium
Name                    Version        Publisher     Notes   Summary
chromium - ffmpeg - test 0.1           osomon        -       Test snap that
exercises the slots exposed by chromium - ffmpeg
chromium - mir - kiosk  67.0.3396.62   gerboland     -       Chromium web
browser in Kiosk mode on Mir
chromium - ffmpeg       0.1            canonical√    -       FFmpeg codecs (free and
proprietary) for use by third - party browser snaps
chromium               68.0.3440.106   canonical√    -       Chromium web
browser, open - source version of Chrome
```

6.4.3 snap 安装软件包

使用 snap 命令安装软件包和 apt-get 命令类似,需要使用 install 辅助命令,同时会在 snap store 中搜索指定的安装包。这里以"hello"软件包为例,演示软件包的安装。hello 包是 Ubuntu 基金会以示例的形式发布的一个 snap 软件包,可以输出"Hello,world!"字符串。

【示例】 使用 snap 安装 hello 软件包

```
os@tedu:~ $ sudo snap install hello
hello 2.10 from Canonical√    installed
os@tedu:~ $ hello
Hello, world!
```

6.4.4 snap 更新软件包

snap 命令可以直接使用 refresh 辅助命令更新某个软件包,在不指定安装包时,也可以一次性更新所有软件包。

【示例】 使用 snap 更新 snap 软件包

```
#更新 hello 软件包
os@tedu:~ $ sudo snap refresh hello
snap "hello" has no updates available #软件包没有更新
#更新所有软件包
```

```
os@tedu:~ $ sudo snap refresh
All snaps up to date. #所有软件包都已经是最新的
```

> 💡 **注意**　上述示例中,由于系统较新,snap 包并没有更新,实际使用过程中,可能会有所不同,在此不再演示。

6.4.5　snap 删除软件包

作为软件包管理工具,snap 同样可以删除软件包,但是只能删除 snap 包,比如上述安装的 hello 包。snap 包不需要管理依赖关系,每个软件包都含有完整的依赖,删除时比其他工具要更简单。

【示例】　snap 删除 hello 软件包

```
os@tedu:~ $ sudo snap remove hello
[sudo] os 的密码:
hello removed
```

上述示例中,删除 hello 软件包输出的信息并不多,这是因为在最后一行内容是动态变化的,并没有一行一行地输出信息。

6.5　TarBall 格式软件包

Ubuntu 等发行版都提供了方便的包管理工具,但是作为最原始的软件管理方式,TarBall 依然活跃在当前所有的 Linux 平台之上。

6.5.1　源代码及可执行文件

众所周知,程序员编写的程序通常以文本文件的格式进行保存,这些文本文件就是软件的源代码。Linux 操作系统平台上大多数软件都遵循 GPL 开源协议授权方式,并为用户提供了源代码。用户可以在源代码的基础上直接编译并安装软件包,也可以对源代码进行修改后实现自定义功能后再进行安装。

源代码通过编译后可以生成可执行文件。可执行文件是指系统可以运行的程序,通常是二进制文件。在 Windows 平台上,可执行文件一般以.exe 为后缀;在 Linux 平台上,可执行文件并没有固定的后缀,甚至没有后缀,而是看该文件在当前用户下是否有可执行权限。

6.5.2　gcc 编译工具

gcc(GNU Compiler Collection,GNU 编译器套件)是由 GNU 开发的编程语言编译器,是 GNU 计划的关键部分。gcc 原本作为 GNU 操作系统的官方编译器,现已被大多数类 UNIX 操作系统(如 Linux、BSD、Mac OS X 等)采纳为标准的编译器,gcc 同样适用于微软的

Windows。gcc 是自由软件过程发展中的著名例子,由自由软件基金会以 GPL 协议发布。

gcc 命令提供了大量的参数来实现文件的编译,当然,即使不设置参数也是可以对目标文件进行编译的,例如前面内容中创建的 main.c 文件,可以直接使用 gcc 进行编译。

【示例】 使用 gcc 命令编译 c 文件

```
os@tedu:~/桌面 $ gcc main.c
os@tedu:~/桌面 $ ./a.out
hello world
os@tedu:~/桌面 $
```

在不指定任何参数的时候,gcc 默认会将指定文件编译输出到 a.out 文件中,a.out 文件可以直接执行。

【示例】 使用 gcc 命令编译 c 文件并创建指定名称的可执行文件

```
# 指定创建的可执行文件名称为 main.tedu
os@tedu:~/桌面 $ gcc - o main.tedu main.c
# 在 Linux 操作系统中,无论文件后缀名是什么,只要拥有可执行权限,并且可执行,则该文件就可执行
os@tedu:~/桌面 $ ./main.tedu
hello world
os@tedu:~/桌面 $ ls - la | grep main
- rw - rw - r --   1 os os   77 9 月    8 15:16 main.c
# main.tedu 文件拥有可执行权限
- rwxr - xr - x  1 os os 8288 9 月    8 15:19 main.tedu
```

6.5.3　TarBall 格式软件包安装

以 Python 源码安装为例演示如何使用 TarBall 进行源代码编译安装,截至本书完稿前 Python 最新版本为 3.7.0。从源码安装软件包大约需要如下几步。

1. 下载软件包源码

该示例中使用的 Python 源码可以在 Python 官方网站进行下载,下载地址为 https://www.python.org/ftp/python/3.7.0/Python-3.7.0.tgz。在 Ubuntu 操作系统中可以使用 wget 命令进行下载。

【示例】 使用 wget 命令下载源码包

```
os@tedu:~/下载 $ wget https://www.python.org/ftp/python/3.7.0/Python - 3.7.0.tgz
-- 2018 - 09 - 08 14:12:12 --   https://www.python.org/ftp/python/3.7.0/Python - 3.7.0.tgz
正在解析主机 www.python.org (www.python.org)... 151.101.72.223, 2a04:4e42:36::223
正在连接 www.python.org (www.python.org)|151.101.72.223|:443... 已连接.
已发出 HTTP 请求,正在等待回应... 200 OK
长度: 22745726 (22M) [application/octet - stream]
正在保存至: "Python - 3.7.0.tgz"

Python - 3.7.0.tgz   100 % [ ===================== >]   21.69M   40.2KB/s 用时 9m 3s s

2018 - 09 - 08 14:21:15 (40.9 KB/s) - 已保存 "Python - 3.7.0.tgz" [22745726/22745726])
```

2. 解压软件包

通常 TarBall 是指使用 tar 命令配合压缩软件对源码进行压缩打包形成的文件,使用之前需要对 TarBall 文件进行解包、解压缩,才可以看到内部真实的源代码信息。

【示例】 使用 **tar** 命令解包 **TarBall** 文件

```
os@tedu:~/下载 $ tar - zxvf Python - 3.7.0.tgz
Python - 3.7.0/
Python - 3.7.0/Doc/
...
Python - 3.7.0/Modules/_sha3/kcp/KeccakP - 1600 - opt64.c
Python - 3.7.0/Modules/_sha3/kcp/KeccakHash.c
...
Python - 3.7.0/Tools/pynche/pynche
Python - 3.7.0/Tools/pynche/ColorDB.py
...
Python - 3.7.0/PCbuild/tix.vcxproj
Python - 3.7.0/PCbuild/select.vcxproj.filters
...
Python - 3.7.0/Include/rangeobject.h
Python - 3.7.0/Include/unicodeobject.h
```

3. 使用 configure 命令生成 Makefile

每个 TarBall 文件中,都会包含 configure 脚本,该脚本能够检测系统平台等信息,之后根据配置用户输入的配置信息创建 make 命令所需的 Makefile 文件。

【示例】 使用 **configure** 脚本生成 **Makefile** 文件

```
#进入上一步中解压的目录中
os@tedu:~/下载 $ cd Python - 3.7.0/

#解压出的文件,其中包含 configure 脚本文件
os@tedu:~/下载/Python - 3.7.0 $ ls
aclocal.m4      Doc            LICENSE        Modules    Programs       Tools
config.guess    Grammar        m4             Objects    pyconfig.h.in
config.sub      Include        Mac            Parser     Python
configure       install - sh   Makefile.pre.in  PC       README.rst
configure.ac    Lib            Misc           PCbuild    setup.py

# -- prefix 设置软件安装位置,该位置会直接影响到后面的 make 等操作
os@tedu:~/下载/Python - 3.7.0 $ ./configure -- prefix = /usr/local/python37
#检测系统平台信息
checking build system type... x86_64 - pc - linux - gnu
checking host system type... x86_64 - pc - linux - gnu
checking for python3.7... no
checking for python3... python3
...
checking for -- enable - universalsdk... no
checking for -- with - universal - archs... no
checking for openssl/ssl.h in /usr... no
```

```
checking whether compiling and linking against OpenSSL works... no
checking for -- with - ssl - default - suites... python
configure: creating ./config.status
config.status: creating Modules/ld_so_aix
config.status: creating pyconfig.h
creating Modules/Setup
creating Modules/Setup.local
#生成 Makefile
creating Makefile
```

4. 使用 make 命令编译源码

【示例】 使用 make 命令进行源码编译

```
#使用 make 命令进行编译,实际上就是通过 Makefile 的信息调用 gcc 命令来进行编译
os@tedu:~/下载/Python - 3.7.0 $ make
gcc - pthread - c - Wno - unused - result - Wsign - compare - DNDEBUG - g - fwrapv - O3 - Wall
- std = c99 - Wextra - Wno - unused - result - Wno - unused - parameter - Wno - missing - field -
initializers - Werror = implicit - function - declaration   - I. - I./Include
- DPy_BUILD_CORE - o Programs/python.o ./Programs/python.c
gcc - pthread - c - Wno - unused - result - Wsign - compare - DNDEBUG - g - fwrapv - O3 - Wall
- std = c99 - Wextra - Wno - unused - result - Wno - unused - parameter - Wno - missing - field -
initializers - Werror = implicit - function - declaration   - I. - I./Include
- DPy_BUILD_CORE - o Parser/acceler.o Parser/acceler.c
gcc - pthread - c - Wno - unused - result - Wsign - compare - DNDEBUG - g - fwrapv - O3 - Wall
- std = c99 - Wextra - Wno - unused - result - Wno - unused - parameter - Wno - missing - field -
initializers - Werror = implicit - function - declaration   - I. - I./Include
- DPy_BUILD_CORE - o Parser/grammar1.o Parser/grammar1.c
gcc - pthread - c - Wno - unused - result - Wsign - compare - DNDEBUG - g - fwrapv - O3 - Wall
- std = c99 - Wextra - Wno - unused - result - Wno - unused - parameter - Wno - missing - field -
initializers - Werror = implicit - function - declaration   - I. - I./Include
- DPy_BUILD_CORE - o Parser/listnode.o Parser/listnode.c
gcc - pthread - c - Wno - unused - result - Wsign - compare - DNDEBUG - g - fwrapv - O3 - Wall
- std = c99 - Wextra - Wno - unused - result - Wno - unused - parameter - Wno - missing - field -
initializers - Werror = implicit - function - declaration   - I. - I./Include
- DPy_BUILD_CORE - o Parser/node.o Parser/node.c
gcc - pthread - c - Wno - unused - result - Wsign - compare - DNDEBUG - g - fwrapv - O3 - Wall
- std = c99 - Wextra - Wno - unused - result - Wno - unused - parameter - Wno - missing - field -
initializers - Werror = implicit - function - declaration   - I. - I./Include
- DPy_BUILD_CORE - o Parser/parser.o Parser/parser.c
gcc - pthread - c - Wno - unused - result - Wsign - compare - DNDEBUG - g - fwrapv - O3 - Wall
- std = c99 - Wextra - Wno - unused - result - Wno - unused - parameter - Wno - missing - field -
initializers - Werror = implicit - function - declaration   - I. - I./Include
- DPy_BUILD_CORE - o Parser/bitset.o Parser/bitset.c
...
```

5. 安装软件依赖项

使用 TarBall 软件包进行软件安装,所有的依赖都需要手动进行处理,通常软件依赖项都可以在官网中找到,最好提前进行依赖项的安装,否则在后续安装过程中会由于缺少依赖

项导致安装失败,之后需要重新安装。Python 3.7 安装过程中需要两个依赖 zlib、libffi,可以使用 apt-get 命令进行依赖安装,如果不知道依赖的具体名称,可以使用 apt-cache 进行模糊搜索,之后再进行安装。

【示例】 使用 apt-cache 进行软件包搜索

```
#搜索并过滤以 zlib 开头的软件包
os@tedu:~/下载 $ apt - cache search zlib | grep ^zlib
zlib1g - 压缩库 - 运行时
zlib1g - dbg - compression library - development
#当前示例中选择安装 zlib1g - dev
zlib1g - dev - compression library - development
zlib - gst - Zlib bindings for GNU Smalltalk
zlibc - An on - fly auto - uncompressing C library
```

【示例】 使用 apt-get 命令安装 zlib1g-dev 包

```
os@tedu:~/下载 $ sudo apt - get install zlib1g - dev
正在读取软件包列表... 完成
正在分析软件包的依赖关系树
正在读取状态信息... 完成
下列【新】软件包将被安装:
   zlib1g - dev
升级了 0 个软件包,新安装了 1 个软件包,要卸载 0 个软件包,有 0 个软件包未被升级。
需要下载 176KB 的归档。
解压缩后会消耗 457KB 的额外空间。
获取:1 http://cn.archive.ubuntu.com/ubuntu bionic/main amd64 zlib1g - dev amd64 1:1.2.11.
dfsg - 0ubuntu2 [176 kB]
已下载 176KB,耗时 2 秒(106KB/s)
正在选中未选择的软件包 zlib1g - dev:amd64。
(正在读取数据库 ... 系统当前共安装有 177128 个文件和目录。)
正准备解包 .../zlib1g - dev_1%3a1.2.11.dfsg - 0ubuntu2_amd64.deb ...
正在解包 zlib1g - dev:amd64 (1:1.2.11.dfsg - 0ubuntu2) ...
正在处理用于 man - db (2.8.3 - 2) 的触发器 ...
正在设置 zlib1g - dev:amd64 (1:1.2.11.dfsg - 0ubuntu2) ...
```

同理,安装 libffi 软件包即可。

【示例】 使用 apt-get 命令安装 libffi-dev

```
os@tedu:~/下载/Python - 3.7.0 $ sudo apt - get install libffi - dev
正在读取软件包列表... 完成
正在分析软件包的依赖关系树
正在读取状态信息... 完成
下列【新】软件包将被安装:
   libffi - dev
升级了 0 个软件包,新安装了 1 个软件包,要卸载 0 个软件包,有 0 个软件包未被升级。
需要下载 156 kB 的归档。
解压缩后会消耗 362 kB 的额外空间。
获取:1 http://cn.archive.ubuntu.com/ubuntu bionic/main amd64 libffi - dev amd64 3.2.1 - 8 [156 kB]
```

```
已下载 156 kB,耗时 2 秒 (92.9 kB/s)
正在选中未选择的软件包 libffi-dev:amd64。
(正在读取数据库 ... 系统当前共安装有 177156 个文件和目录。)
正准备解包 .../libffi-dev_3.2.1-8_amd64.deb ...
正在解包 libffi-dev:amd64 (3.2.1-8) ...
正在处理用于 install-info (6.5.0.dfsg.1-2) 的触发器 ...
正在设置 libffi-dev:amd64 (3.2.1-8) ...
正在处理用于 man-db (2.8.3-2) 的触发器 ...
```

6. 使用 make 命令进行安装

最后一步是软件的安装,通常使用 make 命令及其辅助命令 install 即可,不需要进行参数的配置,所以比较简单。

【示例】 使用 make 命令进行软件包安装

```
os@tedu:~/下载/Python-3.7.0$ sudo make install
...
running build_scripts
copying and adjusting /home/os/下载/Python-3.7.0/Tools/scripts/pydoc3 -> build/scripts-3.7
copying and adjusting /home/os/下载/Python-3.7.0/Tools/scripts/idle3 -> build/scripts-3.7
copying and adjusting /home/os/下载/Python-3.7.0/Tools/scripts/2to3 -> build/scripts-3.7
copying and adjusting /home/os/下载/Python-3.7.0/Tools/scripts/pyvenv -> build/scripts-3.7
changing mode of build/scripts-3.7/pydoc3 from 644 to 755
changing mode of build/scripts-3.7/idle3 from 644 to 755
changing mode of build/scripts-3.7/2to3 from 644 to 755
changing mode of build/scripts-3.7/pyvenv from 644 to 755
renaming build/scripts-3.7/pydoc3 to build/scripts-3.7/pydoc3.7
renaming build/scripts-3.7/idle3 to build/scripts-3.7/idle3.7
renaming build/scripts-3.7/2to3 to build/scripts-3.7/2to3-3.7
renaming build/scripts-3.7/pyvenv to build/scripts-3.7/pyvenv-3.7
/usr/bin/install -c -m 644 ./Lib/__future__.py /usr/local/python37/lib/python3.7
ules
...
```

make install 执行时输出内容较多,上述示例中只保留其中极小的一部分。make install 执行过程中,主要执行 3 项任务,即复制、修改文件权限、修改配置信息,如果没有输出错误信息,通常不需要查看其输出的日志信息。

【示例】 查看 Python 3.7 是否安装成功

```
#进入目标安装目录
os@tedu:~/下载/Python-3.7.0$ cd /usr/local/python37/bin
#执行当前目录下的 python3.7 命令
os@tedu:/usr/local/python37/bin$ ./python3.7
#进入 Python Shell 环境,可以看到当前 Python 版本为 Python 3.7.0
Python 3.7.0 (default, Sep  8 2018, 14:48:29)
[GCC 7.3.0] on linux
Type "help", "copyright", "credits" or "license" for more information.
>>> print("hello tedu")
```

```
hello tedu
>>>
```

本章小结

- Linux 操作系统平台上有多种包管理工具。
- dpkg 命令是 Debian 系发行版中最重要的软件包管理工具。
- dpkg 命令能够用来安装、删除系统软件包。
- apt-get 命令是 Debian 系中最常用的软件包管理工具。
- apt-get 命令使用远程仓库作为软件源，能够实时根据远程仓库的状态进行本地软件包的更新和修改。
- apt-get 命令也能够安装、更新、删除 Linux 操作系统中的软件包。
- snap 包管理工具是较新的包管理工具。
- snap 包管理工具将每个包所需要的依赖一起打包成为一个软件包，在软件包安装时不会出现缺少依赖的情况，但是占用空间也较大。
- snap 包管理工具只能用来管理 snap 工具安装的软件包。
- TarBall 格式软件包是最原始的软件包。
- 通常 TarBall 软件包中包含程序的所有源文件，需要用户自行进行编译并安装。

本章习题

1. 使用 dpkg 列出系统中安装的软件可以使用(　　　)选项。
   A. -L　　　　　　　B. --list　　　　　　C. -list　　　　　　D. each
2. 使用 snap 命令更新软件包可以使用(　　)选项。
   A. update　　　　　B. -update　　　　　C. refresh　　　　　D. 不需要任何选项
3. 源代码可以直接使用_____命令。
4. make 命令需要使用_____作为配置文件来进行项目构建。
5. 使用 dpkg 彻底删除 Firefox 浏览器。
6. 下载 WPS Office 安装包并使用 dpkg 命令进行安装。
7. 使用 apt-get 命令安装 Chromium 浏览器。
8. 使用 snap 命令安装 Chromium 浏览器，并和第 1 题比较异同点。
9. 下载 MLDonkey 的源码并编译安装，下载链接为 http://mldonkey. sourceforge. net/Main_Page。

第 **7** 章 网络管理及安全

 本章思维导图

	ifconfig命令	可以使用ifconfig命令查看、改变当前网卡的状态等
	ip命令	可以使用ip命令查看、改变当前网卡的状态以及信息
常用网络配置命令	route命令	可以使用route命令显示并修改本机的路由表信息
	netstat命令	可以使用netstat命令查看网络连接、路由表、网络接口等各类信息
	nslookup命令	可以使用nslookup命令查看域名对应的IP地址等信息
	ping命令	可以使用ping命令简单测试网络是否联通

网络管理及安全

防火墙	UFW防火墙简介	防火墙由硬件和软件组合而成，能够过滤网络信息，起到保护屏障作用
	ufw命令	可以使用ufw命令对防火墙及防火墙的过滤规则进行设定

	SSH服务简介	SSH是一种通用的、功能强大的、基于软件的网络安全解决方案
SSH服务	配置SSH服务	使用SSH需要远程主机安装并配置openssh-server服务端
	使用PuTTY登录SSH服务	PuTTY是Windows平台上强大的支持SSH的远程登录软件

FTP	FTP简介	FTP是一个古老的基于互联网的文件双向传输协议
	安装vsftpd服务	可以选择vsftpd服务在Linux操作系统上搭建FTP服务

其他网络安全相关服务	AppArmor	AppArmor采用主动的方式对可能出现的危险进行防御
	数字证书	可以使用数字证书在互联网中标识通信各方的身份

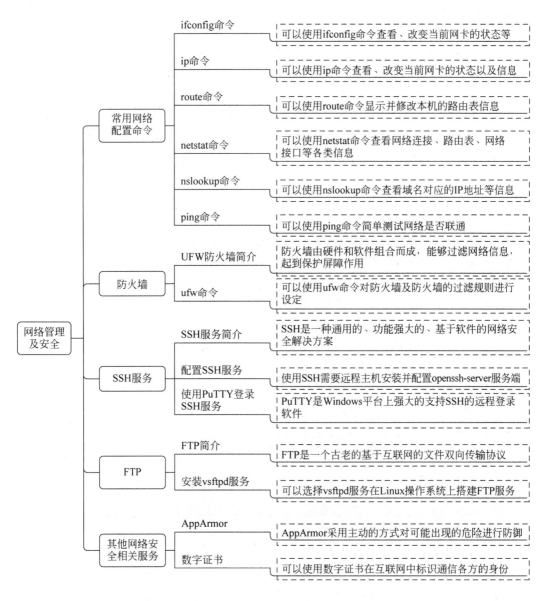

 **本章目标**

- 了解数字证书；
- 了解 AppArmor 应用；
- 理解 FTP 文件传输协议；
- 理解 SSH 服务；
- 理解防火墙原理；
- 掌握 ufw 命令对防火墙的配置；
- 掌握常用 FTP 服务端、客户端软件的使用方法；
- 掌握 SSH 远程登录方法；
- 掌握常用网络配置命令的使用。

7.1 常用网络配置命令

当今计算机已经和网络紧密地连在一起，通过互联网，计算机之间可以实现各种网络通信，如电子邮件、即时聊天、网页访问等。Linux 作为重要的服务器平台，在互联网的发展过程中起到了重要的作用。本节内容将介绍 Linux 平台中常用的网络配置命令。

7.1.1 ifconfig 命令

ifconfig 是 Linux 平台中用于显示或配置网络设备的命令。ifconfig 命令出现较早，在最新版的 Ubuntu 操作系统中已经默认不再提供，需要手动进行安装。

【示例】 安装 **ifconfig** 命令

```
＃ifconfig命令是net-tools中的一个命令,所以在这里安装net-tools即可
os@tedu:~ $ sudo apt-getinstall net-tools
```

通常 ifconfig 命令用来查看当前网卡状态，只需要输入该命令，不需要添加任何参数，就可以直接查看当前正在使用的网卡状态。

【示例】 使用 **ifconfig** 命令查看网卡状态

```
os@tedu:~ $ ifconfig
＃flags参数中,UP 表示当前网卡为活动状态
ens33: flags = 4163 < UP, BROADCAST, RUNNING, MULTICAST >   mtu 1500
        ＃ipv4 地址为 192.168.206.130
        inet 192.168.206.130   netmask 255.255.255.0   broadcast 192.168.206.255
＃ipv6 地址为 fe80::b48e:4f9c:1e4c:8883
        inet6 fe80::b48e:4f9c:1e4c:8883   prefixlen 64   scopeid 0x20 < link >
        ＃硬件 mac 地址为 00:0c:29:75:00:b1
        ether 00:0c:29:75:00:b1   txqueuelen 1000   (以太网)
        RX packets35113   bytes 31854981 (31.8MB)
        RX errors0   dropped 0   overruns 0   frame 0
        TX packets19865   bytes 1246170 (1.2MB)
        TX errors0   dropped 0 overruns 0   carrier 0   collisions 0
```

```
        device interrupt 19    base 0x2000

lo: flags = 73 < UP, LOOPBACK, RUNNING >   mtu 65536
        inet 127.0.0.1    netmask 255.0.0.0
        inet6 ::1   prefixlen 128    scopeid 0x10 < host >
        loop   txqueuelen 1000    (本地环回)
        RX packets6608   bytes 453662 (453.6 KB)
        RX errors0   dropped 0   overruns 0   frame 0
        TX packets6608   bytes 453662 (453.6 KB)
        TX errors0   dropped 0 overruns 0   carrier 0   collisions 0
```

上述示例中,显示当前系统中有两个正在使用的网络接口:ens33 和 lo。其中,ens33 是以太网(Ethernet)网卡接口,实现当前操作系统和外部互联网的连接及信息传输。lo 是指操作系统内部的环路网络(loopback),内部环路网络并没有实体网卡,所以并没有硬件 MAC 地址,IPv4 为固定值 127.0.0.1。

 注意　MAC(Medium/Media Access Control)地址,是用来表示互联网上每一个站点的标识符,采用十六进制数表示,共 6B(48b)。通常 MAC 地址都存在于网卡中,每个网卡的 MAC 地址是固定的。在操作系统中,MAC 地址在系统启动时被读入系统变量中,其他应用需要用到 MAC 地址时可以直接在系统变量中进行读取,而不需要访问网卡。

除了显示网卡状态外,ifconfig 命令提供了许多实用的参数来实现更多的功能,常用的参数如下所示。

- -a:列出当前系统所有可用网络接口,包括禁用状态的网络接口。
- up:启用指定的网络接口。
- down:禁用指定的网络接口。
- netmask:指定当前 IP 网络的子网掩码。
- IP 地址:修改指定网络接口的 IP 地址。

【示例】　使用 ifconfig 命令禁用 ens33 网卡

```
os@tedu:~ $ sudo ifconfig ens33 down
os@tedu:~ $ ifconfig ens33
#flags 参数中 UP 字样已经没有
ens33: flags = 4098 < BROADCAST, MULTICAST >   mtu 1500
        ether 00:0c:29:75:00:b1   txqueuelen 1000   (以太网)
        RX packets38785   bytes 35460767 (35.4MB)
        RX errors1   dropped 0   overruns 0   frame 0
        TX packets21664   bytes 1375879 (1.3MB)
        TX errors0   dropped 0 overruns 0   carrier 0   collisions 0
        device interrupt 19   base 0x2000
os@tedu:~ $ ifconfig
#当前活动网络接口只剩下 lo 一个
lo: flags = 73 < UP, LOOPBACK, RUNNING >   mtu 65536
```

```
inet 127.0.0.1  netmask 255.0.0.0
inet6 ::1  prefixlen 128  scopeid 0x10<host>
loop  txqueuelen 1000  (本地环回)
RX packets7566  bytes 530188 (530.1 KB)
RX errors0  dropped 0  overruns 0  frame 0
TX packets7566  bytes 530188 (530.1 KB)
TX errors0  dropped 0 overruns 0  carrier 0  collisions 0
```

上述示例中演示了如何使用 ifconfig 命令进行网络接口禁用的过程,同样地可以使用 up 选项将禁用网络接口重新激活。

【示例】 使用 **ifconfig** 命令激活网络接口

```
#此处不再演示执行结果
os@tedu:~ $ sudo ifconfig ens33 up
```

7.1.2 ip 命令

ip 命令在 Linux 平台上尚属较新的网络管理工具,是 iproute2 套件中的一个命令,其旨在取代老旧的 ifconfig 命令。使用 ip 命令能够简单地执行一些网络管理任务,比如操作路由、网络设备、多播地址等。ip 命令的基本语法如下所示。

【语法】

```
ip [选项] objcect [子命令]
```

上述语法示例中,ip 为命令本身,ip 命令同样包含多个选项来实现多种功能,常用选项如下所示。

- -h：输出可读的信息。
- -4：指定协议为 inet,即 IPv4。
- -6：指定协议为 inet6,即 IPv6。
- -s：显示详细信息。

object 是 ip 命令操作的对象,ip 命令功能强大,能够操作系统中不同的设备,因此将不同设备抽象为不同的对象来进行操作,简化命令的复杂性。常见的对象如下所示。

- address：IP 地址,IPv4 或 IPv6 地址。
- l2tp：L2TP 隧道协议。
- link：网络设备。
- maddress：多播地址。
- route：路由表。
- rule：路由策略。
- tunnel：隧道。

根据不同的对象会有不同的子命令,接下来简单演示 ip 命令的用法。

【示例】　使用 ip 命令查看网络接口信息

```
os@tedu:~ $ ip link list
1: lo: < LOOPBACK, UP, LOWER_UP > mtu 65536 qdisc noqueue state UNKNOWN mode DEFAULT group default
qlen 1000
    link/loopback 00:00:00:00:00:00 brd 00:00:00:00:00:00
2: ens33: < BROADCAST, MULTICAST, UP, LOWER_UP > mtu 1500 qdisc fq_codel state UP mode DEFAULT
group default qlen 1000
link/ether 00:0c:29:75:00:b1 brd ff:ff:ff:ff:ff:ff

os@tedu:~ $ ip - s link list
1: lo: < LOOPBACK, UP, LOWER_UP > mtu 65536 qdisc noqueue state UNKNOWN mode DEFAULT group default
qlen 1000
link/loopback 00:00:00:00:00:00 brd 00:00:00:00:00:00
    RX:bytes   packets   errors   dropped overrun mcast
    97826      1212      0        0       0       0
    TX:bytes   packets   errors   dropped carrier collsns
    97826      1212      0        0       0       0
2: ens33: < BROADCAST, MULTICAST, UP, LOWER_UP > mtu 1500 qdisc fq_codel state UP mode DEFAULT
group default qlen 1000
    link/ether 00:0c:29:75:00:b1 brd ff:ff:ff:ff:ff:ff
    RX:bytes   packets   errors   dropped overrun mcast
    127176242  96654     14       0       0       0
    TX:bytes   packets   errors   dropped carrier collsns
2480583        44588     0        0       0       0
```

上述示例中,link 为网络设备对象,对该对象进行操作时,可以使用 list 命令输出所有的网络设备信息。通过使用 ip 命令-s 选项,可以看到类似于 ifconfig 命令输出的信息、两个网络接口状态及其详细信息。当然,-s 选项不仅可以输出网络接口的信息,还可以输出其他对象的详细信息。

7.1.3　route 命令

要实现两个不同子网之间的通信,通常需要一台连接两个网络的路由器,或是位于两个网络的网关来实现。路由表是指路由器或者其他互联网网络设备上存储的一张路由信息表,该表中存有到达特定网络终端的路径,在某些情况下,还有一些与这些路径相关的度量。

route 命令常用来显示和操作 IP 路由表,与 ifconfig 命令一样都是 net-tools 软件包中的一个命令。route 常用选项如下所示。
- -A:指定协议族,可以指定 inet(IPv4)、inet6(IPv6)等值。
- -n:显示数字形式的 IP 地址。
- -e:使用 netstat 格式显示路由表,netstat 命令将在后续章节讲解。
- -net:指定的目标是一个网络。
- -host:指定的目标是一台主机。
- del:删除路由记录。
- add:添加路由记录。
- gw:设置默认网关。

- dev：路由记录对应的网络接口。
- netmask：指定目标网络的子网掩码。

【示例】 使用 **route** 命令查看路由表信息

```
os@tedu:~ $ route - n
内核 IP 路由表
目标              网关             子网掩码        标志   跃点   引用   使用   接口
0.0.0.0          192.168.206.2    0.0.0.0         UG     100    0      0 ens33
169.254.0.0      0.0.0.0          255.255.0.0     U      1000   0      0 ens33
192.168.137.0    0.0.0.0          255.255.255.0   U      0      0      0 ens33
192.168.137.0    0.0.0.0          255.255.255.0   U      100    0      0 ens33
192.168.206.0    0.0.0.0          255.255.255.0   U      100    0      0 ens33
```

上述示例中，每一行输出 8 个字段信息，其中每一个字段的意义如下所示。

- 第 1 列是目标网络或主机的 IP 地址。
- 第 2 列是网关信息，如果没有网关信息，则该项为 * 。
- 第 3 列是目标网络的子网掩码，如果目标路由为一台主机。
- 第 4 列是标志位，如果该条路由处于启动状态，则该列含有 U 标志；如果该条路由通向网关，则该列含有 G 标志，其他还有 H、R、D 等标志。
- 第 5 列是当前位置离目标主机或网络的距离，通常用跳数来表示。
- 第 6 列永远为 0。
- 第 7 列是该路由被使用的次数。
- 第 8 列是该路由的数据包将要发送到的网络接口。

7.1.4 netstat 命令

netstat 命令主要用来查看各种网络信息。与上述内容中提到的命令相比较，netstat 命令提供了更多更详细的信息内容，包括网络连接、路由表及网络接口的各种统计数据等。

netstat 命令常用选项如下所示。

- -a：显示所有处于活动状态的套接字。
- -A：显示指定协议族的网络连接信息。
- -c：持续列出网络状态信息，刷新频率为 1s。
- -e：显示更加详细的信息。
- -i：列出所有网络接口。
- -l：列出处于监听状态的套接字。
- -n：直接显示 IP 地址，不转换成域名。
- -p：显示使用套接字的进程 ID 和程序名称。
- -r：显示路由表信息。
- -s：显示每个协议的统计信息。
- -t：显示 TCP/IP 的连接信息。
- -u：显示 UDP 的连接信息。

【示例】　使用 netstat 命令查看所有端口状态

```
os@tedu:~ $ netstat - a
激活 Internet 连接 (服务器和已建立连接的)
Proto Recv - Q Send - Q Local Address          Foreign Address          State
tcp      0        0 localhost:domain          0.0.0.0:*                LISTEN
tcp      0        0 localhost:ipp             0.0.0.0:*                LISTEN
tcp      0        0 tedu:38868                151.101.230.217:https    ESTABLISHED
tcp      0        0 tedu:38870                151.101.230.217:https    ESTABLISHED
tcp6     0        0 ip6 - localhost:ipp       [::]:*                  LISTEN
udp      26880    0 localhost:domain          0.0.0.0:*
udp      0        0 0.0.0.0:bootpc            0.0.0.0:*
udp      0        0 0.0.0.0:ipp               0.0.0.0:*
udp      26624    0 0.0.0.0:mdns              0.0.0.0:*
udp      0        0 0.0.0.0:38150             0.0.0.0:*
udp6     0        0 [::]:38800                [::]:*
udp6     32896    0 [::]:mdns                 [::]:*
raw6     0        0 [::]:ipv6 - icmp          [::]:*                   7
活跃的 UNIX 域套接字 (服务器和已建立连接的)
Proto RefCnt Flags      Type        State        I - Node 路径
unix  2   [ ACC ]流    LISTENING    41137        /var/run/vmware/guestServicePipe
unix  2   [ ACC ]流    LISTENING    31693        @/tmp/dbus - hPc06UvU
unix  2   [ ]数据报                 67358        /run/user/1000/systemd/notify
unix  2   [ ]数据报                 38927        /run/user/120/systemd/notify
unix  2   [ ACC ]      SEQPACKET    LISTENING    1287  /run/udev/control
unix  2   [ ACC ]流    LISTENING    67361        /run/user/1000/systemd/private
unix  2   [ ACC ]流    LISTENING    36489        /tmp/.ICE - unix/1054
unix  2   [ ACC ]流    LISTENING    38930        /run/user/120/systemd/private
unix  2   [ ACC ]流    LISTENING    67365        /run/user/1000/gnupg/S.gpg - agent.browser
...
```

上述示例中，列出了所有的端口状态，包括监听的和未监听的端口。输出信息中包含两部分，其中第一部分为激活的网络端口信息，第二部分为 UNIX 套接字信息。

7.1.5　nslookup 命令

域名与 IP 地址之间能够互相转换，nslookup 命令就是可以用来查看域名信息的一个命令。nslookup 命令并没有提供很多复杂的命令，通常只需要将域名作为参数传递给该命令即可。

【示例】　使用 nslookup 命令查看 www.tedu.cn 的信息

```
os@tedu:~ $ nslookup www.tedu.cn
Server:     127.0.0.53
Address:    127.0.0.53#53
Non - authoritative answer:
www.tedu.cncanonical name = www.tedu.cn.cdn20.com.
Name:www.tedu.cn.cdn20.com
Address: 60.211.208.36
```

上述示例中,该命令共输出 6 行信息,其中每一行的意义如下所示。

- 第 1、2 行显示 nslookup 命令使用的域名服务器。
- 第 3～6 行输出域名相关信息,可以看出该域名并不指向某一个固定 IP 而是使用 CDN 服务器来进行内容分流。这样能够减少对主服务器的压力。Address 项输出 的是 CDN 服务器的 IP 地址,并非域名对应的实际 IP 地址。

7.1.6 ping 命令

ping 命令在 Windows 平台或 Linux 平台上都是一个使用非常频繁的命令,该命令最主要的功能就是向目标主机发送一个 ICMP 包,并接收响应。如果接收到响应,则表示当前主机和目标主机在物理上是连通的,如果接收不到响应,则表示网络故障或网络设置错误。ping 命令的使用非常简单。

【示例】 使用 ping 命令测试与 www.tedu.cn 服务器的连通性

```
os@tedu:~ $ ping www.tedu.cn
ping www.tedu.cn.cdn20.com (60.211.208.36) 56(84) bytes of data.
64 bytes from 60.211.208.36 (60.211.208.36): icmp_seq = 1 ttl = 128 time = 13.6 ms
64 bytes from 60.211.208.36 (60.211.208.36): icmp_seq = 2 ttl = 128 time = 12.9 ms
64 bytes from 60.211.208.36 (60.211.208.36): icmp_seq = 3 ttl = 128 time = 12.9 ms
64 bytes from 60.211.208.36 (60.211.208.36): icmp_seq = 4 ttl = 128 time = 13.1 ms
64 bytes from 60.211.208.36 (60.211.208.36): icmp_seq = 5 ttl = 128 time = 13.0 ms
64 bytes from 60.211.208.36 (60.211.208.36): icmp_seq = 6 ttl = 128 time = 12.8 ms
…
```

上述示例中,ping 命令会不断输出目标主机的响应信息,直到被打断(Ctrl+C)。

7.2 防火墙

防火墙是当今计算机上不可缺少的一个系统软件,是一个由软件和硬件设备组合而成、在内部网和外部网之间、专用网与公共网之间的界面上构造的保护屏障。所有的网络信息都会经过防火墙的过滤,只有被允许的网络信息才可以通过防火墙进行传输,否则都会被拦截。

7.2.1 UFW 防火墙简介

防火墙在做数据包过滤决定时,有一套遵循和组成的规则,这些规则存储在专用的数据包过滤表中,而这些表集成在 Linux 内核中。在数据包过滤表中,规则被分组放在链(chain)中。netfilter/iptables IP 数据包过滤系统是一款功能强大的工具,可用于添加、编辑和删除规则。

IPTABLES 是与 3.5 版本 Linux 内核集成的 IP 信息包过滤系统。如果 Linux 系统连接到因特网或 LAN、服务器或连接 LAN 和因特网的代理服务器,则该系统更有利于在 Linux 系统上控制 IP 信息包过滤和防火墙配置。

UFW(Uncomplicated Firewall)是 Ubuntu 系统上配置 IPTABLES 防火墙的工具。UFW 提供了一个非常友好的命令用于创建基于 IPv4、IPv6 的防火墙规则。

7.2.2 ufw 命令

ufw 命令简化了 IPTABLES 的使用,其常用的辅助命令都与功能贴合,方便记忆。

ufw 命令中常用的辅助命令如下。

- enable:开启防火墙。
- diable:关闭防火墙。
- reload:重新加载防火墙。
- default:修改默认策略。
- logging:日志管理,包括启用或禁用日志,以及指定日志级别。
- reset:将防火墙配置恢复到初始状态。
- status:显示防火墙状态。
- show:显示防火墙信息。
- allow:添加允许通信的规则。
- deny:添加禁止通信的规则。
- reject:添加拒绝通信的规则。
- limit:添加限制规则。
- delete:删除指定的规则。
- insert:在指定的位置插入规则。
- app list:列出使用防火墙的应用系统。
- app info:查看应用系统信息。
- app update:更新应用系统的信息。
- app default:指定应用系统默认的规则。

默认状态下,UFW 处于禁用状态,可以使用 status 命令查看。

【示例】 查看 UFW 当前状态

```
os@tedu:~ $ sudo ufw status
[sudo] os 的密码:
状态:不活动
```

【示例】 启用 UFW

```
os@tedu:~ $ sudo ufw enable
在系统启动时启用和激活防火墙
```

与 Windows 平台的防火墙设置相比,ufw 命令的使用非常简单,比如希望开启操作系统的 8080 端口示例如下。

【示例】 使用 ufw 命令开启 8080 端口

```
os@tedu:~ $ sudo ufw allow 8080
规则已添加
规则已添加 (v6)
```

如果希望禁用 8080 端口,只需要将上述示例中的 allow 替换成 deny 即可。

【示例】　使用 ufw 命令禁用 8080 端口

```
os@tedu:~ $ sudo ufw deny 8080
规则已更新
规则已更新 (v6)
```

如果需要删除一条规则,只需要在需要删除的规则前添加 delete 命令即可,比如删除上述示例中禁用的 8080 端口规则。

【示例】　删除禁用的 8080 规则

```
os@tedu:~ $ sudo ufw delete deny 8080
[sudo] os 的密码:
规则已删除
规则已删除 (v6)
```

7.3　SSH 服务

本书之前的内容更多使用的是图形界面中的终端环境进行命令的执行,但在实际应用中,尤其是对服务器进行管理时,通常采用的是远程登录方式在终端机上登录到服务器,实现服务器的远程控制。

7.3.1　SSH 服务简介

在 SSH 之前,如果需要对远程主机进行管理,通常使用的是 Telnet。Telnet 的功能是用户可以在本地计算机上完成远程主机的工作。在终端使用者的计算机上使用 Telnet 程序,用 Telnet 程序连接到服务器,终端使用者就可以在 Telnet 程序中输入命令,这些命令会在服务器上运行,就像直接在服务器的控制台上输入一样。然而 Telnet 并不会对终端与服务器之间的信息进行加密,黑客很容易对这些信息进行拦截并查看通信的内容,包括终端登录服务器时输入的用户名和密码,很显然这是不安全的。因此,国际互联网工程任务组(The Internet Engineering Task Force,IETF)的网络小组(Network Working Group)为远程登录会话和其他网络服务制定了 SSH 协议。

SSH(Secure Shell)是一种通用的、功能强大的、基于软件的网络安全解决方案。计算机每次向网络发送数据时,SSH 都会自动对其进行加密。数据到达目的地时,SSH 自动对加密数据进行解密。SSH 的另一个优点是为其传输的数据是经过压缩的,可以加快传输的速度。SSH 既可以代替 Telnet,又可以为 FTP、POP,甚至 PPP 提供一个安全的"通道"。

7.3.2　配置 SSH 服务

通常 Ubuntu 操作系统默认会安装 SSH 服务端。本书中安装 Ubuntu 时选择的是精简安装,需手动安装 openssh-server 才可以使用。OpenSSH 是 SSH 协议的免费开源实现。OpenSSH 用安全、加密的网络连接工具代替了 Telnet、FTP、rlogin、rsh 和 rcp 工具。

OpenSSH 支持 SSH 协议的版本有 1.3、1.5 和 2。自从 OpenSSH 的 2.9 版本出现以来,默认的协议使用 RSA 密钥。

【示例】　安装 openssh-server

```
os@tedu:~ $ sudo apt - getinstall openssh - server
[sudo] os 的密码:
正在读取软件包列表... 完成
正在分析软件包的依赖关系树
正在读取状态信息... 完成
将会同时安装下列软件:
ncurses - term openssh - sftp - server ssh - import - id
建议安装:
molly - guard monkeysphere rssh ssh - askpass
下列【新】软件包将被安装:
ncurses - term openssh - server openssh - sftp - server
ssh - import - id
升级了 0 个软件包,新安装了 4 个软件包,要卸载 0 个软件包,有 0 个软件包未被升级。
需要下载 637KB 的归档。
解压缩后会消耗 5,316KB 的额外空间。
您希望继续执行吗?[Y/n] y
获取:1 http://cn.archive.ubuntu.com/ubuntu bionic - updates/main amd64 ncurses - term all 6.1
- 1ubuntu1.18.04 [248KB]
...
```

安装之后,SSH 服务默认开启,可以使用 systemctl 命令进行查看。

【示例】　查看 SSH 服务

```
os@tedu:~ $ systemctl statusssh
• ssh. service - OpenBSD Secure Shell server
  Loaded: loaded (/lib/systemd/system/ssh.service; enabled; ve
  Active: active (running) since Tue 2018 - 09 - 18 09:15:48 CST;
Main PID: 5608 (sshd)
    Tasks: 1 (limit: 3461)
  CGroup: /system.slice/ssh.service
          └─5608 /usr/sbin/sshd - D

9 月 18 09:15:48 tedu systemd[1]: Starting OpenBSD Secure Shell
9 月 18 09:15:48 tedu sshd[5608]: Server listening on 0.0.0.0 po
9 月 18 09:15:48 tedu sshd[5608]: Server listening on :: port 22
9 月 18 09:15:48 tedu systemd[1]: Started OpenBSD Secure Shell s
```

由于在前述内容中启用了 Ubuntu 防火墙 UFW,所以此时仍不能通过 SSH 服务进行远程主机控制,需要打开 SSH 服务端口才可以,此时可以使用 ufw 命令的另一种方法,即服务名称方法添加端口信息。

【示例】　使用 ufw 命令添加允许 SSH 端口通信的规则

```
# 此时只需要输入 SSH 服务的名称即可
os@tedu:~ $ sudo ufw allow ssh
```

[sudo] os 的密码：
规则已添加
规则已添加（v6）

7.3.3 使用 PuTTY 登录 SSH 服务

远程登录主机时，对终端机来说并没有特别的要求，任意支持 SSH 的终端机都可以，在 Windows 平台上，有许多优质的工具提供了 SSH 登录的功能，例如 PuTTY。

PuTTY 是一个集 Telnet、SSH、rlogin、纯 TCP 以及串行接口连接的软件，较早的版本仅支持 Windows 平台，在后来的版本中开始支持各类 UNIX 平台，并打算移植至 Mac OS X 上。除了官方版本外，有许多第三方的团体或个人将 PuTTY 移植到其他平台上，像是以 Symbian 为基础的移动电话。PuTTY 为一个开放源代码软件，主要由 Simon Tatham 维护，使用 MIT licence 授权。随着 Linux 在服务器端的广泛应用，Linux 系统管理越来越依赖于远程。在各种远程登录工具中，PuTTY 是出色的工具之一。PuTTY 是一个免费的、Windows x86 平台下的 Telnet、SSH 和 rlogin 客户端，但其功能丝毫不逊色于商业的 Telnet 类工具。

PuTTY 的使用非常简单，下面就简单介绍 Windows 平台下 PuTTY 软件的使用。

1. 打开 PuTTY

如图 7-1 所示，打开 PuTTY 界面后，在 Host Name(or IP address)框中输入目标主机的 IP 地址或主机名称，Port 端口默认为 22，连接类型选择 SSH，单击 Open 按钮即开始与远程主机进行连接，此处的远程主机指的是在虚拟机中的 Ubuntu 18.04。

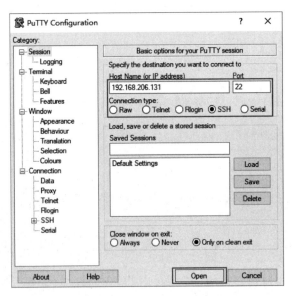

图 7-1 PuTTY 设置主机 IP 地址及端口

2. 确认认证信息

如图 7-2 所示，针对某一台远程主机，如果是第一次登录，由于本地并没有缓存该主机的注册信息，需要终端用户确认该远程主机是否是其希望连接的主机，如果确认远程主机没错，直接单击"是"按钮即可，否则可以单击"否"或"取消"按钮。

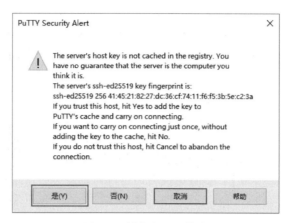

图 7-2 缓存主机的信息

3. 进入登录界面

如图 7-3 所示，连接成功后终端会提示可以执行登录操作。

图 7-3 进入终端登录界面

4. 登录

如图 7-4 所示，在 login as 之后输入用户名并回车，之后在 password 之后输入用户的登录密码就可以实现登录。需要注意的是，密码部分无论输入什么都不会有任何提示，输入完成后直接回车即可。

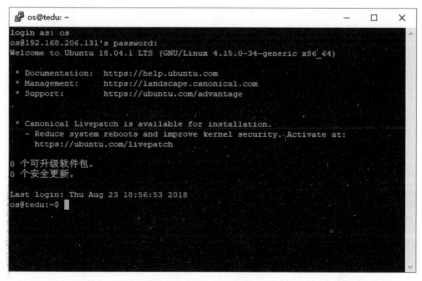

图 7-4 登录操作

登录成功后会显示一些操作系统的提示信息,比如操作系统版本号和内核版本号等。最后一行会显示上一次的登录时间,之后会等待用户输入命令,之后和在 Ubuntu 终端的使用方法基本一致。

5. 执行命令

如图 7-5 所示,输入 ls 命令,能够实现查看当前登录用户的主目录下的文件,输出的信息和在 Ubuntu 终端输出的内容是相同的。然而 *gedit* 命令却无法执行,这是因为 PuTTY登录后只是进入了 CLI 命令行的环境,并没有桌面环境,而 *gedit* 命令的作用是打开 *gedit* 文本编辑器。在 CLI 环境下,显然是无法打开 gedit 文本编辑器的,所以导致命令出错。即在使用 PuTTY 登录远程主机后,也只可以使用命令对远程主机进行操作,而不能执行任何与界面有关的命令。

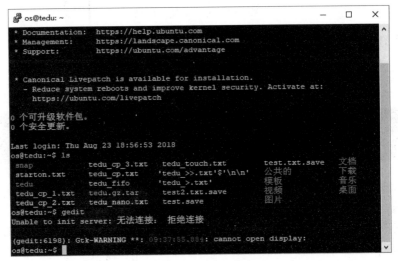

图 7-5　执行命令

7.4　FTP

随着计算机网络的普及,越来越多的文件开始在网络上进行传输,文件传输协议由此产生。各种类型的操作系统基本上都内置了文件传输服务,并作为一种标准的网络服务提供给用户使用。

7.4.1　FTP 简介

FTP(File Transfer Protocol,文件传输协议)是基于互联网的文件双向传输协议。不同的操作系统有不同的 FTP 应用程序,而所有这些应用程序都遵守 FTP,所以在不同的系统之间可以使用 FTP 进行数据传输。

FTP 的实现需要客户端和服务端两个部分。服务端主要进行文件的托管,在满足一定权限的条件下,客户端可以将服务端托管的文件下载下来,也可以将文件上传到服务器进行保存。

FTP 支持两种模式:Standard(主动)模式和 Passive(被动)模式。

1. Standard 模式

FTP 客户端首先需主动和服务器的 21 端口建立连接，用来发送命令，客户端需要在接收数据的同时在这个通道上发送 Port 命令。Port 命令包含客户端接收数据所用端口，一般是 20 端口。在传送数据的时候，服务器端通过自身的 20 端口连接至客户端的指定端口发送数据，FTP Server 必须和客户端建立一个新的连接用来传送数据。

2. Passive 模式

建立控制通道和 Standard 模式类似，但建立连接后需发送 PASV 命令。服务器收到 PASV 命令后，打开一个临时端口（端口号大于 1023 小于 65 535）并且通知客户端在这个端口上传送数据的请求，客户端连接 FTP 服务器端口，然后 FTP 服务器将通过这个端口传送数据。

 注意 很多防火墙在设置的时候都是不允许接受外部发起的连接的，所以许多位于防火墙后或内网的 FTP 服务器不支持 Passive 模式，因为客户端无法穿过防火墙打开 FTP 服务器的高端端口。而许多内网的客户端不能用 Standard 模式登录 FTP 服务器，因为从服务器的 TCP 20 无法和内部网络的客户端建立一个新的连接，从而导致无法工作。

7.4.2 安装 vsftpd 服务

vsftpd（very secure FTP daemon）是一个 UNIX 类操作系统上运行的服务器，其可以运行在诸如 Linux、BSD、Solaris、HP-UX，以及 IRIX 上面。vsftpd 支持很多其他的 FTP 服务器不支持的特征，例如：

- vsftpd 是以一般用户身份启动服务，所以对于 Linux 系统的使用权限较低，对于 Linux 系统的危害就相对减低了。
- 任何需要具有较高执行权限的 vsftpd 指令均由一个特殊的上层程序所控制，该上层程序享有的较高执行权限功能已经被限制得相当低，并以不影响 Linux 本身的系统为准。
- 所有来自客户端想要使用这支上层程序所提供的较高执行权限之 vsftpd 指令的需求均被视为"不可信任的要求"来处理，必须要经过相当程度的身份确认后，方可利用该上层程序的功能。
- 此外，上面提到的上层程序中，依然使用 chroot() 的功能来限制使用者的执行权限。

在 Ubuntu 18.04 操作系统中，vsftpd 可以直接使用 apt-get 命令进行安装，系统会在安装完成后进行相应的设置。

【示例】 安装 vsftpd 服务

```
os@tedu:~ $ sudo apt-getinstall vsftpd
[sudo] os 的密码：
正在读取软件包列表... 完成
正在分析软件包的依赖关系树
正在读取状态信息... 完成
下列【新】软件包将被安装：
```

```
vsftpd
升级了 0 个软件包,新安装了 1 个软件包,要卸载 0 个软件包,有 12 个软件包未被升级。
需要下载 115KB 的归档。
解压缩后会消耗 334KB 的额外空间。
获取:1 http://cn. archive. ubuntu. com/ubuntu bionic/main amd64 vsftpd amd64 3. 0. 3 - 9build1
[115 kB]
已下载 115KB,耗时 1 秒(86.2KB/s)
正在预设定软件包 ...
正在选中未选择的软件包 vsftpd。
(正在读取数据库 ... 系统当前共安装有 180097 个文件和目录。)
正准备解包 .../vsftpd_3.0.3-9build1_amd64.deb ...
正在解包 vsftpd (3.0.3-9build1) ...
正在处理用于 ureadahead (0.100.0-20) 的触发器 ...
正在设置 vsftpd (3.0.3-9build1) ...
Created symlink /etc/systemd/system/multi-user.target.wants/vsftpd.service → /lib/
systemd/system/vsftpd.service.
正在处理用于 systemd (237-3ubuntu10.3) 的触发器 ...
正在处理用于 man-db (2.8.3-2) 的触发器 ...
正在处理用于 ureadahead (0.100.0-20) 的触发器 ...
```

vsftpd 服务安装完成后即可使用,而且每次系统重启后都会自动启动,但是其默认的配置并非完全合适,因此需要根据需求进行更改。vsftpd 的配置文件存放在/etc 目录下,绝对路径为/etc/vsftpd. conf,可以使用 nano 文本编辑器进行更改。

【示例】 使用 nano 编辑器编辑 vsftpd. conf 文件

```
os@tedu:/etc $ sudo cp vsftpd. conf vsftpd. conf. bak
[sudo] os 的密码:
os@tedu:/etc $ sudo nano vsftpd. conf

  GNU nano 2.9.3                          vsftpd. conf


# Example config file /etc/vsftpd. conf
#
# The default compiled in settings are fairly paranoid. This sample file
# loosens things up a bit, to make the ftp daemon more usable.
# Please see vsftpd. conf. 5 for all compiled in defaults.
#
# READ THIS: This example file is NOT an exhaustive list of vsftpd options.
# Please read the vsftpd. conf. 5 manual page to get a full idea of vsftpd's
# capabilities.
#
#
# Run standalone?   vsftpd can run either from an inetd or as a standalone
# daemon started from an initscript.
listen = NO
#
# This directive enables listening on IPv6 sockets. By default, listening
# on the IPv6 "any" address (::) will accept connections from both IPv6
```

```
# and IPv4 clients. It is not necessary to listen on * both * IPv4 and IPv6
# sockets. If you want that (perhaps because you want to listen on specific

^G 求助        ^O 写入        ^W 搜索        ^K 剪切文字   ^J 对齐       ^C 游标位置
^X 离开        ^R 读档        ^\ 替换        ^U 还原剪切   ^T 拼写检查   ^_ 跳行
```

　　上述示例中,使用 nano 文本编辑器对配置文件进行了修改。更改程序的配置信息之前,首先使用 cp 命令将该配置文件进行备份,以防止修改失败。配置文件中"♯"为注释符号,修改时将对应的功能前的"♯"去掉即可启用该功能,在对应功能前写"♯"即可关闭该功能,也可以修改其他参数。

　　【示例】　vsftpd 配置文件中常见需自定义的项目

```
anonymous_enable = YES
# 设置为 NO 代表不允许用户匿名,设置为 YES 表示允许用户匿名。
local_enable = YES
# 设定本地用户是否可以访问,主要是虚拟宿主用户,如果设为 NO 则虚拟用户将无法访问。
write_enable = YES
# 设置是否可以进行写的操作,YES 为可以进行读写操作,NO 则不行
local_umask = 022
# 设定上传文件的权限掩码, 此时建立的文件默认权限是 644(6 - 0,6 - 2,6 - 2),建立的目录的默认
# 权限是 755(7 - 0,7 - 2,7 - 2)
anon_upload_enable = NO
# 禁止匿名用户上传,NO 则不允许匿名用户上传数据,YES 为允许。通常需要禁止匿名用户上传数据
# 来增强系统安全性。
anon_mkdir_write_enable = NO
# 禁止匿名用户建立目录,同上一条设置项。通常该项为 NO
xferlog_enable = YES
# 设定开启日志记录功能,该项一般开启即可。
connect_from_port_20 = YES
# 设定端口 20 进行数据连接,前述内容提到过在不同的传输模式下,20 端口的作用,在此处可以设
# 定是否打开 20 端口
chown_uploads = NO
# 设定禁止上传文件更改宿主
xferlog_file = /var/log/vsftpd.log
# 设定 vsftpd 服务器日志保存路径。该文件需手动进行创建,并设置相应的读写权限,否则可能造成
# vsftpd 服务启动失败
xferlog_std_format = YES
# 设定日志使用标准的记录格式
idle_session_timeout = 600
# 设定空闲连接超时时间,这里使用默认值,单位为秒。
data_connection_timeout = 3600
# 设定最大连接传输时间,这里使用默认,将具体数值留给每个用户具体制定,默认 120 秒
nopriv_user = vsftpd
# 设定支撑 vsftpd 服务的宿主用户为手动建立的 vsftpd 用户。注意:一旦更改宿主用户,需注意与
# 该服务相关的读写文件的读写赋权问题。
# async_abor_enable = YES
# 设定支持异步传输的功能
ftpd_banner = hello 欢迎登录
```

```
＃设置 vsftpd 的登录标语
chroot_list_enable = NO
＃禁止用户登录自己的 ftp 主目录
ls_recurse_enable = NO
＃禁止用户登录 ftp 后使用 ls - R 命令。该命令会对服务器性能造成巨大开销,如果该项运行,当
＃多个用户使用该命令时会对服务器造成威胁。
```

vsftpd 服务安装并设置完成后,即可使用其他各种 FTP 客户端软件进行连接和文件传输,常用的 FTP 客户端有 FileZilla、FireFTP、Monsta FTP 等软件。

7.5 其他网络安全相关服务

所有连接上网络的计算机都无法做到 100％的安全,网络安全已经成为现今系统维护中最重要的组成部分。本节将简单介绍在 Ubuntu 操作系统中可以更好地保护计算机的几种方法。

7.5.1 AppArmor

在 Windows 平台上,杀毒软件是必备软件之一,杀毒软件能够准确及时地找到计算机中的病毒所在,并将其删除。通常杀毒软件只能在计算机已经中毒后才能发挥作用,而且病毒必须是病毒库中含有的才可以,如果是新的病毒,病毒库中没有存在该病毒的特征,那么该病毒是无法被识别出来的,也就无法被防御,所以杀毒软件并非万能。

AppArmor 相对于杀毒软件来说并没有杀毒的作用,而是采用主动的方式对可能出现的危险进行防御,目前比较新的 Linux 内核中已经集成了 AppArmor。

【示例】 查看 AppArmor 的运行状态

```
os@tedu:~ $ sudo  apparmor_status
[sudo] os 的密码:
apparmor module is loaded.
37 profiles are loaded.
37 profiles are inenforce mode.
  /sbin/dhclient
  /snap/core/4917/usr/lib/snapd/snap - confine
  /snap/core/4917/usr/lib/snapd/snap - confine//mount - namespace - capture - helper
  /snap/core/5328/usr/lib/snapd/snap - confine
...
snap.gnome - system - monitor.gnome - system - monitor
  snap.tree.tree
0 profiles are in complain mode.
3 processes have profiles defined.
3 processes are inenforce mode.
  /sbin/dhclient (1140)
  /usr/sbin/cups - browsed (952)
  /usr/sbin/cupsd (833)
0 processes are in complain mode.
0 processes are unconfined but have a profile defined.
```

从上述示例中可以看出,AppArmor 已经处于运行状态(loaded),之后显示"37 pofiles are loaded."说明有 37 个配置文件已经加载成功。AppArmor 中每个配置文件对应一个应用程序,对应的应用程序运行时,必须遵循配置文件中的规则,否则可能运行不成功,或者被误认为有害的应用程序,达到主动防御的目的。

根据配置文件的不同,又分为两种加载模式:enforce 模式和 complain 模式。enforce 模式中,应用程序根据配置文件中设定的权限运行,不符合设定的操作会被直接拦截。而在 complain 模式中,应用程序同样根据配置文件设定的权限运行,不符合设定的操作也可以运行,但是不符合设定的操作会被记录到日志中。

在默认情况下,系统自带安装的配置文件很少,通过命令 sudo apt-get install apparmor-profiles 可以安装额外的 AppArmor-profile 文件。除了安装额外的配置文件外,也可以手动编写适合自己的配置文件。

【示例】 安装额外的配置文件

```
os@tedu:/etc/apparmor.d$ sudo apt - getinstall apparmor - profiles
[sudo] os 的密码:
正在读取软件包列表... 完成
正在分析软件包的依赖关系树
正在读取状态信息... 完成
下列软件包是自动安装的并且现在不需要了:
linux - headers - 4.15.0 - 33 linux - headers - 4.15.0 - 33 - generic
linux - image - 4.15.0 - 33 - generic linux - modules - 4.15.0 - 33 - generic
linux - modules - extra - 4.15.0 - 33 - generic
使用 'sudo apt autoremove' 来卸载它(它们)。
下列【新】软件包将被安装:
apparmor - profiles
升级了 0 个软件包,新安装了 1 个软件包,要卸载 0 个软件包,有 66 个软件包未被升级。
需要下载 31.8KB 的归档。
解压缩后会消耗 369KB 的额外空间。
获取:1 http://cn.archive.ubuntu.com/ubuntu bionic - updates/main amd64 apparmor - profiles
all 2.12 - 4ubuntu5.1 [31.8 kB]
已下载 31.8KB,耗时 1 秒(37.3KB/s)
正在选中未选择的软件包 apparmor - profiles。
(正在读取数据库 ... 系统当前共安装有 215785 个文件和目录。)
正准备解包 .../apparmor - profiles_2.12 - 4ubuntu5.1_all.deb ...
正在解包 apparmor - profiles (2.12 - 4ubuntu5.1) ...
正在设置 apparmor - profiles (2.12 - 4ubuntu5.1) ...
```

AppArmor 的配置文件位于 /etc/apparmor.d 目录中,并以应用程序的绝对路径命名,只是将其中的"/"替换为"."。例如,配置文件 /etc/apparmor.d/bin.ping 对应的应用程序为 /bin/ping。

【示例】 查看 ping 命令的配置文件

```
#使用 cat 命令进行查看
os@tedu:/etc/apparmor.d$ cat - n bin.ping
    #文件中第 1～11 行为注释内容,显示该文件的版权及简介等信息
```

```
1   #  ---------------------------------------------------------------
2   #
3   #      Copyright (C) 2002 - 2009 Novell/SUSE
4   #      Copyright (C) 2010 Canonical Ltd.
5   #
6   #      This program is free software; you can redistribute it and/or
7   #      modify it under the terms of version 2 of the GNU General Public
8   #      License published by the Free Software Foundation.
9   #
10  #  ---------------------------------------------------------------
11
```
＃第12行为引用指令,可以将其他文件包含到该文件中来,实现代码共享
```
12   # include < tunables/global >
```
＃以下内容为定义的配置文件信息
```
13   profile ping /{usr/,}bin/ping flags = (complain) {
14       # include < abstractions/base >
15       # include < abstractions/consoles >
16       # include < abstractions/nameservice >
17
```
＃第18行中 capability 指定 ping 命令具有连接"CAP_NET_RAWPosix.le"的能力,
＃第19行指定 ping 命令具有 setuid 的能力
```
18   capability net_raw,
19   capability setuid,
20   network inet raw,
21   network inet6 raw,
22
```
＃第23行 mixr 表示该应用程序能够读取和执行该文件
```
23   /{,usr/}bin/ping mixr,
24   /etc/modules.conf r,
25
26   # Site - specific additions and overrides. See local/README for details.
27   # include < local/bin.ping >
28   }
```

> **注意**　ping 命令的配置文件,只有在安装额外的配置文件之后才会看到,默认并没有该命令的配置文件。

7.5.2　数字证书

随着互联网环境的恶化,互联网建立之初采用的明文信息传输方式越来越不安全,取而代之的是各种加密信息。数字证书就是互联网通信中标志通信各方身份信息的一串数字,其提供了一种在网络上验证通信实体身份的方式。数字证书不是数字身份证,而是身份认证机构盖在数字身份证上的一个章或印(或者说加在数字身份证上的一个签名)。数字证书是由 CA(Certificate Authority,证书授权中心)机构发行,人们可以在网上用该证书来识别对方的身份。

数字证书采用公钥体制,即利用一对互相匹配的密钥进行加密、解密。每个用户自己设

定一把特定的仅为本人所知的私有密钥(私钥),用其进行解密和签名,同时设定一把公共密钥(公钥)并由本人公开,为一组用户所共享,用于加密和验证签名。当发送一份保密文件时,发送方使用接收方的公钥对数据加密,而接收方则使用自己的私钥解密,这样信息就可以安全无误地到达目的地了。通过数字的手段保证加密过程是一个不可逆过程,即只有用私有密钥才能解密。

在公开密钥密码体制中,常用的一种是 RSA 体制。其数学原理是将一个大数分解成两个质数的乘积,加密和解密用的是两个不同的密钥。即使已知明文、密文和加密密钥(公开密钥),想要推导出解密密钥(私密密钥)在计算上也是不可能的。按当下计算机技术水平,要破解 1024 位 RSA 密钥,需要上千年的计算时间。公开密钥技术解决了密钥发布的管理问题,商户可以公开其公开密钥,而保留其私有密钥。

数字证书申请、颁发过程一般如下。

(1)生成密钥:用户首先生成自己的密钥对,将公共密钥及部分个人身份信息传送给认证中心。

(2)核实身份:认证中心在核实身份后,将执行一些必要的步骤,以确信请求确实由用户发送而来。

(3)颁发证书:认证中心将发给用户一个数字证书,该证书内包含用户的个人信息和公钥信息,同时还附有认证中心的签名信息。

(4)使用证书:用户就可以使用自己的数字证书进行相关的各种活动了。

数字证书由独立的证书发行机构发布。数字证书有多种类型,每种证书可提供不同级别的可信度,可以从证书发行机构获得数字证书。

 **本章小结**

- ifconfig 是 Linux 平台中用于显示或配置网络设备的命令。
- 使用 ip 命令能够简单地执行一些网络管理任务,能够代替现有的 ifconfig 命令。
- route 命令常用来显示和操作 IP 路由器表,与 ifconfig 命令一样都是 net-tools 软件包中的一个命令。
- netstat 命令主要用来查看各种网络信息,包括网络连接、路由表及网络接口的各种统计数据等。
- nslookup 命令可以用来查看域名信息。
- ping 命令通常用来查看网络是否联通。
- 防火墙是系统安全中相当重要的一个环节,能够很好地抵御外界对计算机的攻击。
- ufw 命令用来进行防火墙配置。
- SSH 是一种通用的、功能强大的、基于软件的网络安全解决方案,能够对传输的信息进行加密。
- PuTTY 是较常用的一个利用 SSH 登录远程主机的软件。
- FTP 是基于互联网的文件传输协议。
- Linux 平台上通常可以使用 vsftpd 作为 FTP 服务提供文件托管的功能。
- AppArmor 是一种主动防御的安全机制。
- 数字证书是目前使用非常广泛的身份认证机制。

本章习题

1. ifconfig 命令不能实现的是(　　　)。
   - A. 查看网卡状态
   - B. 禁用网卡
   - C. 设置网卡 IP
   - D. 查看路由表

2. "ip link list"命令的作用是(　　　)。
   - A. 列出本机所有的连接
   - B. 列出本机所有网卡状态
   - C. 列出本机所有的 link 连接
   - D. 列出本机所有的 TCP 连接

3. ping 命令常用的功能是_____。

4. 使用 ufw 命令分别操作允许、禁止、删除某一端口的通信规则。

5. 安装 PuTTY 软件并实现登录到远程主机执行命令。

6. 安装 FTP 服务端及客户端(任选一客户端),实现文件上传及下载。

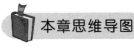

第 **8** 章　Shell编程

本章思维导图

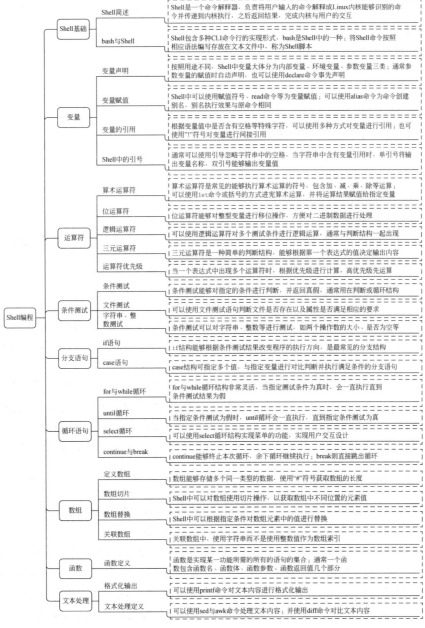

	Shell简述	Shell是一个命令解释器，负责将用户输入的命令解释成Linux内核能够识别的命令并传递到内核执行，之后返回结果，完成内核与用户的交互
Shell基础	bash与Shell	Shell包含多种CLI命令行的实现形式，bash是Shell中的一种；将Shell命令按照相应语法编写存放在文本文件中，称为Shell脚本
	变量声明	按照用途不同，Shell中变量大体分为内部变量、环境变量、参数变量三类；通常参数变量的赋值时自动声明，也可以使用declare命令事先声明
变量	变量赋值	Shell中可以使用赋值符号、read命令等为变量赋值；可以使用alias命令为命令创建别名，别名执行效果与原命令相同
	变量的引用	根据变量值中是否含有空格等特殊字符，可以使用多种方式对变量进行引用；也可使用"!"符号对变量进行间接引用
	Shell中的引号	通常可以使用引号忽略字符串中的空格，当字符串中含有变量引用时，单引号将输出变量名称，双引号能够输出变量值
	算术运算符	算术运算符是常见的能够执行算术运算的符号，包含加、减、乘、除等运算；可以使用let命令或括号的方式进宪算术运算，并将运算结果赋值给指定变量
运算符	位运算符	位运算符能够对整型变量进行移位操作，方便对二进制数据进行处理
	逻辑运算符	可以使用逻辑运算符对多个测试条件进行逻辑运算，通常与判断结构一起出现
	三元运算符	三元运算符是一种简单的判断结构，能够根据第一个表达式的值决定输出内容
	运算符优先级	当一个表达式中出现多个运算符时，根据优先级进行计算，高优先级先运算
	条件测试	条件测试能够对指定的条件进行判断，并返回真假，通常用在判断或循环结构
条件测试	文件测试	可以使用文件测试语句判断文件是否存在以及属性是否满足相应的要求
	字符串、整数测试	条件测试可以对字符串、整数等进行测试，如两个操作数的大小、是否空值等
分支语句	if语句	if结构能够根据条件测试结果改变程序的执行方向，是最常见的分支结构
	case语句	case结构可指定多个值，与指定变量进行对比判断并执行满足条件的分支语句
	for与while循环	for与while循环结构非常灵活，当指定测试条件为真时，会一直执行直到条件测试结果为假
循环语句	until循环	当指定条件测试为假时，until循环会一直执行，直到指定条件测试为真
	select循环	可以使用select循环结构实现菜单的功能，实现用户交互设计
	continue与break	continue能够终止本次循环，余下循环继续执行；break则直接跳出循环
	定义数组	数组能够存储多个同一类型的数据，使用"#"符号获取数组的长度
数组	数组切片	Shell中可以对数组使用切片操作，以获取数组中不同位置的元素值
	数组替换	Shell中可以根据指定条件对数组元素中的值进行替换
	关联数组	关联数组中，使用字符串而不是使用整数值作为数组索引
函数	函数定义	函数是实现某一功能所需的所有的语句的集合；通常一个函数包含函数名、函数体、函数参数、函数返回值几个部分
文本处理	格式化输出	可以使用printf命令对文本内容进行格式化输出
	文本处理定义	可以使用sed与awk命令处理文本内容；并使用diff命令对比文本内容

Shell编程

 **本章目标**

- 了解 Shell、bash、操作系统的关系；
- 了解 Shell 脚本的创建方法；
- 了解文本信息的格式化输出方法；
- 理解变量的定义方法；
- 理解关联数组的概念；
- 理解文本内容处理方法；
- 掌握变量的创建方法；
- 掌握算术运算符、逻辑运算符等操作符的使用方法；
- 掌握数组索引与值的对应方法；
- 掌握数组的切片、替换等方法；
- 掌握 if 条件结构的使用；
- 掌握 while、until 等循环结构的使用；
- 掌握 Shell 中函数的创建；
- 掌握 Shell 中函数参数的传递与获取。

8.1 Shell 基础

在 Linux 操作系统中，存在着众多不同的桌面环境和命令行界面，不同的 Linux 发行版中使用的桌面环境往往是不同的，甚至大多数服务端 Linux 发行版是不会安装桌面环境的，因此需要使用其他方式对操作系统进行管理，即 Shell。

8.1.1 Shell 简述

Shell 是一个命令解释器，负责将用户输入的命令解释成 Linux 内核能够识别的命令，并将其传递给内核执行，内核执行后会将执行返回给 Shell，Shell 再将执行结果显示出来，完成一次命令交互。

在 Shell 命令的基础上，通过对 Shell 命令的组合，形成 Shell 脚本。经过长时间的发展，Shell 脚本已经成为 Linux 平台上举足轻重的编程语言，其能完成大部分其他编程语言能够完成的工作，也能完成与系统关系比较密切的工作。在 Linux 管理员手中，Shell 是 Linux 操作系统管理的利器，在普通用户手中，Shell 是能够快速解决问题的工具。

8.1.2 bash 与 Shell

Shell 严格上可以分为两种：GUI 图形界面 Shell 和 CLI 命令行 Shell。通常所说的 Shell 是指 CLI 命令行 Shell，其作用是解释用户输入的命令。

bash 是众多 CLI 命令行 Shell 中的一种实现，能够提供命令解释的功能。除了 bash 外，还有一些 csh、ksh 等命令解释器，每种 Shell 都提供了许多管理 Linux 操作系统的工具。

bash 是比较常用的 Shell 程序，在大多数 Linux 操作系统中都是默认的 Shell，本书的编写过程中使用的就是 bash 命令行，所以本书中的命令都可以使用 bash 运行。

8.1.3　Shell 脚本

Shell 脚本(Shell Script)是一种解释型语言,实际的执行结果和其解释器有很大的关系,甚至其中如果一些指令解释器没有提供,那么该脚本将无法执行。

Shell 脚本中的主要内容就是各种命令,每个命令都可以在 Shell 中单独执行,经过一些操作符的连接、判断、循环等操作形成了一门新的编程语言。

【示例】　Shell 脚本的"hello world"

```
♯使用命令输出"hello world"字符串
os@tedu:~ $ echo hello world
hello world
♯创建名称为 hello.sh 的文件
os@tedu:~ $ nano hello.sh
  GNU nano 2.9.3                                   hello


#!/bin/bash
echo hello world



                            [已读取 3 行 ]
^G 求助       ^O 写入       ^W 搜索       ^K 剪切文字   ^J 对齐       ^C 游标位置
^X 离开       ^R 读档       ^\ 替换       ^U 还原剪切   ^T 转至代码语   ^_ 跳行
♯为 hello 文件添加可执行权限
os@tedu:~ $ sudo chmod +x hello.sh
[sudo] os 的密码:
♯执行 hello 程序
os@tedu:~ $ ./hello.sh
hello world
```

上述示例中,第一次使用命令输出"hello world"是直接在命令行中执行的,这种方法是前面内容中常用的方法,也是命令通常使用的方法。

之后创建的 hello 文件是一个脚本文件,该文件有以下两行内容。

- 第 1 行"♯!/bin/bash",其中,"♯!"被称为"shebang",其作用是指定该脚本的解释器,即该脚本的运行环境。之后的参数"/bin/bash"是解释器的绝对路径,该行必须放在文件的第一行,如果希望使用另外的解释器,直接替换该路径即可。
- 第 2 行"echo hello world"和命令行窗口中执行的命令是一样的,在 Shell 脚本中,实际就是将在 bash 中执行的命令写入文件。

创建完 Shell 脚本文件后,还需要为该文件添加可执行权限。在 Linux 平台中,文件是否是可执行文件,和文件的后缀名没有关系,这一点与 Windows 平台并不相同,有运行权限的文件在 Linux 平台中就是可运行的。

最后通过"./hello.sh"运行该文件,可以看到输出结果和单独执行命令是相同的,即 Shell 脚本运行成功。

8.2　变量

在任何一种程序语言中,变量都是非常重要的组成部分。通常变量可以用来存储整数、小数、字符串等类型的数据,变量能够把程序中准备使用的每一段数据都赋给一个简短、易于记忆的名字,且通过该名字来获取或改变对应的数据值。

8.2.1　变量声明

编程语言大体上可以分为两种:编译型语言和解释型语言,其中,Shell 脚本就属于一种解释型语言,所以也拥有一些解释型语言的特点。比如 Shell 中并不严格区分变量的类型,变量类型取决于变量对应的内存中存储的内容。而且只有当用户第一次为该变量赋值时才能决定该变量的类型,同时未声明类型的变量,在被赋值不同类型的值时,数据类型会自动进行相应的转换。因此,在创建变量时并不需要严格地声明其类型就可以使用。

【示例】　定义 x 并为其赋值 test

```
os@tedu:~ $ x = test
os@tedu:~ $ echo $ x
test
```

上述示例中,定义了一个名为 x 的变量,且通过"="操作符为其赋值 test 字符串。此时变量 x 的数据类型为"字符串"型。"$"操作符的作用是对变量的引用,此处代表引用变量 x,将 x 的值传递到 echo 命令中,实现 x 内容的显示。

实际使用过程中,为了加快程序运行的速度,提升程序的严谨度,Shell 脚本中也可以使用一些指令来指定变量的类型,常用的如 typeset 和 declare 两个内部命令,这两个命令都可以指定变量的类型,且使用方法完全相同,此处只示例 declare 命令的使用。其常用选项如下所示。

- -i:定义一个整数类型的变量。
- -a:定义一个数组类型的变量。
- -f:定义一个函数类型的变量。
- -r:定义一个只读变量。

【示例】　定义整数类型的变量

```
♯定义一个整数类型的变量 x,此时 x 并未赋值,其初始值为 0
os@tedu:~ $ declare - i x
♯为变量 x 赋值一串字符"test",此时并不能成功赋值
os@tedu:~ $ x = test
♯使用 echo 命令查看 x 的变量值,依然是 0
os@tedu:~ $ echo $ x
0
♯再次为变量 x 赋值整数"90",此时可以成功赋值
os@tedu:~ $ x = 90
♯再次查看变量 x 的值,为 90
os@tedu:~ $ echo $ x
90
```

上述示例中,创建了一个整型的变量,该变量的数据类型是固定的,不可根据赋值内容改变。如果对该变量赋值字符串类型的数据,则会出现赋值失败的错误。除了这种常规变量类型外,还可以创建一种只读变量,只读变量的值是固定的、无法修改的。定义只读变量有两种方式,即使用 declare 命令和 readonly 命令。

【示例】　使用 declare 命令定义只读变量

```
#定义变量 ro 为只读变量,并赋值为字符串"test"
os@tedu:~ $ declare -r ro = test
#使用 echo 命令查看 ro 变量的值
os@tedu:~ $ echo $ ro
test
#尝试修改变量 ro 的变量值,会提示变量 ro 为只读变量,无法修改
os@tedu:~ $ ro = tedu
bash:ro: 只读变量
```

【示例】　使用 readonly 命令定义只读变量

```
os@tedu:~ $ readonly ro1 = 100
os@tedu:~ $ echo $ ro1
100
os@tedu:~ $ ro1 = 80
bash: ro1: 只读变量
```

变量一经定义,便会占用系统内存空间,如果定义的变量过多,且许多变量只用有限的次数,则会造成内存空间的浪费,拖慢程序的运行速度。大多数编程语言都有内存回收机制,控制程序的内存占用,优化程序的运行速度。在 Shell 编程中,可以通过销毁变量来实现内存的回收,销毁变量使用的是 unset 命令。

【示例】　使用 unset 销毁变量

```
#定义整数类型变量 x 并赋值整数 100
os@tedu:~ $ declare -i x = 100
#查看变量 x 的值,会输出 100
os@tedu:~ $ echo $ x
100
#使用 unset 命令销毁变量 x
os@tedu:~ $ unset x
#再次查看变量 x 的值,为空,表示该变量已经被销毁
os@tedu:~ $ echo $ x

#尝试将字符串"test"赋值给 x,由前述示例中可知,整数类型的 x 如果赋值字符串型是不可能成功的,而此处设置却可以成功,说明由 declare 定义的变量 x 已经被删除
os@tedu:~ $ x = test
os@tedu:~ $ echo $ x
test
```

上述示例中,首先定义了一个整型变量,整型变量是无法接受字符串类型数据的,之后使用 unset 命令进行销毁。再次对该变量赋值字符串类型的数据时赋值成功,说明该变量

已经被销毁,之后的变量为重新创建的变量。

在 Shell 中,除了关键词外,其他字符串都可以作为变量名使用,如果使用了关键词作为变量名也有可能得到正确的结果,但是不建议这样做,通常变量名可以包含字母、数字、下画线等字符,并且不能以数字开头。

【示例】　定义变量名

```
#下画线开头的变量名称是可以接受的
os@tedu:~ $ declare - i _x
#数字开头的变量名称是不可以接受的
os@tedu:~ $ declare - i 2x
bash: declare: `2x':不是有效的标识符
```

上述示例中,定义了两个变量值,第一个名称为下画线开头,是可以的,而第二个变量名由数字开头,会提示"不是有效的标识符"。

8.2.2　变量赋值

在大多数编程语言中,都可以使用赋值运算符"="对变量进行赋值,当然在 Shell 编程中也可以。其基本语法如下。

【语法】

```
变量名 = 变量值
```

> **注意**　在对变量进行赋值时,"="两边不能有空格,否则前面的变量名会被视为"命令"执行,而通常变量都是无法执行的。

除了常规的"="赋值运算符外,Shell 中还提供了一些命令对变量进行赋值,例如 read 命令。read 命令能够在终端中读取数据,并将数据赋值给指定的变量,也可以起到用户与 Shell 进行交互的作用,其基本语法如下所示。

【语法】

```
read 变量名
```

【示例】　使用 read 命令为变量赋值

```
#read 命令之后添加变量名称作为参数,该变量名可以是已经定义的,也可以是未定义的
#之后会等待用户输入数据,输入后回车,read 能够自动将用户输入的数据赋值给 x
os@tedu:~ $ read x
test
#查看变量 x 的值,为用户输入的"test"
os@tedu:~ $ echo $ x
test
```

通常 read 命令使用回车符"\n"作为结尾,检测用户输入的数据时,一旦发现回车符,则

将之前获取的数据赋值给指定的变量。除此之外,read 命令还提供了许多其他功能,常用的选项如下所示。

- -e:在一个交互式 Shell 中使用 Readline 获取行。
- -i:使用 TEXT 文本作为 Readline 的初始文字。
- -n:读取 n 个字符之后返回,而不是等到读取换行符。
- -N:在准确读取了 n 个字符之后返回,除非遇到文件结束符或者读超时,任何的分隔符都被忽略。
- -p:prompt,在尝试读取之前输出 PROMPT 提示符并且不带换行符。
- -r:不允许反斜杠转义任何字符。
- -s:不显示终端的任何输入。
- -t:timeout,如果在 TIMEOUT 秒内没有读取一个完整的行则超时并且返回失败。

8.2.3 变量的引用

通常,在大多数编程语言中引用变量时,直接将变量名称放在需要的位置即可,而在 Shell 中,需要使用"$"美元符号进行引用。变量的引用大体可分为以下四种方法。

【语法】

```
$变量名
${变量名}
"$变量名"
"${变量名}"
```

第一种引用方法是最简洁的,直接在变量名前加"$"符号即可,这种形式在大部分情况下都是正确的。

【示例】 直接输出变量值

```
os@tedu:~ $ i = 100
os@tedu:~ $ echo $ i
100
```

第二种引用方法,大多用在变量之后还有其他字符的情况。

【示例】 变量名称之后还有字符的变量引用

```
#定义 i,并将字符串"hello"赋值给 i
os@tedu:~ $ i = hello
#"$ i,world"将变量 i 的内容及"world"拼接为一个字符串并通过 echo 命令输出
os@tedu:~ $ echo $ i,world
#由于","逗号并非合法的变量名称,所以 Shell 能够区分出引用的变量 i 及"world"
hello,world
#如果没有","分隔,则"iworld"会被视为一个变量名,从而输出错误结果,或没有输出
os@tedu:~ $ echo $ iworld

#此时可以使用第二种引用方法,即可输出正确结果
os@tedu:~ $ echo $ {i}world
helloworld
```

第三种和第四种引用方法多用在变量值中含有空格的情况。在 Shell 中,空格是作为命令、选项、参数之间的分隔符使用的,变量值中的空格会导致空格之后的内容被当作选项或参数,使用这两种引用方法能够有效避免空格的干扰。

8.2.4 变量分类

按照不同的使用用途进行区分,Shell 中的变量大体可以分为三大类:内部变量、环境变量、参数变量。

内部变量通常用来进行系统参数的获取,比如读取 Shell 脚本文件的名称或者读取上一次命令执行的返回值等。

【示例】 获取 **Shell 内部变量的值**

```
os@tedu:~ $ echo hello world
hello world
os@tedu:~ $ echo $?
0
```

上述示例中,首先使用 echo 命令输出"hello world"字符串,该命令执行完毕后会有一个返回值,在 Linux 操作系统中,每个正常执行的命令都会有返回值,该返回值在命令执行结束后会被赋值给"?"变量。命令执行的返回值为 0 时,代表该命令正常执行。使用"$?"输出 echo 命令执行后的返回值,可见为 0,代表 echo 命令执行正常。

参数变量通常是指用户在代码编写过程中自定义的一些变量,这些变量能够保存 Shell Script 运行中的一些临时数据,这些数据是可以改变的。

【示例】 **使用变量存储临时数据**

```
os@tedu:~ $ x = 10
os@tedu:~ $ echo $x
10
os@tedu:~ $ x = 11
os@tedu:~ $ echo $x
11
```

上述示例中,首先定义了一个变量 x 并赋值为 10,此时可以使用 echo 命令查看 x 变量的变量值为 10,之后将数字 11 赋值给变量 x,可以看到变量 x 的变量值变为 11。

每个操作系统中都会有一些默认的变量,被称为环境变量,每个用户可以根据其要求对环境变量进行更改。可以使用 export 命令查看或修改环境变量的值。

【示例】 **使用 export 查看环境变量**

```
os@tedu:~ $ export
declare - x CLUTTER_IM_MODULE = "xim"
declare - x COLORTERM = "truecolor"
declare - x DBUS_SESSION_BUS_ADDRESS = "unix:path = /run/user/1000/bus"
declare - x DEFAULTS_PATH = "/usr/share/gconf/ubuntu.default.path"
declare - x DESKTOP_SESSION = "ubuntu"
...
```

```
declare - x
declare - x LANGUAGE = "zh_CN:zh"
declare - x LESSCLOSE = "/usr/bin/lesspipe % s % s"
declare - x LESSOPEN = "| /usr/bin/lesspipe % s"
declare - x LOGNAME = "os"
declare - x XDG_SESSION_TYPE = "x11"
declare - x XDG_VTNR = "2"
declare - x XMODIFIERS = "@ im = ibus"
```

如果只是查看其中某一个环境变量的值,可以使用 echo 命令,echo 命令的主要作用就是将输入的参数直接输出。

【示例】　查看 echo 命令的帮助信息

```
os@tedu:~ $ help echo
echo: echo [ - neE] [参数 ...]
将参数写到标准输出.
...
```

【示例】　使用 echo 命令输出 PATH 环境变量的值

```
#输出修改之前的 PATH 环境变量值
os@tedu:~ $ echo $ PATH
/home/os/.local/bin:/usr/local/sbin:/usr/local/bin:/usr/sbin:/usr/bin:/sbin:/bin:/usr/
games:/usr/local/games:/snap/bin
#将~/tedu/test 路径添加到 PATH 环境变量中
os@tedu:~ $ export PATH = ~/tedu/test: $ PATH
#输出修改之后的 PATH 环境变量值
os@tedu:~ $ echo $ PATH
/home/os/tedu/test:/home/os/.local/bin:/usr/local/sbin:/usr/local/bin:/usr/sbin:/usr/
bin:/sbin:/bin:/usr/games:/usr/local/games:/snap/bin
```

上述示例中,export 命令实现了追加新路径到 PATH 环境变量中。但是这种修改是暂时的,关闭 Shell 终端后,这种修改就会消失,重新打开 Shell 终端后,需要再次执行该指令才可以。如果希望保留这种修改,可以修改用户主目录下的.bashrc 文件。

【示例】　修改.bashrc 文件实现保留环境变量的效果

```
#使用 nano 编辑器编辑.bashrc 文件
os@tedu:~ $ nano .bashrc
  GNU nano 2.9.3                              .bashrc

# ~/.bash_aliases, instead of adding them here directly.
# See /usr/share/doc/bash - doc/examples in the bash - doc package.

if [ - f ~/.bash_aliases ]; then
    . ~/.bash_aliases
fi

# enable programmable completion features (you don't need to enable
```

```
# this, if it's already enabled in /etc/bash.bashrc and /etc/profile
# sources /etc/bash.bashrc).
if ! shopt - oq posix; then
if [ - f /usr/share/bash - completion/bash_completion ]; then
    . /usr/share/bash - completion/bash_completion
elif [ - f /etc/bash_completion ]; then
    . /etc/bash_completion
  fi
fi
# 在最后一行添加修改命令
export PATH = ~/tedu/test: $ PATH


^G 求助      ^O 写入      ^W 搜索      ^K 剪切文字   ^J 对齐      ^C 游标位置
^X 离开      ^R 读档      ^\ 替换      ^U 还原剪切   ^T 拼写检查   ^_ 跳行


# 重启终端或计算机,再次查看 PATH 环境变量
# 可见路径添加成功
os@tedu:~ $ echo $ PATH
/home/os/tedu/test:/home/os/.local/bin:/usr/local/sbin:/usr/local/bin:/usr/s
bin:/usr/bin:/sbin:/bin:/usr/games:/usr/local/games:/snap/bin
```

.bashrc 文件主要保存当前用户的的一些个性化设置,如命令别名、路径等。Linux 操作系统在用户登录时,首先读取该用户主目录下的.bashrc 文件,并根据其中设定的规则设定好用户的环境。上述示例中将追加新路径到 PATH 的操作添加到环境变量中,则该操作会在每次用户登录该系统时执行,不再需要手动执行,达到了保留环境变量修改的效果。

8.2.5 Shell 中的引号

在编程语言中,引号通常用在字符或字符串数据类型的定义过程中,而在 Shell 中,所有的字符基本都会被认为是字符串,所以并没有这样严格的要求。但是如果字符串中包含空格,则需要将该字符串包含到引号中去,否则空格前的内容可能会被当作命令执行,而空格后的字符可能会被当作命令的选项或参数,这显然是要出错的。

【示例】 定义一个变量并赋值含有空格的字符串

```
# 新建变量 x,并赋值"hello os",由于含有空格,所以创建失败
os@tedu:~ $ x = hello os
os: 未找到命令
# 新建变量 x,并赋值"hello os",使用引号之后,变量创建成功
os@tedu:~ $ x = "hello os"
os@tedu:~ $ echo $ x
hello os
```

上述示例中,将变量内容包含到双引号""" ""中,可以解决变量值中含有空格的情况,这种情况同样可以使用单引号"' '"进行赋值。但是当引号中的内容包含变量引用时,单引号和双引号还是有区别的。

【示例】 单双引号的区别

```
#定义变量 x 并赋值"os"
os@tedu:~ $ x = os
#双引号中变量的引用能够正常地输出变量值
os@tedu:~ $ echo "hello ${x}"
hello os
#单引号中变量的引用并不能正常输出变量值,而是将"${x}"作为字符串进行输出
os@tedu:~ $ echo 'hello ${x}'
hello ${x}
```

上述示例中,可以看出单双引号的作用并不完全相同,双引号中的变量引用能够在输出时将变量名替换成变量值,将变量值输出。而单引号中的变量并不能完成转换,导致输出的是引用操作时的字符串。所以在编写 Shell 程序时,如果不希望字符串中的变量被 Shell 处理掉,则可以使用单引号将其引用起来,Shell 会忽略单引号中所有的特殊字符,而只忽略大部分双引号中的内容,个别的操作符在双引号中仍能生效。

除了单引号和双引号外,还有反引号"`"操作符,该操作符和字符串也有很大的关系。在 Shell 脚本中,用户可以使用该操作符将 Shell 命令的执行结果作为参数赋值给某个变量,从而达到命令替换的作用。

【示例】 使用反引号实现命令替换

```
#使用 ls 命令输出当前目录下的文件名
os@tedu:~ $ ls
data.data  snap  tedu 公共的  模板  视频  图片  文档  下载  音乐  桌面
#新建变量 cmd 并使用反引号赋值"ls"命令
os@tedu:~ $ cmd = 'ls'
#输出 cmd 变量的值
os@tedu:~ $ echo $ cmd
#可见输出结果与直接执行 ls 命令完全相同
data.data  snap  tedu 公共的  模板  视频  图片  文档  下载  音乐  桌面
```

上述示例中,演示了使用反引号进行命令替换的方法,这种方法用途非常广泛,不仅限于命令的替换,也可以实现命令参数的传递。前面章节中提到过管道可以实现两条指令之间的信息传递,但是管道只能将信息从第一条指令传递给第二条指令。而使用反引号,也可以实现一定程度上的信息传递,而且可以实现将第二条的指令执行结果传递给第一条指令作为参数执行。

【示例】 使用反引号传递信息

```
#查看当前目录下的文件,其中 test_rm 文件为要删除的文件
os@tedu:~ $ ls
```

```
data.data  tedu    test_rm_1  test_rm_4 模板  图片  下载  桌面
snap       test_rm  test_rm_3 公共的     视频  文档  音乐
# 使用 rm 命令删除文件名中包含"test"的文件
os@tedu:~ $ rm `ls | grep test`
# 可见删除成功
os@tedu:~ $ ls
data.data  snap  tedu 公共的  模板  视频  图片  文档  下载  音乐  桌面
```

上述示例中,删除指令可分为两部分,其中,"rm"命令的作用是删除文件,而"ls | grep test"的作用是输出文件名中包含"test"字符的文件。该指令使用反引号引用后,在整条指令执行过程中便会被执行,之后将得到的文件名作为参数反向传递到了"rm"指令中,实现文件的删除的功能。

除了使用反引号进行命令替换以外,还可以使用"$()"实现同样的功能。

【示例】 使用"$()"进行命令替换

```
os@tedu:~ $ files = $(ls)
os@tedu:~ $ echo $ files
data.data snap tedu 公共的   模板  视频  图片  文档  下载  音乐  桌面
```

上述示例中,使用"$()"操作符将 ls 命令的执行结果作为参数赋值给了 files 变量,之后引用 files 变量,输出了 ls 命令执行的结果,实现了命令替换的功能。

8.2.6 变量的间接引用

前面所讲的内容统一可以称为变量的直接引用,除此之外,Shell 还支持变量的间接引用。间接引用,是指某个变量的值是另外一个变量的变量名的情况,Shell 支持间接引用使用的是"!"操作符。

【示例】 变量的间接引用

```
# 新建变量 x 并赋值为 tedu
os@tedu:~ $ x = tedu
# 新建变量 y 并赋值为 x
os@tedu:~ $ y = x
# 直接引用,输出 y 值时,显示的是 x
os@tedu:~ $ echo $ y
x
# 间接引用,输出的是 x 的值
os@tedu:~ $ echo $ {!y}
tedu
# 如果只是用"!"引用操作符,则输出该变量的赋值语句
os@tedu:~ $ !y
y = x
```

上述示例中,创建 x 变量后,通过将变量 x 的变量名作为变量值赋给 y 变量,此时 y 的变量值为字符 x,直接引用操作符"$"时,输出的是字符 x。而在使用间接引用操作符时,则

会输出变量 x,之后对输出的变量 x 执行引用操作,则输出变量 x 的值"tedu"。在使用间接引用的时候,需要特别注意变量值中特殊字符的处理。

8.2.7　命令别名

在 Shell 的使用过程中,很多时候会遇到一条很长的命令,不仅记忆困难,而且输入麻烦,此时可以使用别名的方式将一条指令进行替换,使用较短的指令实现原来较长指令的功能。

为命令起别名使用的是 alias 命令,基本语法如下所示:

【语法】

```
alias newname = command
```

上述语法中,alias 命令将创建一个新的变量,newname 为该变量的名称,之后会将"="右边的 command 赋值给 newname,下次再执行 command 时,就可以直接使用 newname 进行执行。

【示例】　使用 alias 创建命令别名

```
#创建一个 lstest 别名,作用是列出当前目录中文件名含有 test 的文件
os@tedu:~ $ alias lstest = "ls | grep test"
#执行原命令的结果
os@tedu:~ $ ls | grep test
testcase
testcon
testfile
testfor
testreg
testsel
testwhile
#执行别名的结果
os@tedu:~ $ lstest
testcase
testcon
testfile
testfor
testreg
testsel
testwhile
```

上述示例中,使用 alias 命令创建了一个别名 lstest 并赋值"ls | grep test",可以看到后续执行 lstest 和原命令的输出内容完全相同。

与 export 命令类似,alias 命令创建的别名在终端关闭后也会失效。如果希望一直有效,可以将创建别名的命令添加到.bashrc 文件的末尾,这样每次重启终端都会重新创建该别名。

别名其实也是一个变量,而变量就是可以修改与销毁的,只是别名的销毁与普通变量的销毁不同,需要使用 unalias 命令进行销毁。

【示例】 别名的销毁

```
#使用 unset 命令销毁别名,并不能成功销毁
os@tedu:~ $ unset lstest
os@tedu:~ $ lstest
testcase
testcon
testfile
testfor
testreg
testsel
testwhile
#使用 unalias 销毁,能够成功销毁
os@tedu:~ $ unalias lstest
os@tedu:~ $ lstest

Command 'lstest' not found, did you mean:

  command 'stest' from deb suckless-tools
  command 'l2test' from deb bluez
  command 'cstest' from deb clearsilver-dev
  command 'jstest' from deb joystick
  command 'lptest' from deb lpr

Try: sudo apt install <deb name>
```

上述示例中,分别使用 unset 命令和 unalias 命令对别名变量进行了销毁,可见使用 unset 并不能销毁别名变量,必须使用 unalias 才可以。

8.3   运算符

任何一门编程语言都离不开算术运算,简单的加、减、乘、除是程序语言中最重要的一部分,根据运算所需的操作数的个数可以将运算符分为三类:只需要一个操作数的为单目运算符(一元运算符);需要两个操作数的运算符称为双目运算符(二元运算符);需要三个操作数的称为三目运算符(三元运算符)。

8.3.1   算术运算符

要进行算术运算,算术运算符便是不可缺少的,Shell 中常用的算术运算符和其他编程语言中的算术运算符并没有太大的不同,常见的算术运算符见表 8-1。

表 8-1   算术运算符

运　算　符	作　　　用
++、--	自增、自减运算符,能够做到变量自身加 1、减 1
+、-	加、减运算符,能够计算两个数的加、减运算,如果该操作符前并没有数字,则该符号代表正、负号,标识数字正、负属性
*	计算两个数字相乘
/	计算两个数字相除,并输出商
%	计算两个数字相除,并输出余

常见的运算符如"＋""－"等的使用方法与数学中的运算符相同,一般用来进行两个操作数的计算。

【示例】　使用算术运算符进行简单运算

```
＃加法运算
os@tedu:～ $ x = 1
os@tedu:～ $ y = 2
os@tedu:～ $ z = $((x + y))
os@tedu:～ $ echo $ z
3
＃减法运算
os@tedu:～ $ x = 10
os@tedu:～ $ y = 5
os@tedu:～ $ z = $(($ x - $ y))
os@tedu:～ $ echo $ z
5
```

上述示例中,实现了基本运算符的计算,这些运算与数学中的计算基本相同。除了一些简单的运算外,有些运算符和数学中的运算符不太相同,比如"/"和"％"。当操作数为整数时,"/"表示取商,计算结果依然是整数,"％"表示取余数,并不是百分号。

【示例】　整数的取商、取余

```
os@tedu:～ $ x = 5
os@tedu:～ $ y = 2
＃计算x/y,此处只会得到商值,而不是小数2.5
os@tedu:～ $ echo $(($ x/ $ y))
2
＃计算x％y,取余数
os@tedu:～ $ echo $(($ x％ $ y))
1
```

上述示例中,计算"5/2"时,结果并不是 2.5,因为"/"只取商,同样"％"只取余,所以结果是 1。整数的取商、取余运算是在程序编写过程中经常会遇到的。

除了以上这些运算符外,在 Shell 中有两个特殊的运算符:自增"＋＋"、自减"－－"。这两个运算符是单目运算符,只需要一个操作数就可以进行运算,作用是使操作数加 1 或减 1。

【示例】　自增、自减运算

```
os@tedu:～ $ x = 3
＃对 x 进行自加操作,加完后,本次输出的 x 的值依然没变
os@tedu:～ $ echo $((x++))
3
＃上次输出之后,x 的值会被加 1
os@tedu:～ $ echo $ x
4
＃对 x 进行自加操作,本次输出就是加 1 之后的值
```

```
os@tedu:~ $ echo $(( ++x))
5
#对 x 进行自减操作,减完后,本次输出的仍然是 x 的原值
os@tedu:~ $ echo $((x--))
5
os@tedu:~ $ echo $x
4
#对 x 进行自减操作,本次输出就是减1之后的值
os@tedu:~ $ echo $(( --x))
3
```

上述示例中,使用自加、自减运算符对操作数进行了加 1 和减 1 的操作,执行对应的运算后,操作数的值会被改变。但是操作数和运算符的顺序会影响到运算结果。例如,第一次输出"x++"的值,此时操作数在前,运算符在后,所以运行时会先输出变量"x"的值,之后再执行"x=x+1"操作,使 x 的值加 1。第二次输出"++x"的值,运算符在前,操作数在后,所以运行时会先执行"x=x+1"操作,之后再输出对应的变量"x"的值。简单来说,"x++"就是"先用再加","++x"就是"先加再用"。"--"运算符与"++"运算符作用类似,不再赘述。

8.3.2　位运算符

计算机中,所有的程序在运行时实际上都是对寄存器的操作,而寄存器只能识别 1、0 二进制数据。因此,在大多数编程语言中,都可以对二进制数据进行测试、抽取、移位等操作,此类操作符被称为位运算符。常见的位运算符见表 8-2。

表 8-2　位运算符

运　算　符	作　　用	运　算　符	作　　用
~	按位取反	^	按位异或
<<,>>	左移、右移,一般用于二进制的操作	|	按位或
&	按位与		

【示例】　二进制的按位取反

```
os@tedu:~ $ x=1
#对 x 进行取反后输出
os@tedu:~ $ echo $((~x))
-2
```

上述示例中,首先定义"x=1",此时变量 x 的二进制数据可以认为是"00000001",对变量 x 进行按位取反后,原本 1 的位置会被变成 0,0 的位置会被变成 1,取反之后二进制数据为"11111110",翻译为十进制为"-2"。

【示例】　二进制的移位

```
os@tedu:~ $ x=1
```

```
#将x的值左移1位后输出
os@tedu:~ $ echo $((x<<1))
2
```

上述示例中,首先定义"x=1",此时变量 x 的二进制数据可以认为是"00000001","x << 1"表示将该变量值左移 1 位,右侧空位补零,移位后的二进制数据为"00000010",翻译为十进制为"2"。右移操作符同理。

【示例】 二进制的与运算

```
os@tedu:~ $ x = 1
os@tedu:~ $ y = 2
os@tedu:~ $ echo $((x&y))
0
```

与运算通常用来对数据中某一位清零,即某一操作数中任一位为 0,则计算结果中该位就为 0。上述示例中, x 的值对应二进制为"00000001", y 的值对应二进制为"00000010"。按位与时,0 与 0 结果为 0,0 与 1 结果为 0,1 与 1 结果为 1。所以"x&y"之后的结果为"00000000",翻译为十进制为"0"。

【示例】 二进制的或运算

```
os@tedu:~ $ echo $((x|y))
3
```

或运算通常用来对数据中某一位置 1,即某一操作数中任一位为 1,则计算结果中该位就为 1。上述示例中,x 的值对应二进制为"00000001",y 的值对应二进制为"00000010"。按位或时,0 或 0 结果为 0,0 或 1 结果为 1,1 或 1 结果为 1。所以"x|y"之后的结果为"00000110",翻译为十进制为"3"。

【示例】 二进制的异或运算

```
os@tedu:~ $ echo $((x^y))
3
```

上述示例中,x 的值对应二进制为"00000001",y 的值对应二进制为"00000010"。按位或时,0 或 0 结果为 0,0 或 1 结果为 1,1 或 1 结果为 0。所以"x^y"之后的结果为"00000011",翻译为十进制为"3"。

8.3.3 逻辑运算符

前面的内容主要都是单个条件的测试,与大多数编程语言相同,Shell 也支持多个条件的测试,该操作需要用到逻辑运算符。通过逻辑运算符,可以构成一个更加复杂的条件测试表达式,常见的逻辑运算有与、或、非等。Shell 中对应的运算符见表 8-3。

表 8-3 常见逻辑运算符

操 作 符	名　　称	意　　义
-a	逻辑与	该运算符两侧的条件都为真时,结果为真
-o	逻辑或	该运算符两侧的条件其中有一个为真时,结果为真
!	逻辑非	该运算符为单目运算符,只需要一个条件即可,当给定的条件为真时,结果为假,当给定的条件为假时,结果为真
&&	逻辑与	当左侧的表达式为真时,继续判断右侧表达式,右侧表达式同为真时,结果为真;左侧表达式为假时,不再判断右侧表达式,结果为假
||	逻辑或	当左侧表达式为假时,继续判断右侧表达式,右侧表达式同为假时,结果为假,右侧表达式为真时,结果为真;当左侧表达式为真时,不再判断右侧表达式,结果为真

【示例】 测试逻辑与

```
os@tedu:~ $ test - z "" - a - n "abc";echo $?
0
os@tedu:~ $ test - z "a" - a - n "abc";echo $?
1
```

上述示例中,通过 test 命令进行测试条件是否成立,其中,使用"-a"逻辑运算符进行与运算,只有当"-a"两侧的条件都成立时,test 才会输出真的结果,否则会输出假。第一次测试时"-z"""为"真","-n"abc""也为"真",因此输出"0";第二次测试时"-z"""为"假",因此输出"1"。

8.3.4　三元运算符

三元运算符"?:"是一种比较特殊的运算符,该运算符在使用时需要用到三个表达式,可以将该运算符作为简单的判断结构来进行使用。其基本语法如下所示。

【语法】

```
表达式 1 ?表达式 2:表达式 3
```

如上述语法所示,三元运算符需要三个表达式,第一个表达式通常是条件判断,通过判断表达式值 1 的真假,决定返回表达式 2 或表达式 3 的内容。当表达式 1 为真,则输出表达式 2 的值;反之当表达式 1 为假,则输出表达式 3 的值。

【示例】 三元运算符的运算

```
os@tedu:~ $ a = 0
os@tedu:~ $ b = 1
os@tedu:~ $ c = 2
os@tedu:~ $ d = 3
os@tedu:~ $ echo $((a?c:d))
3
os@tedu:~ $ echo $((b?c:d))
2
```

上述示例中，"a？c:d"表达式中，变量 a 的值为"0"，即为"假"，因此输出的是变量 d 的值"3"。"b？c:d"表达式中，变量 b 的值为"1"，即为"真"，因此输出的是变量 c 的值"2"。三元运算符通常可以与赋值运算符一起组成简单的条件语句结构。

💡 **注意**　在三元运算符表达式中，表达式 1 的值为 0 时，代表假；表达式 1 的值非 0(1或其他值)时，代表真，这一点与后续条件测试中的值相反。如果表达式 1 的值为字符串，也为假，会输出表达式 3 的值。

8.3.5　赋值运算符

赋值运算符是编程语言中最常用的运算符，其基本作用就是将一个数据赋给一个变量。通常，由赋值运算符和操作数组成的表达式称为赋值表达式，其基本语法如下所示。

【语法】

变量 = 表达式

与数学中的等号不同，赋值表达式中，等号左侧为变量，右侧为表达式。赋值运算就是将右侧表达式的值通过赋值运算符赋给左侧的变量。

【示例】　赋值运算符

```
os@tedu:~ $ a = 1
os@tedu:~ $ b = 2
os@tedu:~ $ c = 3
os@tedu:~ $ a = $((b + c))
os@tedu:~ $ echo $ a
5
```

上述示例中，定义 a 变量，并通过赋值运算符给变量 a 赋值"1"，此时 a 的值为"1"。之后依然通过赋值表达式，将"b+c"的结果作为变量值赋给 a，此时 a 的值为 5。

8.3.6　运算符的优先级

当一个表达式中出现多个运算符时，首先会按照每个运算符的优先级进行运算，即先对优先级高的运算符进行运算，再对优先级低的运算符进行计算。常见运算符的优先级及结合方向见表 8-4。

表 8-4　常见运算符的优先级

优先级	运算符	名称或含义	结合方向	说　　明
1	－	负号运算符	右结合	单目运算符
	++	自增运算符		单目运算符
	--	自减运算符		单目运算符
	!	逻辑非运算符		单目运算符
	~	按位取反运算符		单目运算符

优先级	运算符	名称或含义	结合方向	说　明
2	/	除	左结合	双目运算符
	*	乘		双目运算符
	%	余数(取模)		双目运算符
3	+	加	左结合	双目运算符
	—	减		双目运算符
4	<<	左移	左结合	双目运算符
	>>	右移		双目运算符
5	&	按位与	左结合	双目运算符
	^	按位异或	左结合	双目运算符
	|	按位或	左结合	双目运算符
6	-a	逻辑与	左结合	双目运算符
	-o	逻辑或	左结合	双目运算符
	&&	逻辑与	左结合	双目运算符
	||	逻辑或	左结合	双目运算符
7	?:	条件运算符	右结合	三目运算符
8	=	赋值运算符	右结合	

当一个表达式中出现不同类型的运算符时,首先按照优先级顺序进行运算,即先对优先级高的运算符进行运算,再对低优先级的运算符进行计算。当运算符的优先级相同时,则要根据运算符的结合性确定运算顺序。结合性表明运算符的结合方向,结合方向分为两种:一种是左结合,即从左向右运算;一种是右结合,即从右向左计算。

【示例】　普通算术运算符的优先级

```
os@tedu:~ $ a = 1
os@tedu:~ $ b = 2
os@tedu:~ $ c = 3
os@tedu:~ $ echo $((a + b * c))
7
```

上述示例中,表达式中同时包含"＋"和"＊"两个运算符,此时表达式先计算"＊",之后再计算"＋",因此表达式最终输出为"7"。

【示例】　单目运算符的优先级

```
os@tedu:~ $ a = 3
os@tedu:~ $ echo $((1+++ a))
5
```

上述示例中,表达式中同时包含"＋"和"＋＋"两个运算符,此时表达式先计算"＋＋"运算符,之后 a 的值为"4",之后计算"＋"运算符,表达式最终输出为"5"。

在脚本编写过程中,经常会遇到多个运算符同时使用的情况,此时需要特别注意优先级的问题,在某些复杂的情况下,可以使用括号将需要先计算的部分包括起来。

【示例】 使用括号改变优先级

```
os@tedu:~ $ echo $(((1 + 2) * 2))
6
os@tedu:~ $ echo $((1 + 2 * 2))
5
```

上述示例中,使用括号将"1+2"括起来以后,会先计算"1+2"的值,之后才会计算"*2"的值,所以结果为"6"。如果没有括号,则会先计算"2*2",之后再计算"1+",结果为"5"。

8.3.7　let 命令

let 命令是 Shell 中的内部命令,其功能是计算一个算术表达式。let 命令的基本语法如下所示。

【语法】

```
let 表达式
```

【示例】 使用 let 进行算术运算

```
#定义两个变量,并赋值两个整数
os@tedu:~ $ a = 10
os@tedu:~ $ b = 20
#使用 let 命令进行加法计算,并将结果赋值给 x
os@tedu:~ $ let x = $ a + $ b
os@tedu:~ $ echo $ x
30
```

上述示例中,定义了两个整型变量值,之后使用 let 命令计算了两个变量的和,并将计算结果赋值给了变量 x。

8.3.8　其他表达式

除了使用 let 命令外,还有一些使用常见符号组成的表达式运算操作,这些语法更常用也更方便。

【语法】

```
$((表达式))
$[表达式]
```

【示例】 使用操作符进行加法运算

```
#定义两个整数变量
os@tedu:~ $ a = 10
os@tedu:~ $ b = 20
#执行加法运算并将结果赋值给变量 c
os@tedu:~ $ c = $(( $ a + $ b))
```

```
os@tedu:~ $ echo $c
30
#执行加法运算并将结果赋值给变量d
os@tedu:~ $ d = $[ $a + $b]
os@tedu:~ $ echo $d
30
```

上述示例中,创建了两个整型变量 a 和 b,并分别赋值 10 和 20,之后使用两种方法进行了加法运算,可见两种运算方法得到的结果和使用 let 命令进行运算时是相同的。

8.4　条件测试

在各类编程语言中,条件判断是一项非常重要的功能,例如,可以通过条件判断来决定程序的走向、循环次数等。在 Shell 中,通常称条件判断为条件测试,测试有对与错两种结果,可以作为条件判断来使用。

8.4.1　条件测试的语法

Shell 支持三种条件测试语法,如下所示。

【语法】

```
test condition
[ condition ]
[[ condition ]]
```

第一种形式中,test 实际上是 Shell 内部的命令。test 命令的主要作用就是检测表达式是否为真,并相应地返回 success 或 fail。可以使用 help 命令查看 test 的使用方法。

【示例】　test 命令

```
os@tedu:~ $ help test
test: test [表达式]
    Evaluate conditional expression.

    Exits with a status of 0 (true) or 1 (false) depending on
    the evaluation of EXPR.   Expressions may be unary or binary.   Unary
    expressions are often used to examine the status of a file.   There
    are string operators and numeric comparison operators as well.

    The behavior of test depends on the number of arguments.   Read the
    bash manual page for the complete specification.

    File operators:

        - a FILE        True if file exists.
        - b FILE        True if file is block special.
        - c FILE        True if file is character special.
```

```
    - d FILE          True if file is a directory.
    - e FILE          True if file exists.
    - f FILE          True if file exists and is a regular fi
...
  Exit Status:
    Returns success if EXPR evaluates to true; fails if EXPR evaluates to
    false or an invalid argument is given.
```

第二种语法比较简洁,应用也比较广泛,需要注意的是左右方括号与条件之间有一个空格。

第三种语法与第二种语法类似,但是比第二种语法更加严谨,在一些特殊的情况中,第二种语法可能会出错误,而第三种不会,这种情况在后续内容中遇到会做详细说明。

通常条件测试可以用在判断语句或循环语句中,作为条件判断使用。

8.4.2 文件测试

文件测试,主要是判断文件是否存在或文件属性是否满足条件的测试。条件测试中提供了多种操作符从不同的角度对文件进行测试,常用的操作符见表8-5。

表 8-5 常用文件操作符

操 作 符	意 义
-b	当文件存在,且为块文件时测试为真
-c	当文件存在,且为字符文件时测试为真
-d	当路径存在,且为目录时测试为真
-e	当文件或目录存在时为真
-f	当文件存在,且为普通文件时为真
-g	当文件或目录存在,且设置了 SGID 时为真
-h	当文件存在,且为符号链接时为真
-k	当文件或目录存在且设置了黏滞位时为真
-p	当文件存在,且为命名管道时为真
-r	当文件或目录存在,且可读时为真
-s	当文件存在,且其大小大于 0 时为真
-S	当文件存在,且为套接字文件时为真
-t	当文件是与终端设备相关联的文件描述符时为真
-u	当文件或目录存在,且设置了 SUID 时为真
-w	当文件或目录存在,且可写时为真
-x	当文件或目录存在,且可执行时为真
-O	当文件或目录存在,且当前用户是文件的属性时为真
-G	当文件或目录存在,且属于当前用户所在的用户组时为真
file1 nt file2	nt 是 new than 的缩写,所以 file1 比 file2 新时为真
file1 ot file2	ot 是 old than 的缩写,所以 file1 比 file2 旧时为真
file1 ef file2	ef 是 equal from 的缩写,所以当 file1 和 file2 为同一文件的硬链接时为真

在条件测试时,0 为真,1 或其他值为假,这一点与大多数编程语言相反,使用时需要特别注意。

【示例】 判断文件是否是块设备

```
os@tedu:~ $ ls - l /dev/sda
brw - rw ---- 1 root disk 8, 0 10 月 12 13:43 /dev/sda
# 判断/dev/sda 是否为块设备
os@tedu:~ $ [ - b /dev/sda ];echo $ ?
0
```

上述示例中,分号之前的内容为文件测试条件,用于检测/dev/sda 是否为块设备, /dev/sda 是硬盘设备,属于块设备,所以返回结果为 0,也就是真。文件测试之后会输出测试结果到 Shell 中并自动将值赋给"?"操作符。也就是说,"?"操作符是一个特殊的变量,其作用是保存上一次命令执行的返回值,可以使用"$"操作符引用并输出内容。此处输出的"?"变量中保存结果为真的值,也就是 0。

8.4.3　字符串测试

字符串是 Shell 中非常重要的数据类型,绝大多数的数据其实都是以字符串的形式存在于 Shell 中的,所以 Shell 提供了许多关于字符串的操作符,常见字符串操作符见表 8-6。

表 8-6　字符串常用操作符

操　作　符	意　　义
<	按 ASCII 码顺序,前面的字符串小于后面的字符串则为真
>	按 ASCII 码顺序,前面的字符串大于后面的字符串则为真
==	字符串完全相同为真
=	字符串相等为真
=~	前面的字符串中包含后面的字符串时为真
!=	字符串不相等为真
-z	字符串为空则为真
-n	字符串非空为真

以上所有的操作符在使用时,必须两侧都有空格才可以,否则 Shell 会将其中的"="当作普通字符进行处理,这一点与赋值"="不同,赋值时两侧不能有空格,这一点需要注意。

【示例】 测试比较操作符

```
os@tedu:~ $ [[ "abc" == "abc" ]];echo $ ?
0
os@tedu:~ $ [[ "abc" == "abd" ]];echo $ ?
1
os@tedu:~ $ [[ "abc" > "aaa" ]];echo $ ?
0
os@tedu:~ $ [[ "abc" > "abc" ]];echo $ ?
1
os@tedu:~ $ [[ "abc" != "abc" ]];echo $ ?
1
os@tedu:~ $ [[ "abc" != "abd" ]];echo $ ?
0
```

通常在进行字符串比较时,建议将字符串使用双引号括起来,避免由于空格引起的各种错误。除字符串之间的对比以外,还可以对两个字符串类型的变量对比。

【示例】 对比两个字符串类型的变量

```
os@tedu:~ $ s1 = abc
os@tedu:~ $ s2 = bcd
os@tedu:~ $ [[ $ s1 == $ s2 ]];echo $ ?
1
os@tedu:~ $ [[ $ s1 > $ s2 ]];echo $ ?
1
os@tedu:~ $ [[ $ s1 < $ s2 ]];echo $ ?
0
```

8.4.4 整数值的测试

除了字符串类型外,整数型也是非常重要的一种数据类型。与其他编程语言不太相同的是,Shell中对整数值的测试使用的是字母操作符,而不是通常的算术运算符,常用的整数值测试操作符见表 8-7。

表 8-7 常见测试操作符

操 作 符	意 义
-eq	equal to,两个数相等为真
-ge	greater than or equal to,前者大于等于后者为真
-gt	greater than,前者大于后者为真
-le	less than or equal to,前者小于等于后者为真
-lt	less than,前者小于后者为真
-ne	no equal,两者不相等为真

【示例】 整数值测试

```
#1 等于 1,结果为真
os@tedu:~ $ [[ 1 - eq 1 ]];echo $ ?
0
#1 等于 2,结果为假
os@tedu:~ $ [[ 1 - eq 2 ]];echo $ ?
1
#1 不等于 2,结果为真
os@tedu:~ $ [[ 1 - ne 2 ]];echo $ ?
0
#1 大于 2,结果为假
os@tedu:~ $ [[ 1 - gt 2 ]];echo $ ?
1
#1 小于 2,结果为真
os@tedu:~ $ [[ 1 - lt 2 ]];echo $ ?
0
#1 小于等于 2,结果为真
os@tedu:~ $ [[ 1 - le 2 ]];echo $ ?
0
```

上述示例中,通过不同的操作符对数字进行了判断,常用的操作符对应到数学中就是"等于""小于等于""大于等于""小于""大于"等。

8.5　分支语句

条件语句是编程语言中的三大主要结构之一,通常用来根据指定的条件来判断真假,根据结果决定程序的执行流程,是最重要也最常用的语句之一。

8.5.1　if 语句

if 结构是程序设计中最常用到的条件判断语句,在 Shell 中的语法如下所示。

【语法】

```
if [ 条件测试 ]
then
     条件测试为真时执行该语句
elif [ 条件测试 ]
then
     条件测试为真时执行该语句
else
     上述条件测试都为假时执行该语句
fi
```

通常,Shell 脚本中每一行一条语句即可执行,但是有时,有些用户喜欢将多条语句写在同一行,此时可以使用";"进行分隔,Shell 会将";"左右的语句分开执行。所以 if 结构语法也可以写成如下形式。

【语法】

```
if [ 条件测试 ];then
     条件测试为真时执行该语句
elif [ 条件测试 ];then
     条件测试为真时执行该语句
else
     上述条件测试都为假时执行该语句
fi
```

在遇到 if 结构的时候,Shell 会依次判断各个分支语句的条件测试,当遇到条件测试为真时,便执行 then 后面的语句,然后退出 if 结构。如果前面的条件测试都为假,则执行最后一个 else 中的语句并退出。

if 结构中的条件测试可以使用前面讲过的各种条件测试方法,也可以使用逻辑操作符将多个条件测试整合为一个复杂的条件表达式进行判断。

elif 是 else if 的缩写,通常用来和 if 搭配构造多重条件测试,当 elif 后的条件测试为真时,执行 elif 对应的 then 后的语句,之后退出 if 结构。如果条件测试为假,则执行之后的判断语句或直接退出 if 结构。

else 通常作为最后出现的语句存在,其不接受任何条件测试,只有当之前的条件测试都为假时,才会执行 else 后面的语句。如果一个 if 结构中并不包含 else,则当所有条件测试都为假时,该 if 结构会直接退出。

下述实例代码使用 if 判断.bashrc 文件是否存在。

【实例 8-1】　**file.sh**

```
项目源码路径:chapter_08\file.sh
#!/bin/bash

if [ -e ~/.bashrc ]
then
    echo file exists
else
    echo file is not exists
fi
```

上述实例中,"[-e ~/.bashrc]"为条件测试语句,该语句的作用是判断.bashrc 文件是否存在,如果存在则返回 0,如果不存在则返回 1。将该语句作为 if 语句的条件进行判断,如果返回值为 0,则输出文件存在,如果返回值为 1,则输出文件不存在。

脚本执行结果:

```
os@tedu:~ $ ./file.sh
file exists
```

上述示例中,创建 file.sh 并保存实例中的内容,为该文件赋予可执行权限之后运行该文件,可以看到输出内容为 file exists,即文件存在。

8.5.2　case 语句

if 结构中,如果条件测试多于一个,可以使用 elif 进行判断,但是当条件测试很多时,if 结构会显得过于复杂,所以 Shell 提供了一种 case 结构,来处理多分支的应用场景。该语句在其他编程语言中也有类似实现。

【语法】

```
case"变量值" in
    "var1")
        语句
        ;;
    "var2")
        语句
        ;;

    "var3")
        语句
        ;;
    *)
        语句
        ;;
esac
```

上述语法中,变量值为需要判断的值,var1～var3 为匹配条件,case 结构在执行时,Shell 会一次将变量值与后续的匹配条件进行匹配,一旦匹配到正确的条件,则执行匹配条件对应的语句并退出,如果所有条件都不匹配,则执行"*"代表的分支,该分支为默认分支,如果没有"*"分支,则 case 直接退出。

case 结构中 case 行尾必须是 in 关键词,每个匹配条件后都要有一个")",每个条件分支都有两个连续的";"进行结尾,表示分支结束。

下述实例代码使用 case 判断字符串。

【实例 8-2】 case.sh

```
项目源码路径:chapter_08\case.sh
#!/bin/bash

read name

case "$name" in
    "tedu")
    echo hi tedu
    ;;
    "os")
    echo hi os
    ;;
    *)
    echo this is default line
    ;;
esac
```

脚本执行结果:

```
os@tedu:~ $ ./case.sh
os
hi os
os@tedu:~ $ ./case.sh
tedu
hi tedu
os@tedu:~ $ ./case.sh
das
this is default line
```

上述示例中,使用 read 读入用户输入的字符串,并将该字符串与之后的条件进行匹配,当匹配到"os"时,输出"hi os",当匹配到"tedu"时,输出"hi tedu",如果输入的内容什么都匹配不到,则输出"this is default line"。

case 的匹配条件中,可以使用部分正则表达式的语法以匹配更多更精确的字符串。

下述实例代码在 case 语句中使用正则表达式。

【实例 8-3】 reg.sh

```
项目源码路径:chapter_08\reg.sh
```

```
#!/bin/bash

read letter

case "$letter" in
    [a-z])
        echo you type a lowercase letter
        ;;
    [0-9])
        echo you type a number
        ;;
    *)
        echo you type a special key
        ;;
esac
```

脚本执行结果：

```
os@tedu:~ $ ./reg.sh
a
you type a lowercase letter
os@tedu:~ $ ./reg.sh
1
you type a number
os@tedu:~ $ ./reg.sh
,
you type a special key
```

上述实例中，case 中的条件测试语句是使用正则表达式中的字符匹配模式，"[a-z]"能够匹配任意的字母，"[0-9]"可以匹配数字。通过正则表达式中的字符匹配，只需要匹配符合条件的内容即可，不需要将每个满足条件都列出。

8.6 循环语句

循环结构是程序设计过程中另一种重要的结构，Shell 语言支持多种循环结构，包括常见的 for、while 等，除此以外还有 until 等结构。

8.6.1 for 循环

for 循环结构在大多数编程语言中都是非常重要的一种循环结构，其处理数组等列表类的变量时非常方便、简洁。Shell 中的 for 循环结构非常灵活，拥有很强大的功能，for 循环的基本语法如下所示。

【语法】

```
for var in list
do
    循环语句
done
```

其中,var为循环变量,list为元素的集合,通常是数组变量。在执行for循环时,每次循环过程都将list中的相应位置的元素赋给var,之后执行do…done之间的循环语句。var变量的值可以在循环语句中使用。

下述实例代码中使用for循环输出数组中的元素。

【实例8-4】 for.sh

```
项目源码路径:chapter_08\for.sh
#!/bin/bash

array=(1 2 3 4 5)

for num in ${array[@]}
do
        echo $num
done
```

脚本执行结果:

```
os@tedu:~$ ./for.sh
1
2
3
4
5
```

上述实例中,for循环结构每次循环时将array数组中的元素按索引0至4的顺序依次赋给变量num,之后循环语句中输出num的值,直到数组全部输出后,循环退出,实现输出数组元素的目的。

8.6.2 while循环

while循环结构在各类编程语言中也是非常重要的,理论上能够使用for循环实现的功能,使用while循环基本都可以实现,该结构基本语法如下所示。

【语法】

```
while 表达式
do
    循环语句
done
```

其中,表达式为条件测试,当表达式的值为真时,while循环中的do…done之间的语句便会执行,否则while循环将退出。如果第一次判断表达式为假,则do…done之间的语句一次都不会执行。如果表达式一直为真,则while循环将一直在此处执行,造成死循环,这种情况也需要尽量避免。

下述代码中使用while循环输出数组内容。

【实例 8-5】 while. sh

```
项目源码路径:chapter_08\while.sh
#!/bin/bash

array = (1 2 3 4 5)
length = ${#array[@]}
i = 0
while (($i<$length))
do
        echo ${array[i]}
        let "i++"
done
```

上述实例代码中,首先定义需要输出的数组;之后通过"#"操作符获取数组的长度;在循环之前需要先定义循环变量i,通过变量i来判断是否继续循环,如果循环变量i、小于数组长度,则继续输出数组元素,否则退出循环;循环结构中使用echo命令输出数组元素;之后将循环变量i的值加1循环每执行一次,循环变量的值加1,将循环变量作为数组的索引输出对应数组元素。

脚本执行结果:

```
os@tedu:~ $ ./while.sh
1
2
3
4
5
```

在某些情况下,用户可能并不需要操作数组,而是希望能够手动控制循环的终止与运行,此时可以使用read变量赋值命令与while一起组成循环结构,由用户输入循环变量,并判断循环是否继续运行。

下述实例代码中使用read实现用户交互。

【实例 8-6】 while_read.sh

```
项目源码路径:chapter_08\while_read.sh
#!/bin/bash

echo "请输入数字 0-9,其中 0 将终止循环"

read num

while !(($num == 0))
do
        echo "循环中"
        read num
done
```

脚本执行结果：

```
os@tedu:~ $ ./while_read.sh
请输入数字 0 - 9,其中 0 将终止循环
1
循环中
2
循环中
3
循环中
5
循环中
0
os@tedu:~ $
```

上述实例中，并没有定义变量 num，而是使用 read 命令直接对 num 进行赋值，间接定义了变量 num，脚本会暂停在此处等待用户输入该变量的值，用户输入变量值后，脚本直接进入 while 循环。循环体中共有两条语句，第一条语句输出"循环中"，可以告知用户循环仍在执行。之后再次使用 read 指令让用户进行变量输入，用户输入后的值会在循环条件中再一次进行判断。这样就实现了用户与程序的交互，可以由用户来控制循环的执行开始、执行终止的时机。

8.6.3　until 循环

until 循环结构在其他编程语言中并不多见，使用方法与前面讲的 for 循环和 while 循环结构类似，但是 until 是在条件测试为假时执行循环语句，直到条件测试为真时退出。until 结构的基本语法如下所示。

【语法】

```
until 表达式
do
     循环语句
done
```

其中，表达式为 until 结构中的条件测试表达式，如果表达式为真，则 until 直接退出；如果表达式为假，则 until 中的循环语句会循环执行。until 结构与 while 结构只有表达式不太相同，其他用法相同，此处仍以输出数组元素为例进行演示。

下述实例代码中使用 until 循环输出数组元素。

【实例 8-7】　until.sh

```
项目源码路径:chapter_08\until.sh
#!/bin/bash

array = (1 2 3 4 5)
length = $ {#array[@]}
```

```
i = 0
until (( $ i > = $ length))
do
        echo $ {array[ i]}
        let "i++ "
done
```

脚本执行结果：

```
os@tedu:~ $ ./until.sh
1
2
3
4
5
```

上述实例中，只是将前一实例中的 while 替换为 until，表达式中的"<"替换成">="即可，其他与 while 循环结构相同。

8.6.4 select 循环

select 循环结构是 Shell 中比较特殊的一种循环结构，前面所讲的循环结构中，大多有一个数组来保存各个元素，有时也不需要数组，而 select 循环结构中数组和变量是必需的。select 循环是一个可以和用户进行交互的循环结构，在命令行 Shell 中非常实用。select 循环基本语法如下所示。

【语法】

```
select var in list
do
    循环语句
done
```

上述语法中，var 是 select 结构中必需的变量，该变量由用户输入，后面的 list 是一个数组，该数组的内容会在脚本执行过程中输出至终端，用户可以查看该数组内容，并输入选项，之后选项被赋给 var，再做其他处理即可。尤其需要注意的是，select 循环结构是死循环，因此必须使用 break、exit 或 Ctrl＋C 组合键等方法退出脚本。

下述实例代码中使用 select 提供选择菜单。

【实例 8-8】 select. sh

```
项目源码路径:chapter_08\select.sh
#!/bin/bash

echo "What is your favourite OS?"
select var in "Linux" "Gnu Hurd" "Free BSD" "Other"; do
  break;
done
echo "You selected $ var"
```

脚本执行结果：

```
os@tedu:~ $ ./select.sh
What is your favourite OS?
1) Linux
2) Gnu Hurd
3) Free BSD
4) Other
#? 1
You selectedLinux
```

上述实例中，定义变量 var，即等待用户输入的变量名，之后定义了一个数组""Linux" "Gnu Hurd" "Free BSD" "Other""，该数组并没有名字。select 脚本执行时，首先输出上述定义的数组，并在每个数组前添加了一个序号，之后等待用户输入序号值，用户根据提示输入对应的序号后，对应的数组元素值将被赋值给变量 var，之后通过 break 指令跳出 select 结构，最终使用 echo 命令将 var 的值输出，完成脚本的执行。

通常 select 循环结构和 case 条件判断结构会联合使用，可以使程序结构更加清晰，增强可读性，并实现一些复杂的交互。

下述实例代码中，使用 select 和 case 联合进行条件判断。

【实例 8-9】 select_case.sh

```
项目源码路径:chapter_08\select_case.sh
#!/bin/bash

echo "What is your favourite OS?"
select var in "Linux" "Gnu Hurd" "Free BSD" "Other"
do
    case $ var in
            Linux)
                    echo you selected $ var
            ;;
            "Gnu Hurd")
                    echo you selected $ var
            ;;
            "Free BSD")
                    echo you selected $ var
            ;;
            Other)
                    echo you selected $ var
            ;;
            * )
                    echoInput Error
                    break
            ;;
    esac
done
```

脚本执行结果：

```
os@tedu:~ $ ./select_case.sh
What is your favourite OS?
1) Linux
2) Gnu Hurd
3) Free BSD
4) Other
#? 1
you selectedLinux
#? 2
you selected Gnu Hurd
#? 3
you selected Free BSD
#? 4
you selected Other
#? 5
Input Error
```

上述实例中，通过 select 和 case 结构的结合，使用 select 结构选择不同的选项，之后使用 case 结构对选项进行判断处理，并执行不同的操作。当输入满足 case 结构的条件时，会执行对应的操作。最终在输入不满足要求时，执行 case 中的 break 语句，退出 select 结构。

8.6.5　continue 和 break 语句

continue 语句的功能是终止本次循环，终止后脚本会跳回到循环的起始位置，继续执行剩下的循环，所以 continue 并不能彻底终止循环，而只是跳过一次不满足特定条件的循环，其他循环并不会受到影响。

break 与 continue 相比，break 的功能是跳出循环，在循环执行过程中，执行 break 指令，则循环会直接退出，而不论后续还有多少次没有执行。

对于单层循环，break 会终止循环的执行，而对于多层循环来说，break 会退出当前所在层的循环，而不会对上一层的循环产生影响。例如，对于两层循环嵌套，break 如果位于内层循环中，则执行 break 会退出内层循环，对外层循环并没有影响。这一点，continue 和 break 是类似的，continue 也只是对当前所在的循环起作用。

下述实例代码中使用 cotinue 控制循环结构。

【实例 8-10】　continue.sh

```
项目源码路径:chapter_08\continue.sh
#/bin/bash

for var in 1 2 3 4 5
do
if [ " $ var" - eq 3 ]
        then
                continue
        fi
        echo $ var
done
```

脚本执行结果:

```
os@tedu:~ $ ./continue.sh
1
2
4
5
```

上述实例中,主要实现了输出数组的功能,只是当数组中的元素等于 3 时,按照正常流程,最终会输出"1 2 3 4 5",由于第 7 行添加了 continue 指令,因此当数组元素为 3 时,会跳出本次循环,并不会执行 echo 指令进行变量值的输出,所以输出的结果应该为"1 2 4 5"。

下述实例代码中使用 break 控制循环结构。

【实例 8-11】 break.sh

```
项目源码路径:chapter_08\break.sh
#/bin/bash
for var in 1 2 3 4 5
do
if [ "$var" -eq 3 ]
        then
                break
        fi
        echo $var
done
```

脚本执行结果:

```
os@tedu:~ $ ./break.sh
1
2
```

上述实例中,只是将 continue 替换成 break,由于 break 指令会直接跳出循环,而不再执行后续的循环,因此 for 循环实际上只会执行三次条件判断,而 echo 指令只会执行两次,第三次由于 break 跳出循环而不再执行,所以输出结果为"1 2"。

8.7　数组

对于任何一种编程语言来说,数组都是一种非常重要的数据结构。数组就是一组有序的列表,其中可以存储各种类型的数据,同时每个数据又都有其唯一的标号,通过标号能够快速地更改或读取指定位置的数据值。

8.7.1　定义数组

和变量的定义类似,在定义数组之前,可以先声明数组,也可以不声明。声明数组与声明变量相同,也是使用 declare 命令,只需要加上-a 选项即可。Shell 中的数组定义方式很多,使用方法灵活。

【示例】 定义数组

```
#直接定义数组
os@tedu:~ $ a1 = (1 2 3 4 5)
#先声明再定义数组
os@tedu:~ $ declare - a a2
os@tedu:~ $ a2 = ("a" "b" "c" "d" "e")
#每行一个元素定义数组
os@tedu:~ $ a3 = (1
> 2
> 3
> 4
> 5
> )
#将包含空格的字符串直接转换为数组
os@tedu:~ $ data = "t e d u"
os@tedu:~ $ a4 = ( $ data)
#通过索引,依次输出元素的值定义数组
os@tedu:~ $ a5[0] = 1
os@tedu:~ $ a5[1] = 2
os@tedu:~ $ a5[2] = 3
os@tedu:~ $ a5[3] = 4
os@tedu:~ $ a5[4] = 5
os@tedu:~ $ echo $ {a5[4]}
#索引与元素一一对应定义数组
os@tedu:~ $ a6 = ([0] = 1 [1] = 2 [2] = 3 [3] = 4 [4] = 5)
```

上述示例中是常用的几种数组定义的方式,其定义如下。

- 数组 a1 采用的是直接定义并初始化的方式。
- a2 则是先定义再一次性初始化。
- a3 与 a1 类似,都是直接定义并初始化,但是需要注意的是,每个元素输入后都可以回车换行并继续输入下一个元素。
- a4 采用的是字符串直接转换的方式,此时被转换的字符串中需要包含空格作为分割符。
- a5 采用的是每个元素单独初始化的方式,该方法可用于初始化中间某些元素还不存在但是之后元素存在的情况。
- a6 的初始化采用了索引与值一一对应的方式,使用该初始化方式也可以实现初始化 a5 数组单独每个元素初始化的效果。

和变量类似,数组可以使用 unset 进行销毁,可以一次销毁整个数组,也可以销毁其中一个值。

【示例】 使用 unset 销毁数组

```
#查看 a1 数组中第 4 个元素的值,为 5
os@tedu:~ $ echo $ {a1[4]}
5
```

```
#使用 unset 命令销毁第 4 个元素的值
os@tedu:~ $ unset a1[4]
#再次查看,输出的值为空,该元素已被销毁
os@tedu:~ $ echo ${a1[4]}
#查看其他位置的元素,还是存在的
os@tedu:~ $ echo ${a1[3]}
4
#使用 unset 命令销毁整个数组
os@tedu:~ $ unset a1
#再次查看,所有元素都已经被销毁了
os@tedu:~ $ echo ${a1[3]}
```

上述示例中,使用了两次 unset 命令,分别销毁了 a1 数组中的第 4 个元素以及整个 a1 数组。销毁某个元素时,只需要确定该数组的元素即可进行销毁,而销毁整个数组,只需要将数组名称作为参数传递给 unset 命令即可。

8.7.2　获取数组长度

在程序的编写过程中,数组长度是一个非常重要的信息,对数组进行操作时,无论是内存空间的开辟还是循环语句的执行次数都与数组长度有着密切的关系,Shell 中提供"#"操作符来获取数组的长度,可以使用两种方法进行获取。

【语法】

```
${#array[@]}
${#array[*]}
```

【示例】　使用"#"操作符获取数组长度

```
#获取数组 a2 的长度
os@tedu:~ $ echo ${#a2[@]}
5
#获取数组 a5 的长度
os@tedu:~ $ echo ${#a5[*]}
6
```

实际上,"#"操作符的作用就是获取参数的长度,不仅可以获取数组的长度,对于变量也可以使用该操作符获取长度。

【示例】　使用"#"操作符获取变量的长度

```
#定义变量 x 并赋值"testtedu",字符长度为 8
os@tedu:~ $ x = testtedu
#输出变量的长度
os@tedu:~ $ echo ${#x}
8
```

对于数组中的每个元素来说,可以理解其为一个变量值,而数组与索引构成了该变量值的变量名,所以也可以使用"#"操作符获取数组中某一索引位置的数据长度。

【示例】 获取数组中某一位置的数据长度

```
#获取数组 a5 中第 4 个值的长度
os@tedu:~ $ echo ${#a5[3]}
1
```

8.7.3 数组切片

数组中常常包含同一类型的许多数值,而在具体到程序中某个功能的时候,往往不需要用到数组的全部元素,此时需要将用到的部分取出,形成一个新的数组,也就是数组的切片。

【语法】

```
array1 = ${array[@]:m:n}
array1 = ${array[*]:m:n}
```

其中,array 是原数组,array1 为新建数组,该操作将原数组的内容切片后赋值给新建的数组。m 为切片的起始位置,n 为需要提取的元素的个数,在实际使用过程中可以省略 m 或 n。m 和 n 同时省略也可以,此时会输出数组的第一个元素。m 和 n 的取值并没有特殊规定,只要是整数就可以,可以是正数,也可以是负数,正数代表从前到后进行取值,而负数则是从后向前取。

【示例】 数组的切片方式

```
#首先定义一个原数组
os@tedu:~ $ array = (a b c d e)
os@tedu:~ $ echo ${array[*]}
a b c d e
#新建数组 array1,取原数组中第 2 位开始,合计两个元素赋值给 array1
os@tedu:~ $ array1 = ${array[*]:2:2}
os@tedu:~ $ echo ${array1[*]}
c d
#新建数组 array2,取原数组第 2 位开始,至最后的所有元素赋值给 array2
os@tedu:~ $ array2 = ${array[*]:2}
os@tedu:~ $ echo ${array2[*]}
c d e
#新建数组 array3,取原数组的第 0 位开始,合计两个元素赋值给 array3
os@tedu:~ $ array3 = ${array[*]::2}
os@tedu:~ $ echo ${array3[*]}
a b
#新建数组 array4,取原数组倒数第 3 位开始,取之后合计两个元素赋值给 array4
os@tedu:~ $ array4 = ${array[*]:(-3):2}
os@tedu:~ $ echo ${array4[*]}
c d
```

上述示例中,通过对原始数组 array 的切片操作生成了 4 个新的数组,其中,array1 截取的是 array 数组中索引为 2、3 的元素;array2 截取的是 array 数组中索引为第 2、3、4 的三个元素;array3 截取的是 array 数组中索引为 0、1 的两个元素;array4 截取的是 array 数组中索引为 2、3 的元素。

8.7.4　数组替换

通常,在数组中修改元素值,需要重新对该值进行赋值才可以,而在 Shell 中提供了一种简单的方法来替换数组中元素的字符串,其语法如下。

【语法】

```
${array[@]/from/to}
${array[@]/from/}
```

其中,array 是要替换的元素的数组名称,from 是指数组元素中原来存在的字符串,to 是需要替换的新的字符串。如果没有 to 参数,则删除 from 指定的内容。

【示例】　数组元素值的替换

```
os@tedu:~ $ array = ("ios" "android" "windows" "linux")
os@tedu:~ $ echo ${array[@]/i/I}
Ios androId wIndowsLInux
os@tedu:~ $ echo ${array[@]/i/}
os androd wndows lnux
os@tedu:~ $ echo ${array[@]/ios/iOS}
iOS android windowsLinux
```

上述示例中,定义了一个数组 array,并初始化为各类操作系统。在输出该数组时,第一次将小写的"i"替换为大写"I";第二次输出时将小写"i"全部替换为空格,达到删除的目的;第三次输出将其中的字符串"ios"替换为了"iOS"。

8.7.5　关联数组

以上内容主要以普通数组为主,除了常见的下标索引形式的数组,Shell 中还有一种被称为关联数组的数组形式,该语法在 bash 4.0 版本中可用。借助散列技术,其成为解决很多问题的有力工具。

【语法】

```
ass_array = ([index] = val1 [index1 = val2])
```

其中,ass_array 为关联数组的数组名称,这一点与普通数组相同,区别在于后面的数组赋值语句中。普通数组通常使用数字作为索引,而关联数组中的 index 可以使用字符串作为索引,通过索引与值的一一对应,使索引与值关联起来,构成关联数组。

【示例】　创建关联数组

```
#创建关联数组并赋值
os@tedu:~ $ declare - A assarray = ([tedu] = "hello tedu" [world] = "hello world")
#输出其中"tedu"索引对应的值
os@tedu:~ $ echo ${assarray[tedu]}
hello tedu
```

```
# 使用赋值语句为单个数组索引赋值
os@tedu:~ $ assarray["os"] = "hello os"
os@tedu:~ $ echo ${assarray[os]}
hello os
# 输出关联数组中索引值
os@tedu:~ $ echo ${!assarray[*]}
world tedu os
# 输出关联数组中元素值
os@tedu:~ $ echo ${assarray[*]}
hello world hello tedu hello os
```

上述示例中,创建了一个关联数组,与普通数组不同的是,该数组中使用字符串作为索引值,而不是使用数字作为索引。通过指定数组中的索引字符串,能够输出对应的元素内容。

8.8 函数

Shell 脚本作为一种编程语言,与面向过程的编程语言类似,是一种结构化的程序设计语言,最基本的单位是指令及参数。同时,Shell 也支持函数的创建和调用,当脚本实现的功能较为复杂时,可以提取程序中的某些功能,形成一个函数模块,通过函数的调用实现某个功能,就可以将一个冗余的程序分化开来,使程序结构更加清晰明了。

8.8.1 函数定义

函数在使用之前需要先定义,定义之后才可以进行函数调用。Shell 函数的语法格式如下所示。

【语法】

```
function 函数名()
{
    函数体
}
```

如上述语法所示,函数大体分为如下几部分。

- function 关键字:表明之后的内容是定义一个函数,该关键字可以省略,即使不注明 function,Shell 也能分辨后面的内容是函数。
- 函数名:与变量名类似,每个函数都有一个函数名,且不能重复,调用函数时,直接引用其名字即可。
- 函数体:多条语句的集合,函数的主要功能就是由这些语句来实现的。

下述实例代码中定义两个函数,并分别进行调用。

【实例 8-12】 func.sh

项目源码路径:chapter_08\func.sh

```
#!/bin/bash

function func1()
{
        echo first function
}

func2()
{
        echo second function
}

func1
func2
```

脚本执行结果：

```
os@tedu:~ $ ./func.sh
first function
second function
```

上述实例中定义了两个函数，第一个函数由 function 关键词和函数名构成，该函数的作用是输出 first function 字样。第二个函数只有函数名，作用是输出 second function 字样。两个函数实现的功能类似，都是输出一条信息。在脚本最后通过函数名对两个函数进行了调用。

8.8.2　函数的参数

函数参数是函数调用时用以传递给函数的一些数据。Shell 中函数可以接受多个参数，函数体内可以通过 $n 的形式来获取参数的值。例如，$1 表示第一个参数，$2 表示第二个参数，以此类推。除了传递进来的参数外，每个函数中还都包含一些内部参数。常见的内部参数符号见表 8-8。

表 8-8　内部参数符号

符　　号	意　　义
♯	传递到脚本的参数个数
*	以一个单字符串显示所有向脚本传递的参数
$	脚本运行时的当前进程 ID 号
!	后台运行的最后一个进程 ID 号
@	与 * 相同，但是使用时加引号，并在引号中返回每个参数
-	显示 Shell 使用的当前选项，与 set 命令功能相同
?	显示最后命令的退出状态

下述实例代码中定义了一个函数，并在调用时向函数传递了参数。

【实例8-13】 **func_arg.sh**

```
项目源码路径:chapter_08\func_arg.sh
#!/bin/bash

function func1()
{
        echo script name: $0
        echo first argument: $1
        echo first function
}

func1 tedu
```

脚本执行结果:

```
os@tedu:~ $ ./func_arg.sh
script name: ./func
first argument: tedu
first function
```

上述实例中定义了 func1 函数,其功能是输出脚本的名称和调用函数时传递进去的参数。其中,$0代表获取脚本名称,这是函数内部的变量值,用户无法修改;$1是传递给函数的第一个变量,也就是第 10 行中调用函数 func1 时后面添加的 tedu 字符串。

8.8.3 函数的返回值

返回值是函数执行后需要返回的一些信息。在 Shell 编程中,每个函数都会有返回值,通常,如果一个函数没有自定义返回值,则该函数会以最后一条指令执行结果作为返回值返回。如果用户希望自定义返回值,可以在函数的最后添加"return n",其中,n 的取值为 0~255。

下述实例代码中,定义了两个函数,并分别返回了默认的返回值和自定义的返回值。

【实例8-14】 func_ret.sh

```
项目源码路径:chapter_08\func_ret.sh
#!/bin/bash

function func1()
{
        echo first function
}

function func2()
{
        echo second function
        return 3
}

func1
```

```
echo 第一个函数的返回值是：$?
func2
echo 第二个函数的返回值是：$?
```

脚本执行结果：

```
os@tedu:~ $ ./func_ret
first function
第一个函数的返回值是：0
second function
第二个函数的返回值是：3
```

上述实例中，第一个函数并没有指定返回值，所以其返回值是函数语句中 echo 指令的返回值，应为 0；第二个函数人为指定了函数的返回值，应返回 3。

8.9　文本处理

文本处理是 Shell 脚本的重要应用领域之一，无论是编写程序还是修改配置文件，最终都是对文本的处理过程。大多数 Shell 解释器，如 bash 在设计之初就考虑了文本处理的问题，所以 Shell 提供了大量的便于文本处理的功能。

8.9.1　格式化输出

脚本执行过程中，经常会需要和用户进行交互，交互不仅是用户输入，还包含脚本输出执行的结果。通常脚本会输出大量的内容，如果对这些内容不做任何处理，直接输出到终端中，会非常难以辨别。

格式化输出就是为了解决上述问题而开发出来的，格式化输出能够把输出的内容根据指定的格式输出，自动进行对齐、换行等操作。格式化输出内容使用的是 printf 指令，printf 指令常用的格式化字符见表 8-9。

表 8-9　格式化字符

格式化字符	意　　义
\a	输出警告音
\b	退格
\f	清除屏幕
\n	输出新行
\r	代替 Enter 键
\t	水平 Tab 键
\v	垂直 Tab 键
\xNN	转换数字为字符
%ns	输出 n 个字符
%ni	输出 n 个整数字符
%N.nf	输出小数，其中，N 为整数部分位数，n 为小数位数

【示例】 使用 printf 进行换行

```
os@tedu:~ $ printf "%s\n" 1 2 3 4
1
2
3
4
```

上述示例中,使用 printf 输出"1 2 3 4"四个数字,同时每个数字之间换行,其中,%s 表示输出字符串,"\n"表示换行,指令的意思是在输出字符后首先换行并进行下一个字符输出。

【示例】 使用 printf 输出小数

```
os@tedu:~ $ printf "%.2f\n" 1 2 3 4
1.00
2.00
3.00
4.00
```

上述示例中,"%.2f"表示以小数形式输出数字,且小数位为 2 位,即使后面的数字是正数,依然会被转换为小数形式输出。

【示例】 将字符串格式化输出

```
os@tedu:~ $ string = "姓名 性别 年龄 体重 苹果 男 18 60 香蕉 男 18 80"
os@tedu:~ $ printf "%-10s %-10s %-4s %-4s \n" $string
姓名      性别      年龄  体重
苹果      男        18    60
香蕉      男        18    80
```

上述示例中,通过使用 printf 输出字符串列表中的内容,同时每四个元素为一行,共将字符串列表分为三行,每一行都有 4 个元素,且这 4 个元素都按照指定的宽度进行显示,使列表内容以类似表格的形式显示出来,更加清晰、简洁、方便阅读。

8.9.2 sed 命令

在文本处理过程中,经常会遇到替换文本的需求,例如,批量地将某个词首字母大写,手动修改的效率肯定是非常慢的,故此类操作在 Shell 中可以使用 sed 命令。

sed 是一个很好的文件处理工具,其本身是一个管道命令,主要是以行为单位进行文本文档的处理,可以对数据行进行替换、删除、新增、选取等特定工作。sed 命令常用选项及功能见表 8-10。

表 8-10　sed 命令常用选项

选　　项	作　　用
-n	使用安静模式
-e	直接在命令列模式上进行编辑
-f	将 sed 命令输出到文件中,通过执行该文件执行对应的 sed 命令

续表

选　　项	作　　用
-r	执行正则表达式的语法
-i	直接修改读取的文件内容,而不是输出到终端
a	新增行,a 的后面可以是字符串
c	取代行,c 的后面可以是字符串
d	删除行,通常后面不接参数,直接删除对应行
p	列印,将某个选择的数据打印出,通常与-n 选项一起运行
s	替换,直接或通过正则表达式进行替换

sed 只是对缓冲区中原始文件的副本进行编辑,并不编辑原始的文件。因此,如果需要保存改动内容,需要将输出重定向到另一个文件。接下来将以 select_case.sh 文件为例演示 sed 命令的使用。

【示例】 查看 select.sh 文件内容

```
＃源文件内容
os@tedu:~ $ catselect_case.sh
#!/bin/bash

echo "What is your favourite OS?"
select var in "Linux" "Gnu Hurd" "Free BSD" "Other"
do
    case $ var in
        Linux)
                echo you selected $ var
        ;;
        "Gnu Hurd")
                echo you selected $ var
        ;;
        "Free BSD")
                echo you selected $ var
        ;;
        Other)
                echo you selected $ var
        ;;
        *)
                echo Enter Error
                break
        ;;
    esac
done
```

【示例】 使用 sed 命令删除文件第一行

```
os@tedu:~ $ sed '1d' testsel | head - n 3

echo "What is your favourite OS?"
select var in "Linux" "Gnu Hurd" "Free BSD" "Other"
```

上述示例中,将第一行内容删除,testsel 为要被操作的文件,sed 将修改之后的文件内容通过管道符传递给 head 命令,head 命令将修改后的内容的前三行输出到终端中,可以看到第一行"♯!/bin/bash"已经被删除。

【示例】　使用 sed 命令删除文件最后一行

```
os@tedu:~ $ sed '$d' testsel | tail -n 3
        break
   ;;
esac
```

该示例代码与删除文件第一行的示例类似,"$"是指文件的最后一行,所以该指令能够删除文件的最后一行,之后将修改后的内容通过管道符传递给 tail 命令显示最后三行,可以看到最后一行的 done 内容已被删除。

【示例】　使用 sed 命令删除文件前三行

```
os@tedu:~ $ sed '1,3d' testsel | head -n 3
select var in "Linux" "Gnu Hurd" "Free BSD" "Other"
do
    case $var in
```

上述示例中,"1,3d"的意义是删除 1~3 行的内容,同样的命令执行后将输出内容给 head 命令,可以看到前三行内容已被删除。

【示例】　查询 Other 关键词所在的行

```
os@tedu:~ $ sed -n '/Other/p' testsel
select var in "Linux" "Gnu Hurd" "Free BSD" "Other"
      Other)
```

【示例】　将 Other 关键词替换为 tedu

```
os@tedu:~ $ sed -n '/Other/p' testsel |sed 's/Other/tedu/g'
select var in "Linux" "Gnu Hurd" "Free BSD" "tedu"
        tedu)
```

上述示例中,指令通过管道符被分成两部分,第一部分主要用来查找 Other 所在的行,并将查找结果通过管道符输出到下一条替换指令中。替换指令中,依然使用的是 sed 命令,之后使用了 s 替换选项,两个单词为被替换单词 Other 和替换单词 tedu。/g 的意义在于,sed 命令会替换每一处找到的内容,可以使用/ng 来指定需要从第几次开始替换。

8.9.3　awk 命令

作为一款文本处理工具,awk 被设计用于数据流,其不仅能够对行进行操作,还可以对列进行操作。awk 命令有许多内建的功能,比如数组、函数等,具有很大的灵活性。

【语法】

```
awk 'BEGIN { command } { command_1 } END{ command_2 }'file
```

如上所示,awk 命令通常由 3 部分组成,即 BEGIN 模块、END 模块以及中间的命令。其中,command 是脚本开始执行时执行的命令,command_1 为脚本执行过程中执行的命令,command_2 为脚本执行结束时执行的命令。最后需要添加上需要被操作的文件路径为参数,这样就可以实现 awk 对文件的操作。

awk 命令执行时,3 部分内容都是可选的,脚本内容通常会被包含在单引号或双引号中。

【示例】　使用 awk 输出/etc/passwd 的账户人数

```
os@tedu:~ $ awk '{count++ ;print $ 0;} END{print "user count is ", count}'/etc/passwd
root:x:0:0:root:/root:/bin/bash
daemon:x:1:1:daemon:/usr/sbin:/usr/sbin/nologin
...
sshd:x:122:65534::/run/sshd:/usr/sbin/nologin
ftp:x:123:127:ftp daemon,,,:/srv/ftp:/usr/sbin/nologin
user count is  43
```

上述示例中,并没有使用 BEGIN 模块,命令依然是可以正常执行的。首先 awk 命令会读取"/etc/passwd"文件的内容,之后按行依次传递给后续的命令,后续的命令首先定义了一个 count 变量,之后对该变量进行自加操作,同时输出对应行的内容,直到全部统计完毕。最终会调用 END 模块,实现变量值的输出。

【示例】　使用 awk 输出/etc/passwd 的账户人数

```
os@tedu:~ $ awk 'BEGIN {count = 0;} {count = count + 1;} END{print "user count is ", count}'/
etc/passwd
user count is  43
```

上述示例中,添加了 BEGIN 模块,同时对 count 变量进行了初始化。默认情况下,新建变量如果没有赋值,都是以 0 为初始值,但是在 BEGIN 模块中对变量进行初始化是一种更加妥当的做法,之后的执行过程与前一个示例相同,只是没有输出文件内容。

【示例】　在 awk 命令中使用 if 判断结构

```
os@tedu:~ $ ls - l |awk '
> BEGIN {size = 0;print "[start]size is ", size}
> {if( $ 5!= 4096){size = size + $ 5;}}
> END{print "[end]size is ", size/1024/1024,"M"}'
#执行结果
[start]size is  0
[end]size is  1.00131 M
```

上述示例中,为方便命令的可读性,将命令分为几行进行输入,当存在分号等特殊符号时,在 Shell 中输入回车并不会立即执行该程序,而是等待另一半分号的输入,或者再按回车键才会执行,以保证命令的完整性。一般来说,命令输入不完全会导致执行失败。

上述示例中,命令共分为 4 行,其中:

- 第 1 行:使用 ls -l 命令输出当前目录中所有的文件详细信息,并将这些信息通过管道符传递给 awk 命令,之后 awk 命令会对传递进来的内容进行读取并操作。
- 第 2 行:定义 size 变量并赋值为 0,该变量被将用来统计文件大小。
- 第 3 行:该行中主要是使用了 if 判断结构,判断文件大小是否为 4096,4096 通常是指的文件夹的大小,如果文件大小等于 4096 则略过,如果不等于 4096 则将该值与 size 相加。其中的"＄5"代表第 5 个参数,使用 ls -l 命令输出的信息中,第 5 列是指的文件大小,所以此处需要计算第 5 个参数进行计算。
- 第 4 行:信息的输出,经过上述计算以后,会得出该文件夹下所有的文件大小之和,此时单位为 Byte,经过换算后会以 Mb 单位输出。

常见的程序控制结构在 awk 命令中都被支持,比如上述示例中的 if 判断结构,同时 awk 也支持 for 循环的结构。除了常见的控制结构,许多变量类型也支持,比如数组。

【示例】 **awk 中使用 for 循环**

```
os@tedu:~ $ awk – F ':''
> BEGIN {count = 0;}
> {name[count] = ＄1;count++;};
> END{for (i = 0; i < NR; i++ ) print i, name[i]}'/etc/passwd
# 执行结果
0 root
1 daemon
2 bin
3 sys
...
42 ftp
```

上述示例中,主要是实现了统计/etc/passwd 文件中的用户个数,并按顺序输出用户名的功能,主要命令依然是 4 行。

- 第 1 行:使用 awk 命令的-F 选项,-F 选项的作用主要是使用指定的字符对文本内容进行分隔,在/etc/passwd 中每一行代表一个用户信息,其中使用":"分隔,因此可以使用-F 选项将每一行内容进行分隔,该操作会将分隔后的内容以变量的形式传递给下一个命令。
- 第 2 行:定义 count 变量,后续将使用该变量进行计数。
- 第 3 行:该行中主要是定义了一个数组 name,该数组将用来保存用户名,用户名即来自第 1 行中形成的变量值,第一个值即是用户名,同时 count 变量进行自加。
- 第 4 行:使用 for 循环将数组 name 的值按顺序输出。其中,NR 是 awk 中的一个特殊变量,该变量用来记录数量,在这里是/etc/passwd 文件的行数。

除了 NR 以外,还有其他一些特殊变量。

- NR:number of records,在执行过程中对应于当前行号。
- NF:number of fields,在执行过程中对应于当前行的字段数。
- ＄0:命令执行过程中当前行的文本内容。

- $1：命令执行过程中当前行的第一个字段的文本内容。
- $2：命令执行过程中当前行的第二个字段的文本内容。

8.9.4　文本内容比较

在编写代码文件时，通常会对代码进行一些版本管理，此时如果需要对不同版本之间的内容进行对比，如果内容比较多，靠人工的效率肯定是非常低的，因此 Shell 中提供了 diff 工具对文件进行对比。

diff 命令能够对两个文件进行详细的对比，并将差异结果进行重点标记，输出到文件中。输出到的文件称为被修补文件(patch file)，其中包含修改过的、添加、删除的行及行号，用户可以通过修补文件对源文件进行更改。

【语法】

```
diff ver1 ver2
```

其中，ver1 和 ver2 为相同的文件，但是版本不同，或者说 ver 和 ver2 内容稍微有些不同。对比结果会输出到终端中，可以使用重定向的方式，将结果输出到指定文件中，形成修补文件。

【示例】　使用 **diff** 查看文件不同

```
os@tedu:~ $ ls - l > ver1
os@tedu:~ $ ls - l > ver2
os@tedu:~ $ diff ver1 ver2
1c1
<总用量 1104
---
>总用量 1108
15c15,16
< - rw - r -- r --  1 os os          0 10 月 16 18:14 ver1
---
> - rw - r -- r --  1 os os       1144 10 月 16 18:14 ver1
> - rw - r -- r --  1 os os          0 10 月 16 18:15 ver2
```

上述示例中，首先使用 ls 命令创建两个文件，内容为当前目录中所有文件的详细信息，由于创建第二个文件的时候，第一个文件已经创建完成了，所以第二个文件中会包含第一个文件的信息，因此两个文件的内容会有所不同。diff 命令的执行结果如示例中所示，大体可以分为两大部分。其中以第一部分为主进行解释，第二部分内容与第一部分内容类似，不再阐述。

第一部分内容共四行，其中每一行意义如下。

- 第一行"1c1"，其中第一个 1 代表第一个文件 ver1 中的第一行，第二个 1 代表第二个文件 ver2 中的第一行，c 的英文原为 change，也就是改变的意思，该行的意思就是第一行内容改变了。
- 第二行内容为第一个文件中的第一行的内容，可以看到输出信息为"总用量 1104"。"<"符号并不是文件内容，只是用来标记该行是第一个文件的内容。

- 第三行"---"为分隔符,用来分隔第一个文件和第二个文件的内容。
- 第四行内容为第二个文件中的第一行的内容,可以看出,输出信息为"总用量1108"。与第一个文件中第一行的内容确实不同。">"符号同样只是为了标记该行为第二个文件的内容,用以与第一个文件内容进行区分。

剩余内容是第二部分,意义与第一部分内容相同。

本章小结

- Shell 脚本是一门编程语言,脚本主要由各种命令组成。
- Shell 脚本中包含本地变量、环境变量、自定义变量等变量类型,能够存储数值、字符串、数组等类型的变量值。
- Shell 数组分为下标数组和关联数组两种,其中,关联数组的索引可以是字符串。
- Shell 中的条件测试能够判断表达式的值是真或假并将判断结果传递给 if、while 等程序控制结构,控制程序走向。
- Shell 脚本支持正则表达式。
- 正则表达式是文本处理过程中常用的工具,能够通过特殊字符的组合的方法返回匹配对应规则的字符串。
- Shell 脚本支持 if、case 两种判断结构。
- Shell 脚本支持 for、while、until、select 等循环结构。
- until 循环结构只有当判断条件为假时继续执行,判断条件为真时退出。
- select 可以为用户提供多个选项,由用户手动输入选项的索引,实现循环过程中与用户的交互。
- Shell 脚本中支持函数的定义。
- Shell 中函数主要由函数名和函数体构成,每个函数都有返回值,默认返回值是函数体中最后一条语句执行后的返回值。
- Shell 中提供了许多用来进行文本处理的命令,如 sed、awk、diff 等。

本章习题

1. Shell 中定义变量使用的命令是(   )。

    A. declare   B. let   C. define   D. expr

    2. 以下变量名不正确的是(   )。

    A. _var   B. var_   C. 5var   D. var10

3. 当表达式为假时执行的循环结构是(   )。

    A. for 循环结构   B. while 循环结构

    C. select 循环结构   D. until 循环结构

4. Shell 条件测试中,返回值_____为真,_____为假。

5. 用户指定的函数返回值范围是_____。

6. 编写 Shell 脚本,使用循环结构实现输出数组元素,数组自定。

附录A Ubuntu常用命令

Linux 平台中,主要就是使用各种命令进行操作,表 A-1 对 Ubuntu 操作系统中常用的命令及其作用进行了总结,同时也包含一些常见的名词解释。

表 A-1　Ubuntu 操作系统中常见名词速查

命　　令	作　　用
A	
alias	设置命令的别名
anacron	用于在 Linux 系统中按周期(以天为单位)运行某些命令
array	数组
at	在指定的时间执行命令
atq	列出当前用户的 at 任务列表
awk	常用作文本文件内容的处理
B	
badblocks	用来在设备(通常是磁盘分区)中检测坏区块
basename	去掉前导的目录部分后打印"名称"
bash	为 GNU 计划编写的 UNIX Shell
bg	将程序放在后台执行
BIOS	基本输入输出系统
block	块,实际记录文件的内容
bootloader	初始化内核,启动内核各模块
bzip2	文件压缩指令
C	
case	一种条件判断结构
cat	拼接文件或显示文件内容
cd	切换工作目录
chfn	更改用户的 finger 信息
chgrp	改变文件的组所有权
chkconfig	显示并维护系统服务的状态、信息
chmod	更改文件权限
chown	更改文件所有者
chpasswd	批量更改用户密码
chroot	以特定根目录运行命令或交互式 Shell
chsh	更改用户登录 Shell
cmp	比较任意两个类型的文件
cp	复制文件
crontab	定时执行操作命令
cut	在文件中提取片段

续表

命　　令	作　　用
D	
date	打印或设置系统日期和时间
dd	转换和复制文件
declare	定义变量
df	报告文件系统磁盘空间的使用情况
diff	比较两个文件的内容
E	
echo	输出给定的字符串
env	在重建的环境中运行程序
export	显示和设置环境变量值
EXT4	Linux 的日志文件系统
F	
fdisk	磁盘分区命令
fg	将程序转入前台执行
free	显示系统使用和空闲的内存情况
file	判断文件类型
find	搜索文件
finger	用户信息查找程序
FHS	文件系统层次化标准
fsck	检查并修复 Linux 文件系统
function	定义函数
G	
gcc	程序编译工具链
GNU	GNU is Not UNIX 的缩写,GNU 组织名称
gpasswd	组密码管理命令
group	用户组
groupadd	添加用户组
groupdel	删除用户组
groupmod	更改用户组
groups	显示用户所在组
grub	多重引导程序 grub 的命令行 Shell 工具
gzip	文件压缩工具
H	
hal	硬件抽象层
head	显示文本的前几行内容
history	Shell 中命令使用的历史记录
I	
if	一种判断结构
inode	文件系统中的节点
insmod	向 Linux 内核中插入一个模块
J	
jobs	显示后台运行程序

命　令	作　用
join	针对每一对具有相同内容的输入行,整合为一行写到标准输出
K	
kill	杀死、关闭进程
killall	以名字方式来杀死进程
L	
less	查看文件内容
ln	在文件之间建立连接
locale	显示、更改系统所属地域
locate	文件搜索
ls	列出当前文件下的文件
lsmod	会列出所有已载入系统的模块
lsusb	列出所有 USB 设备
M	
mail	发送和接收邮件
make	程序编译指令
makefile	make 命令的配置文件
man	查看指定命令的帮助信息
MBR	磁盘主引导记录
md5sum	显示或检查 MD5(128b)校验和
mesg	控制其他用户能否使用 write 命令将信息发送到当前用户使用的终端上
mkdir	创建目录
mkfs	建立 Linux 档案系统在特定的 partition 上
mknod	创建指定类型和名称的特殊文件
more	显示文本文件内容
mount	挂载设备
N	
nano	简易的文本编辑器
netstat	显示网络连接、路由表、接口状态、伪装连接、网络链路信息和组播成员组
newgrp	登入另一个群组
nice	微调程序运行优先级
nl	输出文件内容并自动添加行号
nologin	无须登录
P	
passwd	修改用户密码
permission	权限
ps	列出正在运行的进程
pstree	以树形列出当前进程及从属关系
profile	Linux 全局配置信息
pwd	输出当前工作目录绝对路径
printf	按指定格式输出文件内容
R	
read	读入标准输入输出的输入内容并赋值给指定变量

续表

命　令	作　用
renice	微调程序运行的优先级
rm	删除文件
rmdir	删除指定的空目录
rmmod	删除内核中的一模块
S	
sed	文本处理程序
service	服务管理程序
set	设置变量值
shalsum	对文件进行唯一较验的 hash 算法
shutdown	关机程序
signal	信号
sort	串联排序所有指定文件并将结果写到标准输出
split	将指定的文件切割为小的文件
su	用户切换指令
sudo	普通用户临时提权指令
syslog	系统日志信息
sync	将内存缓冲区内的数据写入磁盘
T	
tail	显示文件末尾内容
tar	文件打包指令
top	按指定顺序显示进程资源占用率
touch	更改文件访问时间,或创建文件
tr	从标准输入中替换、缩减和/或删除字符,并将结果写到标准输出
type	判断命令是否为内置命令
U	
umask	用来设置限制新文件权限的掩码
umount	卸载已挂载的设备
unalias	取消命令别名
UNIX	一种操作系统
unset	销毁变量
updatedb	更新文件索引数据库,读数据库会被 locate 命令使用
useradd	添加用户
usermod	修改用户信息
userdel	删除用户
V	
vim	一种文本编辑器,功能非常强大
visudo	修改 sudoers 文件
vmstat	报告虚拟内存的统计信息
W	
who	显示当前已登录的用户信息
whereis	搜索命令所处位置

命　　令	作　　用
which	查找环境变量中的文件
write	用于用户之间发送信息
X	
xargs	命令传递参数的一个过滤器
X Window System	X 桌面环境系统
其他	
.	指代当前目录
..	指代当前目录的父目录
~	指代当前用户主目录
-	指代用户上一次的工作目录
|	匿名管道的管道符

附录B VMware虚拟机搭建

VMware公司是全球云基础架构和移动商务解决方案厂商,提供基于VMware的解决方案。VMware Workstation是一款功能强大的桌面虚拟计算机软件,提供用户可在单一的桌面上同时运行不同的操作系统,以及进行开发、测试、部署新的应用程序的最佳解决方案。VMware Workstation可在一部实体计算机上模拟完整的网络环境,以及可便于携带的虚拟计算机,其更好的灵活性与先进的技术胜过了市面上其他的虚拟计算机软件。对于企业的IT开发人员和系统管理员而言,VMware在虚拟网络、实时快照、拖曳共享文件夹、支持PXE等方面的特点使它成为必不可少的工具。

本节将介绍VMware Workstation的安装以及虚拟机的创建过程。可以在官网下载VMware的安装包,下载后双击即可开始进行安装。

稍等一会儿将进入VMware的安装向导页面,如图B-1所示,之后按照该向导的提示进行安装即可。VMware的安装和大多数软件的安装一致,过程比较简单。

图 B-1　安装向导页

首先进行安装目录的选择,如图B-2所示,通常默认即可,也可以通过单击"更改"按钮修改文件的安装位置。

如图B-3所示,在"我接受许可协议中的条款"复选框中打勾,之后单击"下一步"按钮进行安装。如果不同意许可协议,是无法安装的。

通常,用户体验项勾选与否对软件的使用影响并不大,因此如图B-4所示默认即可,之后单击"下一步"按钮继续安装。

如图B-5所示,安装程序会询问创建快捷方式的位置,通常默认保留桌面快捷方式和"开始"菜单即可。之后单击"下一步"按钮继续安装。

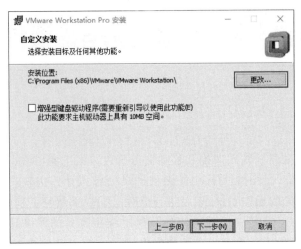

图 B-2　选择安装位置

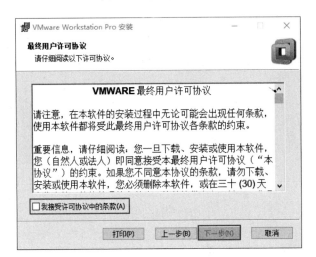

图 B-3　用户协议

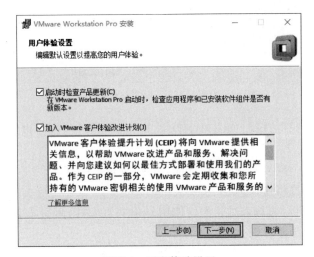

图 B-4　用户体验设置

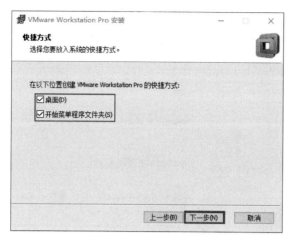

图 B-5　快捷方式

如图 B-6 所示，基本信息已经准备完毕，直接单击"安装"按钮即可开始进行安装。

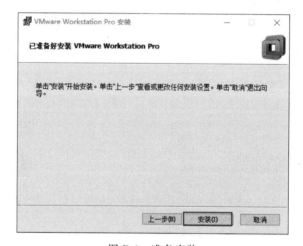

图 B-6　准备安装

如图 B-7 所示，安装过程包括正在复制新文件、创建系统注册表项、创建快捷方式等。

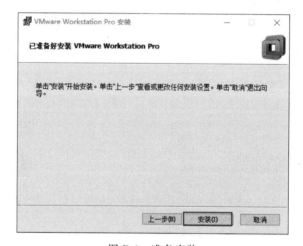

图 B-7　正在安装

如图 B-8 所示，安装完成，此时可以单击"完成"按钮，完成软件的安装。之后在 VMware 软件首次启动时会提示输入许可证信息。也可以在此处单击"许可证"按钮直接输入许可证。

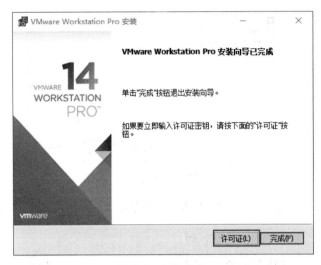

图 B-8　安装完成

如图 B-9 所示，输入购得的许可证，之后单击"输入"按钮，安装程序将返回到安装完成的页面。

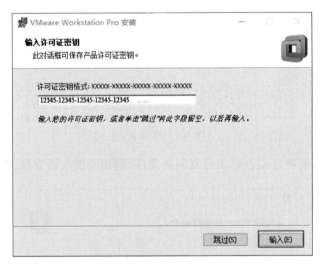

图 B-9　输入许可证

如图 B-10 所示，"许可证"按钮已经没有了，只留下了"完成"按钮，单击"完成"按钮，完成软件的安装。

如图 B-11 所示为该软件安装完毕后第一次打开的界面，可以在此处进行新建、打开和连接远程服务器的操作。

接下来依然以 Ubuntu 18.04 LTS 为例，演示如何安装 Linux 操作系统。如图 B-12 所示，在 VMware 的首页单击"创建新的虚拟机"按钮。

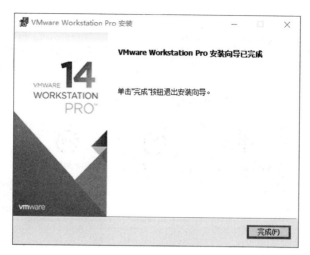

图 B-10　安装完成

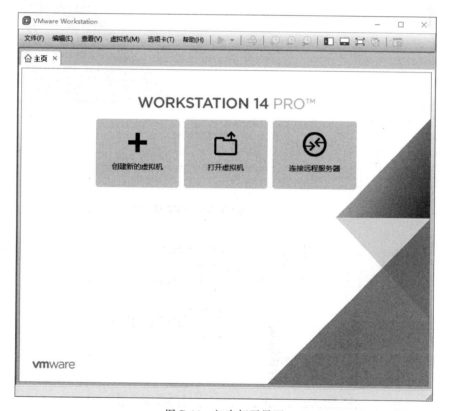

图 B-11　初次打开界面

　　如图 B-13 所示,打开新建虚拟机向导后,选择"典型(推荐)"项,之后单击"下一步"按钮开始创建虚拟机。

　　如图 B-14 所示,注意不要选择"安装程序光盘映像文件",而是选择"稍后安装操作系统",否则 VMware 会自动执行简易安装过程,该过程将简化安装的流程,并自动安装英文版 Ubuntu。而"稍后安装操作系统选项"将执行标准安装过程,安装过程中每个操作都可

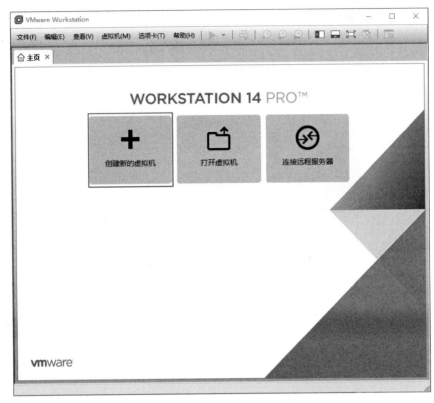

图 B-12　新建虚拟机

图 B-13　新建虚拟机向导

以自定义修改。之后单击"下一步"按钮。

如图 B-15 所示,选择客户机的操作系统,此处选择 Linux,同时下面的版本中会自动变为"Ubuntu",即创建默认的 Linux 操作系统以 Ubuntu 为默认值,如果需要修改,可以在下拉列表中进行修改替换。之后单击"下一步"按钮即可。

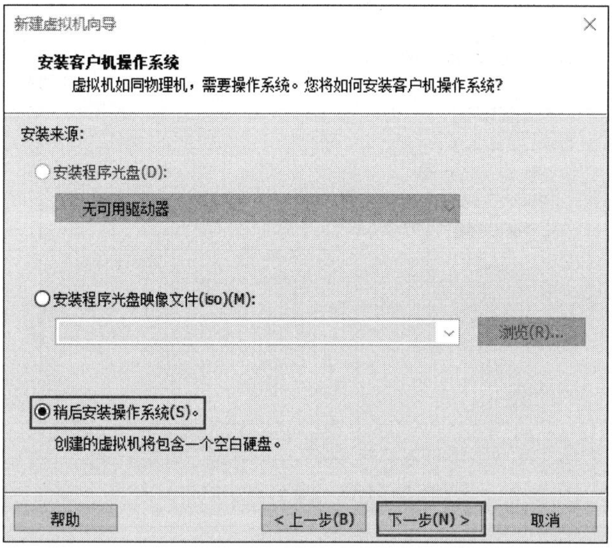

图 B-14　安装客户机操作系统

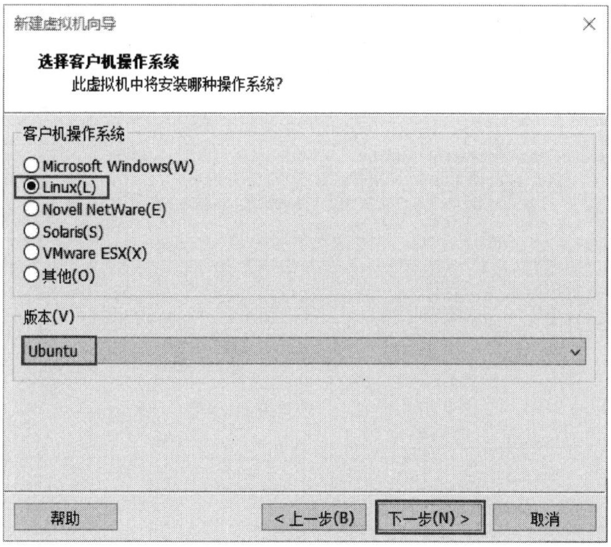

图 B-15　选择客户机操作系统

　　如图 B-16 所示,在此处修改 Linux 操作系统的名称以及保存位置,通常默认即可,之后单击"下一步"按钮。

　　如图 B-17 所示,在"指定磁盘容量"页,可以修改磁盘大小,即该虚拟机最大可以占用多大的硬盘空间。之后需要选中"将虚拟磁盘拆分成多个文件",该选项能够使得以后操作系统复制和移动更加简单。之后单击"下一步"按钮。

　　如图 B-18 所示,虚拟机的硬件信息已经基本确定,硬盘、内存、CPU 等信息都已经选择完毕,如果其中还有需要更改的数据,可以单击"自定义硬件"按钮,进入硬件修改页面,如果没有需要修改的硬件,则直接单击"完成"按钮即可完成虚拟机的配置。此处,单击"自定义硬件"按钮,修改硬件信息。

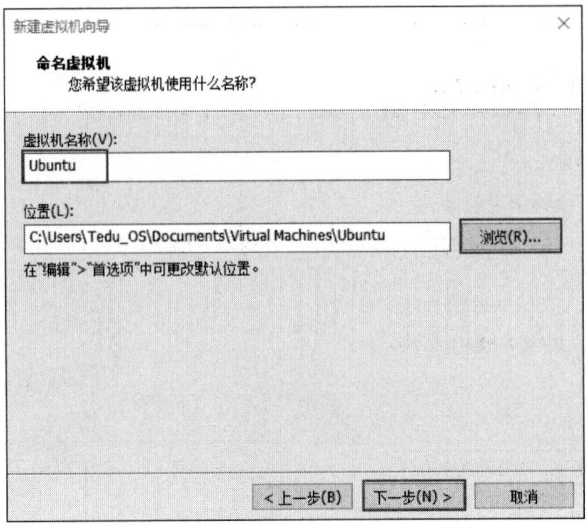

图 B-16　命名虚拟机

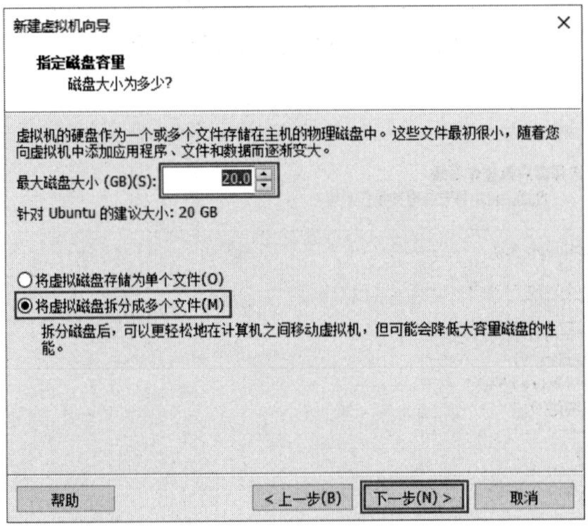

图 B-17　指定磁盘容量

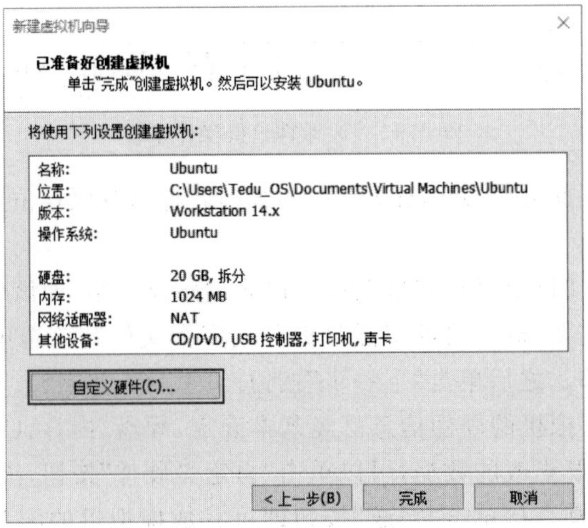

图 B-18　准备好创建虚拟机

如图 B-19 所示,此处显示硬件的详细信息,以及更改选项,通常可以视主机性能进行相应的配置更改,之后单击"关闭"按钮退出该页面即可。

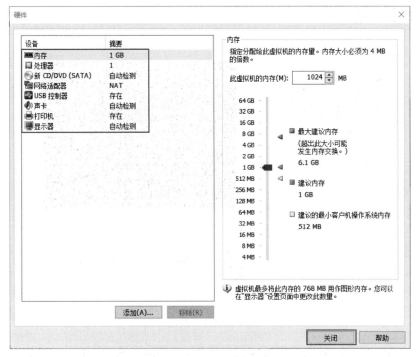

图 B-19　自定义硬件

如图 B-20 所示,硬件信息更改完成,单击"完成"按钮完成硬件信息的创建。

图 B-20　创建虚拟机

如图 B-21 所示,模拟硬件已经创建完毕,此时需要添加 Ubuntu 的光盘映像,单击"编辑虚拟机设置"或者 CD/DVD(SATA)选项。

如图 B-22 所示,单击 CD/DVD(SATA)选项,右侧会显示当前选项的可编辑项,选择

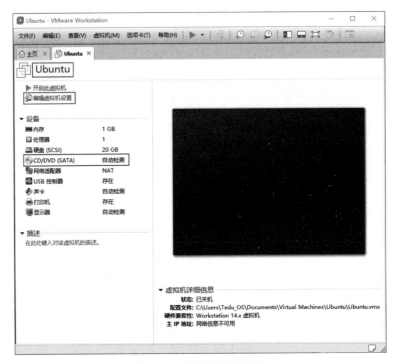

图 B-21　编辑虚拟机设置

"使用 ISO 映像文件"选项,之后单击"浏览"按钮,通过浏览确定 Ubuntu 操作系统的位置,之后单击"确定"按钮退出。

图 B-22　选择光盘映像

如图 B-23 所示,确定后会回到创建虚拟机之后的页面,此时 CD/DVD(SATA)中的文字已经变成了"正在使用文件…"字样,即光盘映像文件添加成功。此时可以单击"开启此虚拟机"打开虚拟机进行操作系统的安装。

图 B-23　开启虚拟机

如图 B-24 所示,虚拟机开启过程,首先是 VMware 对模拟硬件的初始化。

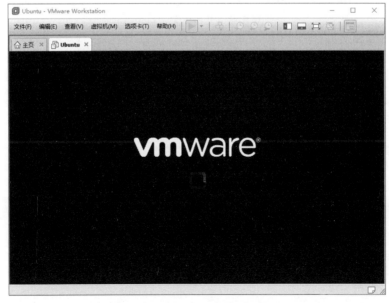

图 B-24　开启虚拟机

　　如图 B-25 所示,开启虚拟机后,进入操作系统的安装界面,在此处选择安装语言为"中文(简体)",之后单击"安装 Ubuntu"按钮开始安装。之后的安装过程与在 VirtualBox 中的安装过程相同。

图 B-25　开始安装 Ubuntu

附录C 常见开源协议

　　在程序编写过程中,会经常用到各种开源代码。采用开源代码时,需要注意其所遵循的开源代码协议或开源许可证,否则使用这些代码可能导致不必要的麻烦甚至官司。同时,为自己的代码选择合适的开源许可证,也可以保障自己的代码不被别人抄袭和滥用。

　　截至目前,世界上存在上百种开源许可证,本附录中将挑选一些常见的开源许可证简单介绍。

1. MIT 协议

　　MIT(Massachusetts Institute of Technology,MIT)源自麻省理工学院。MIT 协议只保留版权,而无任何其他限制。MIT 是一种宽泛的许可协议,要求十分宽松,是目前限制最少的协议。

　　MIT 协议唯一的条件就是在修改后的代码中需包含原作者的许可信息,商业软件也可以免费使用遵循 MIT 协议的开源代码而不需要开源自身的代码。

2. GPL 协议

　　GPL(General Public License,GPL)协议允许代码的开源、免费使用和引用、修改、衍生代码的开源、免费使用,但不允许修改后和衍生的代码作为闭源的商业软件发布和销售。

　　GPL 协议的主要内容是只要在软件中使用 GPL 协议的产品(包括修改后的代码或者衍生代码),则该软件产品必须也采用 GPL 协议,即必须也是开源和免费的。这就是所谓的"传染性"。

　　由于 GPL 严格要求使用了 GPL 类库的软件产品必须使用 GPL 协议,商业软件或者对代码有保密要求的部门就不适合使用基于该协议的代码进行二次开发。

　　Linux 内核源代码即是采用的 GPL 协议。

3. LGPL 协议

　　LGPL(Lesser General Public License)是 GPL 为类库使用设计的开源协议。LGPL 允许商业软件通过类库引用(link)方式使用遵循 LGPL 协议的类库而不需要开源商业软件的代码。这使得采用 LGPL 协议的开源代码可以被商业软件作为类库引用并发布和销售。

　　但是如果修改 LGPL 协议的代码或者衍生,则所有修改的代码、涉及修改部分的额外代码和衍生的代码都必须采用 LGPL 协议。因此 LGPL 协议的开源代码很适合作为第三方类库被商业软件引用,但不适合希望以 LGPL 协议代码为基础,通过修改和衍生的方式做二次开发的商业软件采用。

4. MPL 协议

　　MPL(Mozilla Public License)是 1998 年年初 Netscape 的 Mozilla 小组为其开源软件项目设计的软件许可证。Netscape 公司认为 GPL 许可证没有很好地平衡开发者对源代码的需求和他们利用源代码获得的利益,因此发布了 MPL 协议。同著名的 GPL 许可证和 BSD 许可证相比,MPL 在许多权利与义务的约定方面与它们相同。

MPL 协议的使用需要遵循以下几个要求。

(1) MPL 允许一个企业在自己已有的源代码库上加一个接口,除了接口程序的源代码以 MPL 许可证的形式对外许可外,源代码库中的源代码就可以不用 MPL 许可证的方式强制对外许可。

(2) MPL 允许被许可人将经过 MPL 许可证获得的源代码同自己其他类型的代码混合得到自己的软件程序。

(3) 明确要求源代码的提供者不能提供已经受专利保护的源代码(除非他本人是专利权人,并书面向公众免费许可这些源代码),也不能在将这些源代码以开放源代码许可证形式许可后再去申请与这些源代码有关的专利。

5. BSD 协议

BSD(Berkeley Software Distribution)开源协议是一个给予使用者很大自由的协议。开发者可以自由使用和修改源代码,也可以将修改后的源代码作为开源或者专有软件再发布。

BSD 协议的使用有以下几个要求。

(1) 如果再发布的产品中含有源代码,则在源代码中必须带有原来代码中的 BSD 协议。

(2) 如果再发布的只是二进制类库/软件,则需要在类库/软件的文档和版权申明中包含原有代码中的 BSD 协议。

(3) 不可以用开源代码的作者/机构名字和原来产品的名字做市场推广。

BSD 代码鼓励代码共享,但需要尊重代码作者的著作权。BSD 由于允许使用者修改和重新发布代码,也允许使用或在 BSD 代码上开发商业软件发布和销售,因此是对商业集成很友好的协议。

6. Apache 协议

Apache License 是著名的非盈利开源组织 Apache 采用的协议。该协议和 BSD 类似,同样鼓励代码共享和原作者的著作权,同样允许源代码修改和再发布。

Apache 遵循以下条件。

(1) 需要给代码的用户一份 Apache License。

(2) 如果修改了代码,需要在被修改的文件中说明。

(3) 在衍生的代码中(修改和有源代码衍生的代码中)需要带有原来代码中的协议、商标、专利声明和其他原来作者规定需要包含的说明。

(4) 如果再发布的产品中包含一个 Notice 文件,则在 Notice 文件中需要带有 Apache License。可以在 Notice 中增加自己的许可,但是不可以表现为对 Apache License 构成更改。

使用这个协议的好处如下。

(1) 永久权利一旦被授权,永久拥有。

（2）全球范围的权利在一个国家获得授权，适用于所有国家。

（3）授权免费、无版税，前期、后期均无任何费用。

（4）授权无排他性，任何人都可以获得授权。

（5）授权不可撤销，一旦获得授权，没有任何人可以取消。

Apache License 也是对商业应用友好的许可。使用者也可以在需要的时候修改代码来满足并作为开源或商业产品发布/销售。

附录D 正则表达式

操作字符串是编程语言中经常会遇到的操作,正则表达式通常被用来检索、替换那些符合某个模式(规则)的文本。

正则表达式是基于模式匹配的文本处理技术,在字符串处理过程中能够针对性地对各种字符、位置进行匹配与修改。目前,大多数编程语言都支持正则表达式,因此学习正则表达式的语法是很有必要的。常用的正则表达式符号如表 D-1 所示。

表 D-1 正则表达式符号

正则表达式	描 述	示 例
^	匹配行起始	^tedu 匹配以 tedu 起始的行
$	匹配行结束	tedu$ 匹配以 tedu 结尾的行
.	匹配单个任意字符	te.u 匹配 teau、tebu 等字符,但是不能匹配 teaau 等,"."只可以代替一个字符
[]	匹配其中的任意一个字符	te[abc]u,可以匹配 teau、tebu、tecu,不能匹配 tedu 字符串
[^]	匹配除指定的字符之外的任意字符	9[^01]匹配 90、91,但是不匹配 92、93 等其他字符串
[-]	匹配指定范围以内的任意字符	[1-5]匹配 1~5 的任意一个数字
?	匹配之前的项 1 次或 0 次	tedu?x 能够匹配 ted 和 tedu,不能匹配 teduu
+	匹配之前的项 1 次或多次	tedu+能够匹配 tedu 或 teduuu 等,不能匹配 ted
*	匹配之前的项 0 次或多次	tedu*能够匹配 ted 或 tedu 或 teduuu 等
()	创建一个用于匹配的字符串	t(ed)?u 能够匹配 tedu 或 tu,即将 ed 作为一个字符来进行匹配
{n}	匹配之前的项 n 次	a{3}指匹配 3 次 a,即"aaa"
{n,}	匹配之前的项至少 n 次	a{3,}指匹配 3 次以上 a 字符,即"aaa"或"aaaa"等
{n,m}	匹配之前的项的次数必须为 n~m	a{2,4}指匹配 2~4 次的 a 字符,即"aa""aaa""aaaa",多于或少于都不能匹配
|	匹配两边的任意一项	a|b,能够匹配 a 或者 b,其余字符不能匹配
\	转义字符,将特殊字符当作普通字符处理	\? 用于匹配"?"字符,而不是将? 作为正则表达式符号使用
\b	单词边界	\btedu\b 能够匹配 tedu,不能匹配 tedux 等
\B	非单词边界	tedu\B 能够匹配 tedux 等,不能匹配 tedu
\d	单个数字字符	a\dc 能匹配 a1c,不匹配 abc
\D	单个非数字字符	a\Dc 能匹配 abc,不匹配 a1c
\w	单个单词字符	\w 能匹配字母 abc 等,不能匹配 !@# 等字符
\W	单个非单词字符	\W 能匹配 !@# 等字符,不能匹配字母 abc 等

续表

正则表达式	描　述	示　例
\n	换行符	匹配新行
\s	单个空白字符	a\sc 匹配 a c,不能匹配 ac
\S	单个非空白字符	a\Sc 匹配 abc,不能匹配 ac
\r	回车	匹配回车符号

grep 命令在前面的内容中已经使用过多次,该命令是一个非常强大的字符串搜索命令,甚至可以进行文本内容的搜索、处理,更重要的是,grep 命令支持 Shell 中的正则表达式。

【示例】 使用 grep 命令搜索 IP 地址

```
os@tedu:~ $ ifconfig | grep - e "[0-9]\{1,3\}[.][0-9]\{1,3\}[.][0-9]\{1,3\}[.][0-9]\{1,3\}"
        inet 192.168.206.132  netmask 255.255.255.0  broadcast 192.168.206.255
        inet 127.0.0.1  netmask 255.0.0.0
```

上述示例中,grep 命令的-e 选项代表使用正则表达式进行字符串匹配。正则表达式含义如下。

(1)[0-9]:0~9 中的任意一个数字。

(2)\{1,3\}:前面的数字匹配 1~3 个。

(3)[.]:匹配字符"."。

上述规则重复 4 次,即是 IP 地址的普通形式,之后可以看到该命令的输出结果能够正确匹配到 IP 地址。

【示例】 使用 grep 命令匹配多个正则表达式

```
♯匹配.bashrc 文件中以 if 开头或以 end 结尾的行
os@tedu:~ $ grep - e ^if - e end$ .bashrc
shopt - s histappend
if [ - z "${debian_chroot:-}" ] && [ - r /etc/debian_chroot ]; then
if [ - n "$ force_color_prompt" ]; then
if [ "$ color_prompt" = yes ]; then
if [ - x /usr/bin/dircolors ]; then
if [ - f ~/.bash_aliases ]; then
if ! shopt - oq posix; then
```

上述示例中,^if 表示以 if 为开头的行,end$ 表示以 end 为结尾的行,两者是或的关系,并不是该行中必须同时包含 if 和 end 才可以输出,可见输出的内容中,第一行内容结尾为 end,而剩余的行开头都是 if。

图书资源支持

感谢您一直以来对清华版图书的支持和爱护。为了配合本书的使用，本书提供配套的资源，有需求的读者请扫描下方的"书圈"微信公众号二维码，在图书专区下载，也可以拨打电话或发送电子邮件咨询。

如果您在使用本书的过程中遇到了什么问题，或者有相关图书出版计划，也请您发邮件告诉我们，以便我们更好地为您服务。

资源下载、样书申请

书圈

我们的联系方式：

地　　址：北京市海淀区双清路学研大厦 A 座 701

邮　　编：100084

电　　话：010-83470236　010-83470237

资源下载：http://www.tup.com.cn

客服邮箱：2301891038@qq.com

QQ：2301891038（请写明您的单位和姓名）

扫一扫，获取最新目录

课程直播

用微信扫一扫右边的二维码，即可关注清华大学出版社公众号"书圈"。